길들이는 건축 길들여진 인간

길들이는 건축 길들여진 인간

길들이는 건축 길들여진 인간 / 이상현 지음. ——
파주 : 효형출판, 2013

p. ; cm

ISBN 978-89-5872-114-7 03540 : ₩18,000

건축[建築]
건물[建物]

610.4-KDC5
720.2-DDC21   CIP2012005382

효형출판

길들이는 건축 길들여진 인간

이상현 지음

효형출판

프롤로그

프롤로그

건축물 사용법

사람들은 건축물로 이루어진 도시에서 살아간다. 그리하여 어떤 도시가 좋고 나쁜지, 어떤 건물이 편하고 불편한지 누구나 직감적으로 알아챌 수 있다. 사람들은 흔히 자신이 건축과 도시에 대해 잘 알고 있고, 또 잘 사용하고 있다고 믿는다. 그러다가 만약 건축물을 사용하는 데 불편함을 느끼면 사람들은 때로 이런 결론에 이르기도 한다. 이 건물은 잘못 지어졌다고.

물론 대부분의 도구는 인간의 행동을 고려해 만들어진다. 처음 접하는 물건이라도 계속 만지다 보면 저절로 사용법을 터득하게 되는 것도 그 때문이다. 건축물도 마찬가지다. 아무리 낯선 건물도 이리저리 둘러보다 보면 곧 공간의 구조나 쓰임을 파악하게 된다. 그런데 정말 그렇게 건축물이 단순한 것일까.

사실 건축물 사용법은 그리 간단하지 않다. 건축물이 사람에게 딱 맞게 지어지는 것도 아니다. 규모로 보나 쓰이는 자재로 보나 건축물을 간단히 취급할 이유가 하나도 없다. 건축에 필요한 자재는 자동차 한 대에 들어가는 부품만큼이나 다양하고 복잡하다. 그럼에도 사람들은 건축물을 그리 복잡하게 생각하지 않는다. 자신이 직접 건축물을 유지하고 보수하지 않기 때문이다. 과거에는 자기 집을 스스로 돌보는 일이 당연시됐지만, 오늘날의 집주인은 사용하기만 할 뿐이다. 유지 관리는 전문가들의 몫이 돼버렸다. 전기 설비의 수명이 다하거나 기계 설비에 고장이 나면 당장 전문가가 필요하다. 집주인은 그런 상황에 어떻게 대처해볼 엄두를 못 낸다. 우리가 집 사용법을 간단하게 생각하는 이유는 복잡한 일은 남에게 맡겨버리면 되고, 또한 건축물이 으레 사람에게 맞추어져 있다고 생각하기 때문이다.[*]

물론 건축물은 사람의 행동양식을 염두에 두고 지어진다. 그러나 그 이상으로 숨은 기능과 의미 들이 있다. 사회적 격식의 고려가 그 한 예다. 사회적 격식이란 다양한 사람들이 함께 살아가기 위해 만든 약속이다. 그것은 오랜 역사를 통해 수정되고 변화하며 만들어졌다. 그래서 사회적 격식은 배우고 익혀야 한다.

예를 들어 교수와 학생 들이 한 양반가의 전통 가옥 답사에 나섰다고 치자. 양반집 경내를 돌아다니다 보면 발길을 머물게 하는 공간 중 사랑채가 있다. 사랑채의 경우, 보통 면적의 반은 온돌방으로 사용하고

---

[*] 건축이 인간의 행동에 맞춰져야 한다는 주장은 건축설계의 기본 원칙을 서술하고 있는 건축계획각론에서도 쉽게 찾아볼 수 있다. 이동영, 『건축계획각론』, 서우, 2004.

그 나머지 반은 마루로 사용한다. 기왕 양반집 답사에 나섰으니 너 나 할 것 없이 사랑채 마루에 한번 올라가보고 싶어 할 것이다. 사랑채 마루는 주변의 풍광을 감상하거나 일행과 담소를 나누기에 좋은 공간이기 때문이다. 그런데 이때 애매한 문제가 발생할 수 있다. 교수와 학생이 자리에 앉을 때 어디가 상석이고 말석인지 분간하기가 어렵다. 아랫사람이 덜렁 아무 자리에나 앉았다가는 본의 아니게 버릇없다는 소리를 들을 수도 있다. 이런 경우 보통 서로 눈치를 보다가 최연장자나 최상위자가 자리에 앉으면 그 옆에서부터 서열대로 앉게 된다. 거실이나 응접실의 소파에도 위아래가 있고 자동차 좌석에도 상석이 있다. 하물며 사랑채 마루에선 더하면 더했지 덜할 리 없다. 이것이 격식이다. 격식은 배워야 알 수 있고, 몸에 익었을 때 비로소 자연스러워진다.

문만 해도 그렇다. 직접 열어보지 않고 문이 어느 방향으로 열리는지 아는 사람이 얼마나 될까? 여닫이문이라면 둘 중 하나일 것이다. 사람이 미는 쪽이거나 당기는 쪽이거나. 과연 문은 이 중 어느 쪽으로 열릴까? 답은, '편리한 쪽으로 열린다'.

문은 대부분 안에서 바깥으로 열린다. 밖으로 나갈 때는 밀고, 안으로 들어올 때는 당기게끔 되어 있다. 이는 화재 등의 위급 상황에서 쉽고 빠르게 밖으로 나가기 위한 것이다. 사우나실의 문도 안에서 밖으로 열리게 되어 있다. 뜨거운 열기를 참다 참다 밖으로 급히 뛰쳐나가는 사람들의 편의를 고려한 것이다. 문을 몸 쪽으로 당겨 여는 것보다 밀고 나가는 편이 훨씬 쉽다. 그러나 이런 이유로 문이 안에서 밖으로 열리도록 설계되었다는 사실은 잘 알려져 있지 않다.

이번에는 식당이나 대형마트의 문을 살펴보자. 대부분 앞뒤로 모두 열리도록 되어 있을 것이다. 그러다 보니 두 사람이 양쪽에서 동시에 문을 밀면 서로 부딪힐 수밖에 없다. 그래서 이를 방지하기 위해 문에다 '미세요' 혹은 '당기세요'라는 문구를 적어놓기도 한다. 그런데 자세히 살펴보면 이마저도 일관성이 없다는 것을 알 수 있다. 어떤 곳은 안에서 밖으로 나갈 때 '미세요'라고 쓰여 있는 반면, 어떤 곳은 그 반대로 쓰여 있다. 모두 건축물을 제대로 사용할 줄 모르기 때문에 벌어지는 일이다.

예전에는 집을 사용하는 데 있어 꼭 지켜야 할 규칙이 꽤 많았다. 요즘에도 인터넷에서 검색해보면 가택풍수에 얽힌 금기사항이 수십 가지가 넘는다. 예를 들면 '안마당에 잎이 넓은 나무는 심지 말라'와 같은 것. 왜 그래야 하는지에 대한 자세한 설명은 없다. 그냥 다짜고짜 그렇게 하지 않으면 집안이 망하거나 건강에 해롭다는 식의 협박조다. 다소 우스워 보일 수 있지만 사실 이런 금기사항들은 집의 사용법을 정리한 매뉴얼이라고 볼 수 있다.[*] 집 안마당에 잎이 넓은 나무는 심지 말라는 규칙에는 집 안에 드는 햇빛의 양을 적절하게 확보하려는 의도가 담겨 있다. 물론 오늘날에도 집 사용법은 있다. 아파트에 사는 사람이라면 아파트 배전반 어느 구석에서 '개조 시 유의사항'이라는 문구를 발견할 수 있을 것이다. 여기에는 개조할 때 건드려서는 안 되는 벽의 구조가 표시되어 있다. 이렇듯 건축물을 잘 사용하려면 올바른 사용법을 배우고 익혀야 한다.

---

* 질 헤일, 『생활풍수 대백과』, 김미자 옮김, 국제, 2005.

건축물의 작용과 반작용

사람이 물건을 쓴다는 것은 일방적 행위가 아니다. 사람은 물건을 쓰기만 하고, 물건은 쓰이기만 하는 것이 아니다. 사람은 물건을 자신에게 맞게 길들이는 과정을 통해 그것에 익숙해진다. 익숙해진다는 것은 서로 영향을 주고받는다는 것을 의미한다.

넥타이를 생각해보자. 사람들은 넥타이를 고르고 매듭을 매만져 멋을 냄으로써 자신의 품격과 개성을 드러낸다. 흥미로운 것은 넥타이를 매면 안 맸을 때보다 조금 더 격식 있게 행동하게 된다는 것이다. 이때 넥타이는 멋을 부리고 개성을 드러내는 역할을 넘어서 사람의 행동과 의식을 통제하는 기능도 한다. 넥타이를 맨 사람에게 오히려 넥타이가 강제성을 발휘하는 것이다.

군복 역시 좋은 사례가 될 수 있다. 특히 예비군복이라면 더욱 그렇다. 예비군복은 병역을 마친 남자들을 달라지게 만든다. 평소에는 아주 예의 바르고 점잖은 사람이라도 예비군복만 걸치면 행동거지가 달라진다. 다소 하찮아 보일 수도 있는 넥타이나 의복조차도 그 쓰임이 일방적이지만은 않은 것이다. 그렇다면 건축물은 어떨까?

'작은 집 살다가 큰 집에서 살 순 있어도, 큰 집 살다가 작은 집에서는 못 산다'라는 말이 있다. 넓은 공간이 익숙한 사람은 좁은 공간을 견디기 어려워한다는 뜻이다. 예를 들어 주택에서 살던 사람이 아파트에서 살게 되면 무척이나 답답해한다. 반대로 아파트에서 살던 사람이 주택에서 살게 되면 익숙해지기 전까진 불편해할 수밖에 없다. 시골에서 살던 사람이 대도시에서 살게 되면 얼마간은 어수선해서 견디기 힘들어하고, 반대로 대도시 사람이 시골에서 살게 되면 답답함을 느끼는 것도 당연하다. 건축물의 반작용을 보여주는 예라고 할 수 있다.

이외에도 건축의 반작용을 드러내는 예는 무수히 많다. 하지만 이를 심각하게 느끼지 못하는 데는 여러 가지 이유가 있다. 뒤에서 좀 더 자세히 설명하겠지만, 가장 중요한 이유는 특정 건축물을 같은 기능의 다른 건축물과 비교해볼 기회가 별로 없기 때문이다. 또한 건축물의 반작용은 장기간에 걸쳐 일어나기 때문에 그 변화를 알아차리기가 쉽지 않다.

사실 건축물의 반작용은 우리 삶에 굉장한 영향을 미친다. 그럼에도 막상 건축물의 부적절한 반작용을 깨달았을 때 우리가 할 수 있는 일은 매우 제한적이다. 넥타이나 의복이 우리를 너무 얽매고 있다는 생각이 든다면 해결책은 간단하다. 그걸 벗어버리면 된다. 그런데 건축물은 어떠한가? 도시는 어떠한가? 넥타이나 옷처럼 당장 벗어버릴 수 있는가?

건축물은 의약품과 비슷하다. 약은 질병의 증상을 호전시키는 작용을 하지만 때때로 부작용을 일으키기도 한다. 그래서 제약회사는 약의 올바른 복용을 위해 포장재와 설명서에 복용법과 장기 복용 시 유의사항을 꼭 적어놓는다. 마찬가지로 건축물도 사람의 편리를 위해 사용하지만, 치명적인 반작용을 일으키기도 한다. 그런데도 건축물에는 의약품처럼 사용법이나 유의사항을 적어놓은 설명서가 없다.

건축의 정의

건축이 넥타이나 옷처럼 벗어버릴 수 있는 것인지 아닌지를 알려면 먼저 건축이 무엇인지 알 필요가 있다. 건축에 대해서는 이미 다양한 정의가 있다.[*] 흔히 용도의 측면에서는 생활을 담는 그릇으로, 구축의 측면에서는 구조, 기능, 미를 갖춘 물리적 개체로 정의된다. 나는 여기에 사람의 필요에 따라, 그리고 사람에게 끼치는 영향(반작용)에 따라 정의되는 건축의 의미를 덧붙이려 한다.

사람의 필요에 부응하는 건축이란 자연과 타인의 행동을 통제하는 장치를 구현하는 것이다. 건축은 위협적인 존재인 자연과 타인을 격리함으로써 스스로에게 이로운 방향으로 그 둘을 구획하고 정돈한다. 이때 자연이나 타인은 다양한 속성을 지닌 단위들의 혼합물로 볼 수 있다. 혼합물에서 특정한 속성을 지닌 단위들의 집합체를 구분하는 작업이 바로 구획이며, 이렇게 구획된 대상들을 특정한 공간에 두는 작업이 정돈이다. 경사도에 따라 자연을 평지나 경사지로 구획하고, 타인에 대해서는 공존 가능성의 여부를 따져 공동의 공간 혹은 개인의 공간을 만들 수 있다. 이렇게 나눠진 대상들을 서로 어울리게 정돈하고, 통제하는 작업을 통해 우리는 사람의 필요에 부응하는 건축물을 구현할 수 있는 것이다.

---

[*] 건축의 다양한 정의에 대해서는 승효상의 저서를 참고할 만하다. 승효상 외 10명, 『건축이란 무엇인가?』, 열화당, 2005.

건축의 재료와 도구

건축은 재료와 도구를 통해 자연과 인간을 통제한다. 재료는 자연과 인간의 행동을 구획하기 위한 개념적 대상이고, 도구는 구획된 자연과 인간의 행동을 정돈하기 위한 수단이다.

자연에는 두 가지 성질의 상태가 있는데, 바로 '머무름'과 '움직임'이다. 가령 질량을 가진 물질은 언제나 머무르거나 움직이는 상태에 있다. 이는 인간도 마찬가지다. 특정 시간, 특정 장소에 머무르거나 움직인다.[*] 앉아서 책을 읽거나 누워서 잠을 자는 것은 머무름의 상태이고, 산책하는 등 걷는 것은 움직임의 상태이다. 따라서 건축이 통제해야 할 자연과 인간의 행동은 머무름과 움직임이다. 이것이 건축의

벽으로 구현한 머무름
벽은 사람과 자연의 움직임을 통제함으로써 머무르게 한다.

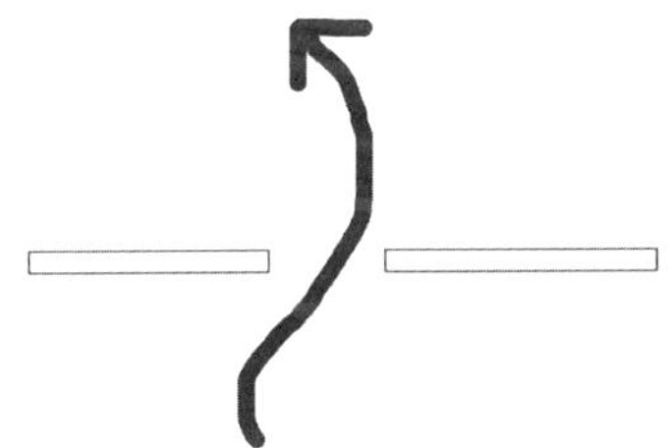

개구부로 구현한 움직임
벽에 난 개구부는 사람과 자연을 특정한 방향으로 움직이게 한다.

---

[*] 인간의 행동을 '머무름'과 '움직임'으로 분류한 기존 이론은 저자의 논문 참고. 이상현, 「건축계획안 평가시스템 개발을 위한 건물표현모델」, 『대한건축학회지』 16권 12호, 2000.

재료가 되는 것이다.

머무름이나 움직임과 같은 재료를 현실에서 구현하기 위해서는 도구가 필요하다. 머무름은 자연이나 인간의 행동을 구획해서 한 장소에 담아둠으로써 가능하다. 이때 필요한 것이 벽이다. 벽은 특정 영역의 경계를 분명히 하고, 영역 안의 것이 외부로 나가는 것을 통제하는 방식으로 머무름을 가능하게 한다. 머무름은 가능해지는 것이기도 하고, 한편으로는 강제되는 것이기도 하다. 움직임은 구획된 것 사이를 연결하는 방식으로 가능해진다. 하나의 벽으로 두 개의 구획을 만들 수 있다. 이때 이 벽에 개구부를 설치함으로써 벽을 경계로 양쪽 영역 간에 움직임을 가능하게 할 수 있다.[*] 벽과 개구부라는 도구를 이용하여 머무름과 움직임이라는 재료를 가공할 수 있으며, 이는 곧 재료와 도구를 통해 건축이 정의대로 구현되고 있음을 의미한다.

건축의 방법

지금까지의 논의에 따르면 건축이란 필요에 따라 자연과 인간의 머무름과 움직임을 가능하게 하는 작업이다. 이제 중요한 것은 그 '필요'가 무엇인지 아는 것이다. 침실을 예로 들어보자. 휴식과 수면을 취할 수 있는 침실을 확보하기 위해서는 우선 그 공간에 적당한 넓이

---

[*] Evenson, Thiis,. *Archetypes in Architecture*, Norwegian University Press, 1987.

와 높이가 필요하다. 이와 함께 조망과 채광 그리고 통풍을 위한 일정 면적 이상의 개구부 역시 빼놓을 수 없다. 이 정도라면 침실이 필요로 하는 기본적인 것, 즉 필요조건은 대체로 갖추었다고 볼 수 있다.

건축에서는 이러한 기본적인 필요조건을 충족할 수 있는 방법이 아주 많다. 또한 기본적인 필요 이상의 다른 종류의 필요가 개입될 수도 있다. 예를 들어 같은 넓이라 하더라도 방을 직사각형으로 만들 수도 있고, 정사각형으로 만들 수도 있다. 이런 다양한 가능성은 수평 차원뿐 아니라 수직 차원에도 똑같이 적용할 수 있다. 확보된 높이가 동일한 경우에도 선택에 따라 천장을 평평하게 또는 경사지게 만들 수 있는 것이다. 그리고 방을 직사각형 또는 정사각형으로 만들지, 천장을 평평하게 또는 경사지게 할지는 또 다른 필요에 따라 판단할 수 있다.

건축설계에서는 우선 기본적으로 필요한 행동을 담을 수 있는 공간 구조 및 배치를 고안한다. 이때 적용할 수 있는 선택의 기준은 다양하다. 다시 침실 설계로 돌아가보자. 같은 면적이라도 프라이버시를 우선시하는 사람이라면 직사각형 방을 선호할 것이다. 방을 직사각형으로 만들고 그 중간에 벽장 같은 가구를 배치하면 내부 공간이 생겨 프라이버시를 확보할 수 있기 때문이다. 하지만 프라이버시는 확보할 수 있을지 몰라도 방이 좁아져 답답해질 수 있다는 단점이 있다. 어떤 사람은 방을 정사각형으로 만들어서 가구 배치의 활용도를 높이고 싶어 할 수도 있다. 분위기 전환을 위해 시시때때로 가구 배치를 바꿀 수도 있는 일이다. 이렇듯 휴식과 수면 같은 기본적인 행동을 충족할 수 있는 여러 방법 중에서 하나를 선택하는 것은 개인적 선호라 할 수 있는 또 다른 필요이다.

　　그런데 기본적인 행동을 충족할 수 있는 다양한 방법 중에서 반드시 하나를 선택해야 개인적 선호가 작동하는 것은 아니다. 이는 설계 행위를 잘못 이해하는 것이다. 다양한 방법들이 고안되기 이전에 개인적 선호가 작동해서 그에 맞는 대안을 찾을 수도 있기 때문이다. 침실을 설계할 때 직사각형 방과 정사각형 방이라는 방법이 나온 후 개인적 선호(프라이버시)에 의해서 직사각형 방이 선택되는 것이 아니라, 개인적 선호를 우선시함으로써 직사각형 방과 'ㄱ'자로 굽은 방이라는 대안이 나올 수도 있는 것이다.

　　이렇게 볼 때 머무름과 움직임을 결정하는 데는 공간의 물리적 조건과 개인적 선호가 필요하다고 말할 수 있다. 다시 말해 건축의 방법은 세세한 부분에서는 차이가 있을 수 있지만, 대체로 물리적 조건에 부합하는 방법을 도출하고 그중 좀 더 선호에 부합하는 어느 하나를 선택하는 것이다. 물론 물리적 조건에 부합하는 방법을 도출하는 중에 개인적 선호가 작동해 이를 추려내는 과정이 포함될 수도 있다. 결국 방법적 측면에서 보자면, 건축은 개인적 선호라는 문제영역(Problem Domain)에서 재료와 도구를 통해 그 정의를 구현하는 작업이다.[*]

---

[*] 건축설계가 특정한 문제영역으로부터 시작한다는 견해는 Hillier 참고. Hillier, Bill,. *Space is the Machine*, Cambridge University Press, 1996.

건축의 길들이기

사람은 자신과 관계된 모든 대상을 자연스레 길들이는 속성이 있다. 관계가 처음과 다르게 점점 변했다면, 그 대상에 대해 길들이기가 이뤄진 것이다. 다시 말해 대상을 대하는 자신만의 방법을 찾은 것이다. 길들이기를 통해 처음에는 어색하고 서툴렀던 관계가 편안하고 익숙한 관계로 변한 것은 길들이기의 결과다.

스마트폰은 처음 접하는 사람들에게는 낯설 수밖에 없다. 기계 조작에 능숙한 사람이라도 사용에 익숙해지는 데 시간이 필요하다. 스마트폰의 다양한 기능을 익히고, 자신에게 편한 방식으로 인터페이스를 변경하고 새로운 앱을 설치하는 과정을 거친다. 이러한 작업이 바로 스마트폰의 길들이기다. 신발도 마찬가지다. 신발은 기능이 단순할 뿐 아니라 인류가 아주 오래전부터 사용해왔다. 하지만 여전히 사람들은 새 신발을 살 때마다 길들이기 과정을 거친다. 길들이기 대상에는 사람도 포함된다. 모든 인간관계는 시간이 지나면 변하기 마련이다. 처음 만난 사람과 의견을 주고받고 특정 행동을 의도하고 또 상대의 의도에 따르는 동안 애초의 관계는 모습을 달리하게 된다. 그래서 인간관계에서의 길들이기는 양방향적 속성이 강하다. 각자의 요구를 주장하고 또 수용하면서 서로에게 길들여지는 것이다. 이런 맥락에서 보면 사람은 모든 대상과의 관계에서 길들임과 길들여짐을 반복하고 있다. 여기에는 자기 자신도 포함된다. 자신에게 특정한 방식으로 행동하도록 요구하고, 거기에 맞춰 스스로 변해가기 때문이다.

물론 길들이기의 정도를 수치로 파악할 수는 없다. 따라서 판단 기준이 상대적일 수밖에 없는데, 대상에 따라 그것은 정도가 심해지기도 하고, 약해지기도 한다. 또한 길들이기는 대상의 변화 가능성에 따라 그 여부가 결정되기도 한다. 관계를 맺는 어떤 대상이 전혀 변화 가능성이 없다면 애초부터 길들이기는 불가능하다. 반면 대상의 변화 가능성이 크다면 길들이기의 정도도 커지게 된다. 이처럼 길들이기란 대상이 다양한 상태로 존재할 수 있고, 그중에서 어느 하나를 선택할 수 있을 때 비로소 가능하다.

길들이기는 이전에 가능했던 다양한 상태 중 길들이기의 결과로 나타난 특정한 상태만을 인정할 뿐 또 다른 상태를 모색하지는 않는다. 스마트폰의 인터페이스를 선택해 특정한 방식으로 변화시켰다면 그것은 스마트폰을 길들인 것이다. 그리고 선택한 인터페이스에 만족해하면서 다른 인터페이스에 눈길을 돌리지 않는다면 길들이기는 거의 완성 단계에 도달했다고 볼 수 있다. 여기서 중요한 단어는 '거의'다. 왜 그럴까? 아직까지는 지금의 인터페이스 외에 다른 것도 사용해볼 수 있다는 사실을 인지하고 있기 때문이다. 그런데 특정 인터페이스를 오랫동안 사용하다 보면 그것에 익숙해진 나머지 다른 인터페이스의 존재 자체를 망각하는 수준에 이르게 된다. 이쯤 되면 사용자가 스마트폰을 완벽하게 길들였고 동시에 스마트폰에 완전하게 길들여졌다고 말할 수 있다.

길들이기는 대상의 존재 양상을 파악하고, 그중에서 가장 선호하는 하나를 선택함으로써 시작된다. 선택한 하나의 상태에 집중해서 그전에 가능했던 다양한 선택항을 떠올리지 못할 때까지 계속된다. 그 후에는 선택의 기준으로 작용했던 선호만을 유일한 기준으로 받아들이고, 다른 기준의 가능성은 부인하는 것으로 이어진다.

이런 길들임과 길들여짐의 프로세스는 건축에서도 동일하게 나타난다. 침실의 예에서 보았듯 우리는 침실을 직사각형이나 정사각형으로 만들 수 있다. 침실의 형태를 선택할 수 있는 것이다. 직사각형은 프라이버시를 높일 수 있고, 정사각형은 가구 배치의 공간 활용도를 높일 수 있다. 이 상황에서 침실 사용자는 프라이버시 확보를 선호한다. 그리하여 침실은 직사각형으로 설계된다. 이 단계에서 사용자는 분명 직사각형과 정사각형의 침실 형태 모두 가능하다는 사실을 인지하고 있었다. 그런데 직사각형의 침실을 갖게 되면서 정사각형으로도 만들 수 있었다는 사실, 즉 가구 배치의 활용도가 높은 침실을 만들 수도 있었다는 사실을 잊게 된다. 직사각형 방에 길들여진 사용자에게는 직사각형 침실을 선택할 때 기준으로 작용했던 프라이버시만이 유일한 선택 기준으로 남는다.

그런데 다양한 상태 중 어느 하나를 선택하는 기준이 개인적 선호뿐일까. 여러 가능성이 열려 있는 상황에서 더 좋은 것을 선택하는 것은 당연한 일이다. 하지만 선택 주체가 여러 사람이라면 이야기는 달라진다. 개인을 포함한 모두에게 '좋은' 선택이 더 좋은 것이 된다. 이러한 집단적 선호가 바로 흔히 말하는 격식이다.

사실 현대사회에서는 개인적 선호를 매우 중요시한다. 통상적 기준에 못 미쳐도 본인만 좋다면 그만인 세상이다. 사회에 심각한 해를 끼치지만 않는다면 개인의 선택은 존중받는다. 그런데 개인적 선호가 이렇게 존중받기 시작한 지는 얼마 안 된다. 과거에는 사회적 선호를 더 우선시했고, 그것은 당연하게도 사회적 이념의 지배를 받았다. 이런 현상은 건축에서도 나타난다. 특정 조건을 충족하는 여러 건축 방법이 존재할 때, 그 선택의 기준은 언제나 사회적 이념이었다.

조선시대 양반집을 예로 들어보자. 당연히 아버지, 어머니, 그리고 자식들이 함께 살았을 것이다. 아버지는 아버지대로, 어머니는 어머니대로 각자에게 맞는 공간이 필요하기도 했을 테니 아버지의 전유 공간, 어머니의 전유 공간이 각각 생기는 것이 자연스럽다. 그다음 단계에서는 이 두 개의 전유 공간을 둘의 관계에 맞도록 배치해야 한다. 다양한 가능성이 있겠지만 우선 붙여놓을 것인지 떨어뜨려놓을 것인지, 이 두 가지 방법만 있다고 가정해보자. 기본적인 기능 측면에서 보면 붙어 있어도 좋고, 떨어져 있어도 좋다. 그런데 이때의 선택 기준은 개인적 선호가 아니다. 개인 취향에 따라 나란히 붙여놓거나 떨어뜨려놓을 수 없다. 이 선택에서 중요한 기준은 사회적 이념이기 때문이다.

주지하듯 조선시대는 유교사회였다. 그리고 유교사회에서 지켜야 할 도덕에는 삼강오륜이 있고, 그 속에 '부부유별'이라는 강령이 있다. 이것에 따르면 아버지의 전유 공간과 어머니의 전유 공간은 떨어뜨려놓아야 한다. 그래서 사회적 이념을 도입한 결과로 안채와 사랑채라는 구분이 생긴 것이다.

이런 관점에서 보면 선택된 개인적 선호가 다른 가능성을 모두 물리치고 유일한 의미를 갖게 된 것처럼, 선택 기준으로 작용한 사회적 이념 역시 건축의 유일한 잣대가 되기도 한다는 것을 알 수 있다. 다시 말해서 조선시대 어느 쯤엔가 사회적으로 선호하는 경향이 '부부유별'이나 '부부유친'이었을 수 있다. 그러다가 '부부유별'이 사회적 이념으로 수용돼 건물이 지어졌고, 그 안에서 세대를 거듭해 '부부유별'만이 유일한 기준으로 살아남은 것이다. 이는 곧 건축이 특정한 사회적 이념을 실생활에서 구현하고, 유지하고, 강화했음을 의미한다. 처칠의 말처럼 "우리는 건물을 빚어내고, 건물은 우리를 빚어낸(We shape the buildings; thereafter they shape us)" 것이다.[*]

지금과 같은 주장에서 다수의 선택 가능한 방법들 중 하나를 선택할 때 개인적 선호나 사회적 이념이 판단 기준으로 작용한다는 사실은 받아들이기 어렵지 않을 것이다. 그러나 선택된 방법을 반복적으로 접함으로써 그 방법을 선택할 때 사용된 개인적 선호나 사회적 이념이 현실에서 유지되고 강화되어, 그것과 다른 판단 기준의 등장을 어렵게 한다는 사실에는 선뜻 수긍하기 어려울지 모른다.

그러나 이것은 사람의 뇌의 작동에 관한 이론으로 충분히 설명할 수 있다. 미국 매사추세츠 공대 앤 그레이비엘(Ann Graybiel, 1942~) 교수는 쥐를 대상으로 한 미로 찾기 실험을 통해 선택 과정에서 인간의 뇌가 어떤 활동을 보이는지 밝히는 데 성공했다. 그는 쥐가 갈림길에 들어섰을 때마다 종을 울리고, 종소리를 들은 쥐가 좌측 길을 선택하도록 훈련시켰다. 훈련 초기 단계에서는 갈림길에 선 쥐가 종소리를 들을 때마다 뇌의 특정 부분의 활동이 활발해졌다. 즉 갈림길에서 종소리를 들었을 때 어느 쪽으로 갈지 판단하기 위해 두뇌 활동이 활발해진 것이다. 그런데 학습이 반복적으로 진행되면서 점차 갈림길에서 종소리를 들어도 두뇌 활동이 별반 활발해지지 않는 양상을 보였다.

---

* 승효상의 책에서 재인용. 그의 책에서는 "우리는 건축을 만든다. 그리고 그 건축이 우리를 만든다"로 번역하였다. 승효상, 『건축, 사유의 기호』, 돌베개, 2004.

쥐는 별다른 두뇌 활동 없이 종소리를 듣자마자 습관적으로 좌측 길을 선택했다.

쥐의 미로 찾기 실험에서 나타나는 두뇌 활동의 양상은 상당 부분 인간에게도 동일하게 나타난다. 특정 조건에서 뭔가를 판단해야 할 경우에는 대뇌의 활동이 두드러지지만, 같은 조건에서의 판단이 반복될수록 대뇌는 특별한 활동 없이도 같은 판단을 내리게 된다는 것이다.

침실 설계의 예에서도 우리는 그 근거를 찾을 수 있다. 처음 침실의 형태를 선택할 때는 직사각형 방과 정사각형 방의 차이점에 대해 분명한 의식이 있었다. 그러나 둘 중 어느 하나를 선택해 그 안에서 오랫동안 생활하다 보면, 애초에 그 방의 형태를 결정할 때 자신의 선호가 작용했다는 사실을 더 이상 의식하지 않게 된다. 자신이 선택했던 '프라이버시' 이외의 가치는 무의미한 것이 되는 것이다.

양반집의 안채와 사랑채의 배치 역시 같은 방식으로 설명이 가능하다. 안채와 사랑채를 붙여놓을지, 떨어뜨려놓을지를 결정하는 최초의 단계에서는 '부부유친'과 '부부유별'이라는 서로 다른 사회적 이념을 두고 고민하지 않을 수 없다. 그러나 안채와 사랑채를 떨어뜨려놓고 지속적으로 그 안에서 생활하다 보면, '부부유친'과 '부부유별' 중 무엇이 더 적합한 사회적 이념인지 고민하지 않게 된다. 누군가가 최초에 의식적으로 선택한 '부부유별'의 가치에 더 이상 의문을 갖지 않는 것이다. 또한 한때 선택항의 하나였던 '부부유친'이라는 가치는 무의미해지고 '부부유별'만이 유일한 판단의 기준으로서 가치를 갖게 된다. 이러한 과정을 거쳐서 건축은 특정한 사회적 이념을 현실에서 구현하고 유지하고 강화하는 기능을 한다. 건축이 특정 사회적 이념의 구현으로서 인간을 길들이는 것이다.

선택된 개인적 선호나 사회적 이념이 현실 생활에서 유지되고 강화되는 과정을 단적으로 보여주는 사례들이 있다. 그중 하나가 쪽문이 달린 대문이다.

1960~70년대에는 쪽문이 달린 대문이 주류를 이루었다. 양쪽으로 열리게 되어 있는 철문의 한편에 쪽문을 낸 것이다. 이 대문은 양쪽 문을 열어서 여러 명이 동시에 지나가거나 커다란 물건이 드나들 수 있게 되어 있다. 그러나 평상시에는 양쪽 문을 다 열어둘 일이 거의 없다. 사람들은 주로 쪽문으로 드나든다. 그런데 이 쪽문은 그 폭

쪽문이 달린 대문
1960~70년대 사람들은 큰 대문을 놔두고 거기에 달려 있는 조그맣고 불편해 보이는 문으로 드나들었다. 하지만 어느 누구도 당시에는 불편함을 느끼지 않았다.

도 아주 좁고 웬만한 어른이라면 머리를 숙이지 않고서는 통과할 수 없을 정도로 높이도 낮다. 불편하기 짝이 없는 구조다. 그럼에도 사람들은 이러한 문을 수십 년간 사용해왔다. 불편하지만 다른 대안은 전혀 없다는 듯 쪽문을 고수해왔다.

드나들기 편한 문을 마다하고 기꺼이 쪽문을 사용하게 된 데는 풍수지리의 영향이 크다. 주택을 지을 때 풍수지리에서 강조하는 세 가지가 배산임수(背山臨水), 전저후고(前低後高), 전착후관(前窄後寬)인데, 이 중 전착후관에 따른 것이다.* 배산임수는 산을 등지고 물을 앞에 두는 것이 좋다는 뜻이고, 전저후고는 집의 앞쪽이 낮고 뒤가 높아야 한다는 것이다. 세 번째 전착후관은 집의 출입구는 협소하게 하고 안쪽을 널찍하게 해야 한다는 것이다. 이를 다시 살펴보면 배산임수는 물의 사용을 편하게 하고 거친 바람으로부터 집을 보호하기 위함이다. 전저후고는 물이 집 안으로 넘쳐 들어오는 낭패를 막기 위한 것이다. 전착후관은 외부의 위험으로부터 집 안의 사람을 보호하려는 의도가 담겨 있다. 내부는 널찍하게 해서 생활하기에 불편함이 없도록 하고, 출입구는 협소하게 해서 외부의 침입을 차단하려는 것이다. 말하자면 쪽문은 외부의 침입에 대비한 전착후관이라는 사회적 이념을 건축 행위로 구현한 것이다. 그리고 이 쪽문이 널리 퍼져 지속적으로 사용되면서 이러한 사회적 이념은 더욱 힘을 얻었을 것이다. 전착후관이라는 사회적 이념은 외부로부터의 침입이 예전처럼 우려되지 않는 현대사회에서도 흔히 발견

---

* 박상근, 『알기쉬운 생거지풍수건축여행』, 기문당, 1998.

된다. 이것은 쪽문의 반복적인 사용이 전착후관에 담긴 뜻을 재고할 여지를 주지 않았음을 의미한다. 뿐만 아니라 전착후관 이외의 가능한 사회적 이념을 고려할 기회도 주지 않았다고 볼 수 있다.

스마트폰이나 넥타이, 건축 모두 사람과 마찬가지로 길들이고 길들여지는 속성이 있음을 살펴보았다. 그런데 건축은 스마트폰이나 넥타이와는 다른 특징이 있다. 건축은 넥타이처럼 간단히 벗어버릴 수 있는 대상이 아니다. 또 스마트폰처럼 다른 것으로 쉽게 바꿀 수 있는 대상도 아니다. 이것은 중요한 차이점을 시사한다. 대체할 수 없다는 것은 비교 대상도 없다는 뜻이다. 다시 말해 비교 대상이 없기 때문에 건축이 미치는 영향, 건축에 의한 길들여짐을 스스로 알아차리기는 쉬운 일이 아니다.

길들이는 건축

건축은 필요조건을 충족하는 여러 방법 중에서 개인적 선호나 사회적 이념에 부합하는 하나를 선택하는 과정이다. 대체로 사회적 선호는 개인적 선호에 우선한다. 사회적 선호, 즉 사회적 이념이 강력할 경우, 개인적 선호는 두드러지지 않거나 사회적 이념이라는 큰 범위 안에서 작동하게 된다.

사회적 이념은 하나로 뭉뚱그려 이해해도 좋을 만큼 간단하지 않다. '부부유별'과 '전착후관'에 대해 생각해보자. 둘 다 사회적 이념인 것은 분명하지만 전자는 인간에 대한 사회적 관점이고, 후자는 자연에 대한 사회적 관점이라는 차이가 있다.

자연에 대한 사회적 관점은 자연을 어떻게 볼 것인가와 관련이 있다. 자연에 대한 인간의 태도는, 인간의 생존을 위협할 수도 있는 자연으로부터 자신을 보호해야 한다는 관점에서 출발해 과학과 기술의 발전으로 자연을 이해하고 이용하게 됨에 따라 자연을 재료와 도구로 인식하는 단계로 발전했다. 인간을 이롭게 하기 위해 자연을 이용의 대상으로 보는 사회적 관점은 그렇게 등장했다. 그런데 과학과 기술의 발달은 자연을 이용하는 수준을 넘어서 자연을 파괴하기에 이른다. 인간의 지나친 착취로 더 이상 생태계가 정상적으로 유지될 수 없는 지경이 된 것이다. 자연은 이제 무궁무진한 보물창고가 아니게 되었다. 그제야 인간은 자연을 공존해야 할 대상으로 이해하게 된다.

이렇듯 자연을 바라보는 관점의 변화에 따라 건축은 자연에 대응하는 독특한 방식을 견지해왔다. 첫 번째 단계에서는 자연이 지닌 미지의 힘에 순응하는 방식을 개발했다. 자연의 규칙을 따름으로써 자연의 위협으로부터 벗어나려 했던 것이다. 대표적인 예로 비례를 들 수 있다. 비례는 과학과 기술이 상대적으로 덜 발달했던 당시에 자연을 이해하는 관점이고, 그러한 관점으로 인간이 찾아낸 규칙이었다. 바꾸어 말하면 비례는 인간의 관점에서 보았을 때 자연이 존재하는 방식의 양적 표현이다. 이것을 강한 지배력으로 인간의 행동을 통제하는 건축의 구성에 적용하고 그 안에서 살아간다는 것은, 비례라는 규칙에 순응하고 있음을 의미한다. 자연의 규칙인 비례를 따름으로써 인간은 자연의 질서에 순응하고, 이로 말미암아 자연과 하나가 되어 자연의 위협으로부터 안전해질 수 있다고 믿었다. 비례가 자연의 존재 방식을 양적으로 잘 표현하는지 아닌지를 분명하게 파헤칠 수는 없지만, 일단 그렇게 믿었던 것만은 틀림없다. 그런데 여기서 한 가지 의문이 생긴다. 인간은 왜 자연의 질서를 따라 사는 것이 자연의 위협으로부터 벗어날 수 있는 방법이라고 믿었던 걸까. 이를 이해하기 위해서는 자연과 관련된 또 다른 이론이 필요하다. 바로 천인합일설(天人合一說)이다. 이에 따르면 인간은 대자연의 일부다. 자연이 나름의 질서로 끊임없이 순환하는 것처럼 인간도 그 질서에 순응하면 자연과 함께 오래도록 존재할 수 있다는 것이다.

산타마리아 노벨라성당은 비례가 아름답기로 정평이 난 건축물이다. 또는 비례가 좋아서 아름답다고 하기도 한다.[*] 그런데 비례를 단

산타마리아 노벨라성당
산타마리아 노벨라성당은 입면이 보여주는 비례로 유명한 건물이다.
입면이 비례의 체계를 강조하고 있는 하나의 구성 작품처럼 보인다.

---

[*] 김상근, 『천재들의 도시 피렌체』, 21세기북스, 2010.

순히 아름다움으로만 해석하는 것은 비례에 대한 모독이다. 건축물에 적용된 비례는 아름다움의 차원을 넘어 인간이 건축을 통해 자연과 하나가 됨으로써 자연의 위협으로부터 안전해질 수 있음을 의미한다.

비례가 좋다고 알려진 건물에서도 건축의 길들이기가 작용하는 것이다. 건축 방식으로 비례가 적용된 이유는 분명히 미적 완성보다 더 현실적인 생존과 안전의 문제 때문이었다. 당시 건축의 비례를 특정한 숫자의 관계로 이해하고 건축물의 생김새를 그에 부합하도록 한 것은 건축이 기본적으로 수행해야 할 필요조건을 만족하는 다수의 대안 중에서 비례를 판단 기준으로 선택했다는 뜻이다. 비례를 자연의 힘을 통제하는 여러 도구 중 하나로 생각한 것이다. 그런데 한번 적용된 비례가 반복적으로 사용되면서 사람들은 그것이 자연의 힘을 통제하는 수단 중 하나였다는 사실을 잊게 된다. 오히려 아름다움이라는 측면이 유지되고 강화되면서 비례가 가지는 신비한 힘은 공고하게 유지된다.[*]

자연에 대해 인간이 이해한 두 번째, 세 번째 단계도 건축에 큰 영향을 미쳤다. 두 단계의 차이를 가장 잘 드러낼 수 있는 예는 건물 외관에서 찾을 수 있다. 자연이 인간의 이익을 극대화하기 위한 재료와 도구로 인식되던 시기에는 건물에 유리 외피를 선호했다. 그 당시에는 건물을 지탱하기 위한 최소 구조를 제외한 거의 모든 부분에 유리

---

[*] 오늘날에는 마술 같은 비례의 힘이 그다지 인정되지 않는다. 과학과 기술의 발달로 인하여 더 이상 비례에 의지할 이유가 없어졌기 때문이다. 이와 관련된 자세한 내용은 Perez-Gomez 참고. Perez-Gomez, Alberto., *Architecture and the Crisis of Modern Science*, MIT Press, 1985.

저가 에너지 시대의 건축물

저가 에너지 시대에는 건물 전체를 유리로 감싸는 전면 유리 커튼 월(All Glass Curtain Wall)이 유행했다. 건물의 모든 벽면이 창 역할을 해 조망 확보에 유리할 뿐만 아니라 도시의 풍경을 구성하는 요소로서도 유용하다. 그러나 실내온도 유지에 막대한 에너지가 소모된다.

고가 에너지 시대의 건축물

에너지 가격이 오르면서 건물 전체를 유리로 감싸는 방식은 경제적으로 부담스러워졌다. 뿐만 아니라 에너지의 무분별한 사용은 도덕적으로도 비난의 대상이 되는 시대가 되었다. 지금은 건물의 냉난방에 사용되는 에너지를 줄이기 위해서 건물 표피 중 많은 부분에 유리보다 단열 성능이 우수한 재료를 사용한다.

를 사용하는 것이 유행이었다. 조망을 극대화하고 채광을 최대화하려는 의도였다. 하지만 이런 유리 외피 건물들은 에너지 손실이 막대하다. 한겨울에는 실내온도 유지에 많은 에너지가 필요하고, 또 여름에는 냉방에 막대한 에너지가 소모된다. 이런 건물이 지어질 수 있었던 이유는 그 당시에 자연이 언제까지나 인간에게 필요한 에너지를 공급해줄 거라는 자연관이 지배적이었기 때문이다.

서울시청사
고가 에너지 시대에 전면 유리 커튼 월을 채택한 건물이다. 당연히 냉난방에 더 많은 에너지가
사용될 수밖에 없다.

세 번째 단계에 들어서면서 인간은 자연이 무한한 에너지 공급처
가 아님을 깨닫고, 자연과 공생할 수 있는 방법을 모색한다. 흔히 말
하는 생태건축 또는 친환경건축의 시작이다. 그리하여 조망이나 채광
을 희생하더라도 에너지 절약을 위해 과도한 유리 외피의 사용이 자
제된다. 창의 면적은 작아지고 단열 성능이 우수한 재료를 이용한 벽
면이 증가한다.

세 번째 단계의 자연관으로 두 번째 단계의 건물을 보면 아름다워
보이지도 좋아 보이지도 않는다. 이러한 관점의 변화를 단적으로 보여
주는 사례가 서울시청사다. 서울시청사는 커튼 월을 사용하고 대부분
의 외피를 유리로 처리한 두 번째 단계의 대표적인 사례가 될 만한 건

물이다. 이 건물이 한 20여 년 전쯤 지어졌다면 좋은 건물이라고 생각했을 수도 있다. 하지만 이미 많은 사람들이 세 번째 단계의 자연관을 가지게 된 현시점에서는 아름다움보다 에너지 낭비가 도드라져 보이는 건물이 되고 말았다.[*]

두 번째 단계의 자연관으로 세 번째 단계의 건물을 본다면 그 또한 이상하기는 마찬가지일 것이다. 답답한 조망과 부족한 채광만이 눈에 띌 것이다. 좋은 방법이 있는데도 그걸 못하고 있는 세 번째 단계의 건물을 의아한 시선으로 바라볼 것이다. 그러나 이런 걱정은 할 필요가 없다. 두 번째 단계는 이미 지나가버렸다.

자연에 대한 사회적 이념을 따르는 것은 적절해 보인다. 자연을 최대한 인간에게 이롭게 사용한다는 측면에서 그렇고, 무엇보다 모두에게 동일하게 적용되기 때문이다. 최근 우리 사회가 자연과의 공존을 모색하는 까닭도 사실은 자연을 오랫동안 이용하기 위해서다. 자연을 더 사랑하거나 자연을 인간의 생명과 같이 중요하게 여겨서가 아니다. 자연에 대한 특정한 사회적 이념을 적용한 건축은 별로 거부감이 들 게 없다. 자연은 특정 부류의 사람을 이롭게 하거나 해롭게 하지는 않기 때문이다. 반면 인간에 대한 사회적 이념은 다르다. 이것은 인간을 차별한다. 특정 부류의 사람과 거기에 속하지 못한 사람들을 차별한다.

---

[*] 에너지 효율과 관련한 세간의 비판적 시각에 대해 서울시청사 설계자 유걸은 〈조선일보〉 2011년 12월 30일자 기사를 통해 다음과 같이 해명한다. "유리는 죄가 없다. 스마트하게 쓰느냐에 달렸다. (중략) 일반 유리 자재보다 열 통과율이 2.2배 낮은 '삼중 로이(Triple Low—E) 코팅 유리'를 적용해 여름철에도 뜨겁지 않을 것이다."

역사적으로 사회제도는 인간 평등을 기준으로 보면 매우 단순하게 정의할 수 있다. 인류의 사회제도는 인간 평등을 인정하지 않는 단계에서 그것을 인정하는 단계로 발전해왔다. 이렇게 보면 인간에 대한 사회적 관점은 봉건주의와 민주주의, 두 단계로 나누어볼 수 있다. 봉건주의에도 고대왕국, 신권사회, 근세 절대왕정 등 여러 단계가 있을 수 있다. 하지만 그런 세세한 분류에 굳이 신경 쓸 필요는 없다. 이들 모두 인간은 평등하지 않다고 믿는 사회적 이념으로 묶을 수 있기 때문이다. 민주주의에도 세세한 분류가 없는 것은 아니다. 모든 인간이 평등하다는 데는 동의하지만 영국이나 일본처럼 왕이라는 특별한 존재를 인정하는 입헌군주국도 있으니, 민주주의를 표방한다고 해도 그 속이 똑같을 리는 없다. 그럼에도 세세한 분류가 중요하지 않은 것은 이들 모두 인간 평등을 지지하고 있기 때문이다.

물론 이것을 적확하다고 할 수는 없다. 인간 평등을 지지하는 민주주의라는 사회적 이념에는 자본주의라는 다른 차원의 체계가 겹쳐 있기 때문이다. 자본주의는 자본의 논리에 충실하다. 민주주의사회에서 의결권은 1인 1표다. 하지만 자본주의의 총아라 할 수 있는 주식회사의 주주총회에 가면 1주 1표가 된다. 오늘날 우리는 인간 평등을 지지하는 민주주의사회에 살고 있지만, 부에 따른 차별을 인정하는 자본주의사회 역시 우리의 현주소임을 인정할 수밖에 없다. 이처럼 건축설계의 선택 기준이 되는 자연에 대한 사회적 이념과 인간에 대한 사회적 이념은 큰 차이를 보인다. 전자는 모든 인간에게 공평하게 적용되지만, 후자는 인간을 분류하고 서열을 매기고 그에 따라 불공평하게 적용된다.

양반집의 안채와 사랑채는 '부부유별'이라는 사회적 이념을 따라 건축물을 구현했다. 이는 사람을 남자와 여자로 분류하고, 여기에 특정한 서열을 부여한 것이다. 그리고 그에 따라 평등하지 않은 방식으로 그 둘을 취급한다. 물질적 부로써 인간의 불평등을 인정하는 자본주의라는 사회적 이념 또한 건축에 영향을 미친다. 그리고 그것은 건축에 의해 더욱 견고해진다. 자본주의가 당연시하는 차별이 건축물에 의해 두드러지고 지속성을 띠게 됨으로써 차별 자체가 자연스러운 것이 된다. 백화점 명품관이 그 예다. 얼마 전만 해도 모든 사람에게 명품관을 개방했었지만 점차 구매력이 없는 사람은 입장을 허용하지 않으려는 추세다. 여기에 건축이 힘을 보탠다. 명품관을 다른 공간으로부터 분리해 특별하게 꾸미고, 물건을 구입할 수 있는 경제적 능력이 있는 사람만 선별적으로 출입하게 하는 것이다. 결과적으로 건축은 경제력을 따져 인간을 차별하는 자본주의의 이념을 성실히 구현하고, 동시에 유지하고 강화하는 기능을 수행하게 된다.

자본주의라는 사회적 이념의 구현은 도시에서 더욱 극명해진다. 접근성이 좋아 땅값이 가장 높은 도시의 중심부는 경제적으로 우위에

백화점 명품관에 입장하지 못하고 기웃거리는 사람들
백화점 명품관은 구매력이 없는 사람의 출입을 대놓고 제한하지는 않는다. 하지만 출입구와 벽을 설치해 경계를 분명히 함으로써 구경만 하는 사람들의 접근을 교묘하게 차단하고 있다.

있는 사람들의 차지다. 반면 경제적으로 열세인 사람일수록 도시의 주변부로 밀려나 있다. 중심부에는 고층 건물이 들어서고, 주변부에는 상대적으로 작은 규모의 건물이 들어서게 된다. 고층 건물이 가져다주는 부의 규모는 당연히 주변부의 저층 건물보다 크다. 결국 시간이 흐를수록 중심부와 주변부의 부의 격차는 벌어질 수밖에 없다. 자본의 논리에 따라 형성된 도시 공간 구조가 자본의 논리를 현실에서 구현하고, 유지하고 강화하는 것이다.

인간에 대한 사회적 이념이 건축적 선택의 기준이 될 때 건축은 인간의 불평등을 구현하고, 유지하고 강화하는 도구가 된다. 건축이 본질적으로 담고 있는 길들이기의 속성이 드러나는 것이다. 그리고 그것은 의도와 목적에 의해 적극적이고도 자연스럽게 나타난다. 건축의 본질인 길들이기의 속성이 사람을 길들이는 건축으로, 의식적으로 이용되는 것이다. 이쯤 되면 앞에서 인용한 처칠의 말을 조금 고쳐서 음미할 필요가 있다. "우리는 건물을 빚어내고, 건물은 우리를 빚어"내는 것이 아니다. 처칠이 말한 '우리'는 '그들'과 '우리'로 구분할 필요가 있다. 해서 그들이 건물을 빚어내고, 건물은 우리를 빚어낸다. 길들이는 '그들'과 길들여지는 '우리'가 같을 거라는 생각은 순진하고 위험하다.

길들여지지 않게 하는 건축

건축이 특정한 사회적 이념을 구현하고, 유지하고 강화하기 위해 의도적으로 그에 부합하는 건축물을 구축하는 순간, 건축은 길들이기를 위한 도구가 된다. 이런 경향은 특히 사회적 이념이 강한 때일수록 더욱 두드러진다. 그런데 앞서 논의한 것처럼 건축적 선택의 기준에는 사회적 이념뿐 아니라 개인적 선호도 있을 수 있다. 이때 개인적 선호는 사회적 이념과 같은 맥락에 있을 수도 있고, 별개로 존재할 수도 있다. 특히 오늘날에는 사회적 이념과 통하지 않는 개인적 선호도 얼마든지 추구하고 주장할 수 있다.

특정 사회의 지배적 이념이 아닌 개인적 선호를 선택 기준으로 받아들일 때, 건축은 기존의 이념을 비판하거나 해체하는 효과적인 수단으로 탈바꿈하게 된다. 특히 사회의 지배적 이념과 충돌하는 개인적 선호가 건축에 반영될 때 더욱 그렇다. 기존의 사회적 이념과 상충하는 개인적 선호에 의한 건축물이 현실에서 구현되면 사람들은 기존의 사회적 이념만이 유일한 판단 기준이 아니라는 것을 현실에서 느낄 수 있다. 또한 기존 사회적 이념의 정당성도 의심하는 계기가 될 수 있다.

다시 쪽문 달린 대문을 살펴보자. 전착후관이라는 자연에 대한 사회적 이념은 쪽문 달린 대문을 낳았고, 그것이 아무리 불편해도 불편한 줄 모르고 사용하게 만들었다. 사람들을 길들인 것이다. 그런데 어느 날 전착후관이 아닌 드나드는 편리성을 더 선호하는 누군가에 의해서 쪽문이 아닌 정상적인 크기의 문을 단 대문이 만들어진다. 사람들은 그 문의 편리함에 동감한다. 그리고 좁고 낮은 쪽문으로 드나들어야 하는 이유, 즉 전착후관이라는 사회적 이념의 정당성에 이의를 제기하게 된다. 불과 수년 사이에 주변에서 흔히 볼 수 있던 쪽문 달린 대문은 온데간데없이 사라지고 다음 사진에서 보는 것과 같은 대

쪽문이 달리지 않은 대문

대문에 달려 있던 쪽문이 어느샌가 사라졌다. 이제는 출입을 위한 문이 넓어지고 높아져서 드나드는 데 불편은 없다. 이 문을 사용하는 사람들이 예전의 쪽문을 접하게 되면 왜 굳이 그런 불편한 문을 사용했을까 의아해할 것이다.

문이 주류를 이루게 된다. 이것은 건축적 행위를 통해 사람들을 기존의 길들여짐에서 깨어나게 하는 좋은 사례다.

기존의 길들여짐에 반기를 들게 하는 건축의 역할은 비단 자연에 대한 사회적 이념에만 한정되지 않는다. 인간에 대한 사회적 이념도 마찬가지다. 개인적 선호가 매우 존중받는 현실사회에서 건축가는 자신의 선호를 바탕으로 건축물을 만들어낼 수 있는 기회를 얻은 것이다.

즉 당대의 지배적인 사회적 이념을 반영하지 않은 건축은 기존의 사회적 이념을 재고하는 계기를 만들어준다. 그리고 곧장 기존의 사회적 이념에 길들여진 상태에서 벗어날 수 있는 기회로 작동한다. 현대의 건축가들은 이제 건축적 방법의 선택 기준으로 자신의 선호를 이용할 수 있다. 또한 건축가 스스로도 자신의 선호로 기존의 사회적 이념에 도전할 수도 있다는 것을 잘 안다. 현대의 건축가는 기존의 사회적 이념의 정당성을 의심하고 새로운 방향을 제시하기를 주저하지 않는다. 이렇게 해서 건축의 길들이기 속성은 길들여지지 않게 하는 건축으로도 활용된다.

건축으로 길들여진 인간,
건축으로 길들여짐에서 깨어나는 인간

건축이 인간을 특정한 방향으로 길들이거나 또는 기존의 길들여짐에서 깨어나게 할 수 있는 이유는 기본적인 필요를 만족하는 건축적 방법 중에서 어느 하나를 선택할 수 있는 여지가 있기 때문이다. 건축은 그 선택의 기준으로 기존의 사회적 이념을 받아들이거나 혹은 새로운 자신만의 선호를 도입함으로써 사람을 길들이거나 반대로 길들여짐에서 깨어나게 할 수 있다.

이 책은 길들이는 건축과 길들여진 인간, 그리고 길들여지지 않게 하는 건축과 길들여짐에서 깨어나는 인간에 대한 이야기를 담고 있다. 1부 「건축으로 길들이기」에서는 건축이 어떻게 길들이기에 봉사하는가에 대해서 다룬다. 양반집과 같은 살림집에서부터 서원과 향교 등의 공공시설, 궁궐 등의 국가기관 그리고 한양으로 대표되는 도시에 이르기까지 다양한 스펙트럼에서 건축이 길들이기를 수행하고 있음을 구체적 사례를 들어 설명할 것이다. 2부 「건축으로 길들여지지 않기」에서는 건축이 인간으로 하여금 어떻게 길들이기에서 벗어날 수 있게 하는지에 대해 다룬다. 인간의 삶에 깊숙이 자리한 건축이 어떤 방식으로 기존의 사회적 이념에 맞서고, 그 지배에서 벗어나게 하는지 심도 있게 들여다볼 것이다.

건축은 어떤 물리적, 이념적 장치보다
인간을 효과적으로 길들인다.
양반집과 살림집에서부터 향교나 서원 등의 공공시설,
궁궐 등의 국가기관에 이르는 건축물
그리고 한양으로 대표되는 도시에 이르기까지
다양한 스펙트럼에서 길들이기를 수행하고 있는 것이다.

1부
건축으로 길들이기

길들이기를 위한 조작으로서 건축

당연하지 않은 것을 당연하게 만들기 위해서는 물리력과 이념적 장치가 필요하다.[*] 군대나 경찰력 같은 것이 이에 해당한다. 하지만 이런 힘은 아무 때나 사용할 수 있는 것이 아니다. 물리력에 의존하기 전에 사용할 수 있는 도구가 이념적 장치다. 이것을 사용하면 큰 갈등 없이도 당연하지 않은 것을 당연하게 받아들이도록 할 수 있다. 여러 이념적 장치 중에서도 문화는 특별한 힘을 갖고 있다. 문화는 자발적 수용과 길들여짐을 통해 이념 소비자들을 쉽게 길들일 수 있기 때문이다. 이념 생산자 입장에서 보자면 이보다 더 간편할 수가 없다. 그러나 여기에도 단점은 있다. 문화의 길들이기는 지극히 개인적으로 이루어지기 때문에 그 의도가 슬쩍 드러나기라도 한다면 개인이 얼마

---

* Louis Althusser, *Ideology and Ideological State Apparatuses*, La Pensée, 1970.

든지 거부할 수 있다. 또한 하나의 문화가 또 다른 문화로 대체될 수 있다는 점도 문제다. 특정 문화를 통해 길들이기가 잘 이루어지고 있다 해도 언제든 또 다른 문화가 등장하면 그것이 불가능해질 수 있기 때문이다.

그런데 이보다 더 효과적인 길들임의 방법이 있다. 이것은 개인적 차원에서 쉽사리 거부할 수도 없으며, 마땅히 대체할 방법도 없다. 이 방법은 아주 오래전부터 효과적으로 사용되어왔는데 그 존재에 특별히 신경 쓰는 사람도 별로 없었다. 길들여지는 사람의 입장에서는 더욱 그렇다. 그것은 바로 건축을 이용하는 것, 즉 건물과 도시를 짓는 방법을 활용해서 길들이기를 수행하는 것이다.

건축은 사람의 행동이 이루어지는 건물과 도시, 즉 공간을 조작하는 기술이다. 그것은 가능한 여러 가지 행동 중에서 특정 행동이 잘 일어날 수 있는 공간을 만드는 것을 의미한다. 까닭에 건축은 본질적으로 편파적일 수밖에 없다. 공간이 그저 공간으로 있을 때는 거기에서 어떠한 행동도 가능하다. 동시에 이 말에는 어떠한 특정한 행동도 할 수 없다는 뜻이 담겨 있기도 하다. 이렇듯 가능하기도 하고 불가능하기도 한 여러 행동이 이루어질 수 있는 공간에 건축 기술이 더해지면 일부 행동은 좀 더 쉽게 할 수 있게 되고, 또 다른 일부의 행동들은 좀 더 하기 어려워진다.

예를 들어 가로 세로가 각각 5미터, 높이는 2.4미터인 방이 하나 있다고 하자. 우리가 흔히 볼 수 있는 방의 크기다. 이런 방에 가구가 하나도 없다면 그 방을 침실이나 서재로 쓸 수 있을 것이다. 그러나 아직은 잠을 자거나 책을 읽기 위한 행동 중 어느 한쪽을 고려한 상황이 아니다. 이제 이 방에 침대 하나를 들여놓아보자. 침대가 놓이기 전에 이 방은 두 가지 가능성을 공평하게 열어두고 있었다. 하지만 침대가 놓이면서 그 가능성이 침실 쪽에 더 가까워졌다. 건축은 이런 방식으로 공간을 조작해서 필요한 행동을 효과적으로 수행할 수 있도록 한다.

길들이기는 이렇듯 사람들의 다양한 활동 중에서 어느 일부만을 가능하게 함으로써 가능해진다. 건축이 특정한 활동만을 가능하게 하면 내부에서 그 행동은 당연한 것이 되고, 나머지는 자연스럽지 못한 것이 된다. 당연한 행동은 쉽게 받아들여지고 곧 그것에 길들여진다. 건축은 이런 일들을 지속적으로 수행해왔다. 사람이 뭔가를 짓고 살기 시작했을 때부터.

양반집의 길들이기

양반집 둘러보기

조선시대 양반집은 길들이기의 전형이다. 당시의 사회적 신분 질서, 그리고 가정에서의 질서를 몸으로 익히도록 만들어졌다는 표현이 더 맞을지도 모르겠다. 지금부터 양반집에서 길들이기가 어떻게 이루어지는지 살펴보자.

완성된 형태의 조선시대 양반가는 크게 세 개의 영역을 포함한다. 하나는 남자 주인의 공간, 다른 하나는 여자 주인의 공간, 그리고 하인들의 공간이다. 이들 공간에는 사랑채, 안채, 행랑채라는 이름이 붙어 있다. 각각의 공간은 그 공간에서 필요한 특정한 행동이 가능하도록 꾸며져 있다. 양반집의 대문을 들어서서 가장 깊은 곳에 있는 안채까지 가는 동안에 무슨 일들이 벌어지는지 알아보자.

사랑채에서는 무엇을 보았을까

대문에 들어섰을 때 가장 먼저 마주하게 되는 공간이 바로 행랑채다. 이곳은 양반집 하인들이 기거하는 곳이다. 하인들은 이곳에 기거하면서 집안 살림과 농사일을 맡아 한다. 행랑채는 그 이름에서 알 수 있듯이 대문과 연결된 담장을 따라 회랑처럼 늘어서 있다. 그리고 행랑채와 안채 사이에는 또 하나의 담장이 설치된다. 행랑채에서 안채를 들여다볼 수 없게 하기 위해서다. 뿐만 아니라 행랑채에 사는 하인들의 안채 출입도 제한된다. 행랑채에 사는 하인이 안채에 들어가기 위해서는 중문을 지나야 하는데, 아무나 지나다닐 수 있는 것은 아니다.

행랑채와 안채가 시각적으로 단절되어 있고, 물리적 접근 역시 철저하게 통제되어 있는 데 반해, 행랑채와 사랑채의 관계는 좀 덜 분리돼 보인다. 행랑채와 사랑채를 명확히 구분하는 담장이 있거나 별도의 출입구가 있는 경우도 드물다. 행랑채에서 사랑채를 쉽게 쳐다볼 수 있으며 가까이 다가서는 것도 가능하다. 그리고 무슨 일이 생겼을 시 언제든 뛰어갈 수 있다. 사랑채에서는 행랑채와 그 앞마당(행랑마당)이 잘 보이는 것이 일반적이다. 행랑채와 사랑채의 접근성이 행랑채와 안채보다 용이한 까닭은 바깥주인이 행랑채를 감시할 수 있게 하기 위해서다. 사랑채에서 감시가 용이한 부분에 놓이는 것은 행랑채와 행랑마당만이 아니다. 행랑채에서 안채로 들어가는 중문도 잘 보이도록 되어 있다. 이 역시 바깥주인이 안채의 사람들을 외부인으로부터 보호하기 위한 것이다.

행랑채와 사랑채가 물리적 접근과 시각적 접근이 서로 용이하도록 돼 있기는 하지만, 그렇다고 영역의 구분이 없는 것은 아니다. 행랑채는 엄연히 신분이 낮은 하인이 사는 곳이고, 사랑채는 그 집에서 가장 신분이 높은 바깥주인이 사는 곳이기 때문이다. 행랑채와 사랑채의 영역은 한눈에 알아볼 수 있을 정도로 쉽게 구분된다. 사랑채 지표면을 행랑채보다 높게 하는 것이다. 이는 자연 지세를 적절히 이용하는 경우가 많다. 처음에 집터를 잡을 때부터 남쪽으로 약간 경사진 비탈을 택하는 것인데, 그래서 대문은 가장 남쪽에 위치하게 된다. 대문에서 가장 가까운 쪽에 행랑채를 두고 좀 더 먼 곳에 사랑채를 배치한다. 그리고 영역을 구분하기 위해 앞서 말한 대로 바닥을 돋우어서 행랑채보다 훨씬 높은 곳에 지어지도록 하고, 건물 자체의 높이도 행랑채와 차이를 둔다. 경우에 따라서는 사랑채 일부에 누마루를 만들어 사랑채 안에 더 높은 공간을 만들기도 한다. 행랑마당에서 사랑채 누마루를 바라봤을 때 행랑마당에 서 있는 사람과 누마루에 올라서 있는 사람이 같은 지위가 아니라는 것을 저절로 알 수 있게끔 의도한 것이다. 이때의 높이는 대개 행랑마당에 선 하인이 볼 때, 그 시선이 사

행랑마당에서 올려다본 누마루(윤증 고택)
행랑마당의 하인은 사랑채 누마루의 주인을 올려다볼 수밖에 없다. 기단과 계단. 그리고 마루와 누마루를 이용해서 점층적으로 확보된 높이는 실제 물리적인 높이보다 훨씬 더 높아 보이게 만든다.

관가정의 사랑채에서 바라보는 들녘(위)

사랑채에서 주인은 낮은 산과 들녘으로 조성된 풍경과 함께 자신을 위해서 일하는 일꾼들의 모습을 감상할 수 있다.

관가정(아래)

사랑채의 이름이 관가정이다. 볼 관(觀) 자와 심을 가(稼) 자를 사용한다. 글자 그대로 농사 짓는 풍경을 바라본다는 뜻이다.

랑채 누마루에 닿도록 조정한다. 즉 하인들이 고개를 들지 않는 이상 주인의 발 정도만 보이도록 하는 것이다. 감히 주인과 눈을 마주칠 기회조차 주어지지 않는다. 하지만 주인은 하인의 모든 것을 내려다볼 수 있다. 일거수일투족을 용이하게 감시할 수 있다. 그리고 필요한 것이 있다면 목소리를 내면 될 뿐이다.

대체로 사랑채의 누마루는 담장 너머까지 볼 수 있도록 설계돼 있다. 양반집에서 담장 밖이 보이는 유일한 공간인 이곳에 서서 집 앞에 위치한 안산이며 멀리 조산까지 경치를 즐길 수 있는 것이다. 그리고 사랑채 누마루에서 가장 잘 내다보이는 곳에 바로 사랑채 주인이 소유한 농토가 있다. 누마루에 앉아서 자라는 곡식과 땀 흘려 일하는 일꾼들의 모습을 볼 수 있다. 즉 일꾼들이 일을 잘하는지 감시할 수 있는 공간이다. 그래서 사랑채에 볼 관(觀) 자에 심을 가(稼) 자를 써 '관가정(觀稼亭, 농사짓는 풍경을 바라보는 정자)'이라고 이름 붙인 양반집도 있다.

사랑채에는 일을 열심히 하는지 안 하는지를 감시하는 바깥주인이 있고, 담장 너머 들녘에는 주인을 위해 일하는 일꾼들이 있다. 사랑채와 행랑채, 그리고 사랑채와 바깥 들녘 간의 공간 구조는 각각의 공간을 차지한 사람들의 역할을 확실하게 구분해준다. 건축이 공간 구조를 통해 지속적으로 특정 활동을 수행하도록 하는 것이다. 공간 안에서 사는 사람들은 자신도 모르는 사이에 세대를 두고 길들이기를 하고 길들여지기를 반복한다.

왜 중문은 그냥 중문이 아니고 중문간인가

행랑채와 안채 사이에도 정교한 역학 관계가 성립한다. 안채 역시 사랑채와 마찬가지로 지표면을 사람 키 절반 정도로 높여놓았다. 또한 행랑채와 안채 사이에 담장을 설치해 영역을 구분했고, 담장에는 중문을 달아 사람이 드나들 수 있도록 했다. 대부분의 양반집은 건물을 지음으로써 담장을 대신한다. 이렇게 되면 행랑채와 안채로 연결되는 중문은 중문간이라는 명칭이 더 적절하다. 담장 역할을 하는 연속된 건물의 한 간을 차지하기 때문이다.

안채와 행랑채 영역을 담장으로 구분하지 않고 건물로 구분한 데는 분명한 이유가 있다. 쉽게 파악할 수 있는 것은 실용성의 차이다. 담장이 시각적 접근과 물리적 접근을 차단하는 기능에만 머물렀다면, 건물은 그뿐 아니라 창고로도 활용할 수 있다는 실용성을 더한 것이다. 하지만 넓은 집터에 공간 확보가 수월했던 양반가에서 굳이 담장 대용으로 건물을 지을 필요가 있었을까. 아마 보다 근본적인 이유는 담장보다 건물이 훨씬 더 완벽하게 영역을 구분해주었기 때문일 것이다. 담장이 아무리 높다 한들 건물 높이만 못하고, 담장보다는 건물을 넘어가는 게 훨씬 어렵다. 시각적·물리적으로도 담장보다 건물을 짓는 게 접근 차단에 용이하다.

건축에서 두 개의 영역을 완벽히 구분하기 위해서는 시각적 차단과 물리적 차단이 필요하다. 시각적 차단은 공간 사이에 구조물을 세움으로써 가능하다. 물리적 차단은 다른 영역에 들어가지 못하도록 공간을 조작하는 것이다. 가장 단순하면서도 효과적인 방법은 영역

간 거리를 멀게 하는 것이다. 그런데 그 거리가 너무 멀어지면 접근성
이 떨어져 불편해질 수 있다. 그래서 두 영역 간에 분리와 접근을 적
절히 통제하기 위해서는 영역 사이에 담장을 두거나 도랑을 파서 차단
하려는 대상이 넘어오지 못하게 하는 방법이 더 효과적이다.

담장을 이용한 사례는 중국에서 쉽게 찾아볼 수 있다. 높은 담장을
만들어서 담장의 이쪽저쪽이 서로 다른 영역임을 강력하게 표시한다. 굳
이 중국을 예로 든 까닭은 중국의 담장이 우리나라에 비해 훨씬 더 높기
때문이다. 물리적 높이뿐 아니라 담장과 담장 사이 혹은 담장으로 둘러
싸인 영역의 길이 대비에서도 그 차이는 확연하다. 이렇게 되면 담장으
로 둘러싸인 영역의 위요감(圍繞感, 공
간을 둘러싼 느낌)이 커진다. 이렇게 볼
때 우리나라와 중국 담장의 차이점은
위요감의 정도라고 볼 수 있다. 중국에
서는 높은 담장으로 위요감을 높이는
데 중점을 둔 반면, 우리나라는 지나친
위요감은 별로 좋아하지 않은 듯하다.[*]

도랑을 파서 영역을 구분하는 방
법은 우리나라의 사찰에서 찾아볼 수
있다. 송광사 개천이 흥미로운 예다.
송광사는 개천을 건너야만 절의 경내

송광사 홍교
개천은 명확한 경계를 구성한다. 개
천을 건너가는 행위는 속세에서 선
계로 들어서는 느낌을 준다.

---

[*] 아시하라 요시노부, 『건축의 외부 공간』, 김정동 옮김, 기문당, 2005.

중국의 높은 담장

담장의 높이가 길의 폭보다 세 배는 더 되어 보인다. 이렇게 수평 길이에 비해 수직 길이가
더 긴 경우엔 둘러싸는 느낌, 즉 위요감이 강해진다.

에 들어설 수 있다. 이로써 절의 경내가 세상 사람들이 사는 속세와는 다른 세계라는 것이 강조된다.

다시 중문간으로 돌아가보자. 만약 안채와 행랑채 사이에 3미터쯤 되는 담장을 설치한다면 그것만으로도 시각적·물리적 접근 차단은 가능하지 않을까. 물론 그렇다. 하지만 건물이 주는 만큼의 심리적 기능은 기대할 수 없다. 두 개의 영역 사이에 담장이나 건물을 설치해 구분하는 방법은 시각적·물리적 접근 차단뿐 아니라 심리적 거리를 만드는 작업이기도 하다. 심리적 거리는 당연히 두 영역 사이를 차지하고 있는 경계의 물리적 조건에 영향을 받는다. 그것이 두껍고 견고할수록 심리적 거리는 멀어진다.

심리적 거리를 조성함으로써 건축가는 특정 영역에 안정감을 줄 수 있다. 도랑도 마찬가지다. 도랑이 없을 때보다 있을 때 더 영역에 접근하기 힘들 것이라는 심리적 거리가 조성된다. 도랑이 존재한다는 사실이 실제 물리적 거리보다 더 먼 심리적 거리를 만들어낸다. 예를 들어 두 개의 방을 얇은 널빤지로 구분했을 경우와 1미터는 됨 직한 콘크리트 벽으로 구분했을 경우를 떠올려보자. 그리고 이 사실을 모른다고 가정했을 때와 안다고 가정했을 때를 비교해보자. 후자의 경우에 더 구분되었다고 느낄 것이다. 이외에도 심리적 거리를 조성하는 방법은 많다. 그중에서도 가장 효과적인 방법은 영역 사이에 하나의 영역을 더 끼워넣는 것이다.

영역을 구분하는 이유는 서로 다른 성질의 공간을 나누어 사용하기 위해서다. 공간의 쓰임이나 목적이 같다면 굳이 영역을 구분할 필요가 없다. 예를 들어 학교 밀집 지역과 유흥 지역은 분리돼야 마땅하다.

공간을 점유하는 구성원의 성격이 다르고 공간 목적에 따라 서로 다른 환경을 요구하기 때문이다. 면학 분위기를 조성해야 하는 학교 주변과 시끄럽고 번잡한 유흥가가 서로 섞일 수는 없다. 두 지역이 멀리 떨어져 있으면 좋겠지만, 어쩔 수 없이 근처에 위치해 있다면 담장이나 건물군, 도랑, 또는 완충 구역 등의 분리를 위한 장치를 마련해야 한다. 예를 들면 학교 밀집 지역과 유흥 지역 사이에 또 다른 성질의 영역을 배치할 수 있다. 녹지 구역과 같은 완충 구역을 조성하면 좋다. 완충 구역을 조성함으로써 실제 물리적 거리보다 심리적 거리가 더욱 멀어질 수 있다.

아파트 단지 인근에 혐오시설이 있는 경우도 떠올려보자. 아파트 주민들은 혐오시설로부터 시각적·물리적 차단을 원할 것이다. 이때도 완충 구역을 조성하면 아파트 단지와 혐오시설의 심리적 거리가 훨씬 멀어진다. 아파트 단지와 혐오시설 사이에 상가나 주민 공동 체육시설과 같은 공용시설을 조성하는 것이다. 이 경우 사람의 왕래가 많을수록, 체류 시간이 길수록 아파트 주민들은 혐오시설의 존재를 좀 덜 느끼게 된다. 공용시설이 혐오시설과 아파트 단지 간 심리적 거리를 멀게 해주는 기능을 하는 것이다.

안채와 행랑채를 담장이 아닌 건물로 구분하는 것도 이런 역할을 기대하기 때문이다. 담장만으로도 시각적·물리적 구분이 가능하지만 사람이 활동하는 또 다른 영역을 배치함으로써 심리적 거리를 더욱 멀게 하는 것이다.

중문간을 자세히 살펴보자. 중문간은 행랑채 쪽 담벼락과 안채 쪽 담벼락, 이렇게 두 개의 담벼락으로 구성된다. 당연히 개구부도 두 개

윤증 고택 안채에서 밖을 내다보는 중문간(왼쪽)

안채 건넌방 툇마루에서 중문간을 바라보면 행랑마당의 일부가 얼핏 보인다. 문이 열리는 각도로 행랑마당에 대한 감시의 정도를 조절할 수 있다.

밖에서 윤증 고택 안채를 들여다보는 중문간(오른쪽)

중문간에 들어서서 몸을 약간 돌리면 안채 내부를 들여다볼 수 있다. 하지만 안방이나 대청마루 등 안채의 중심 공간을 한 번에 노출시키지는 않는다. 안채 건넌방과 툇마루 정도를 볼 수 있을 뿐이다.

가 필요하다. 그런데 흥미롭게도 각각의 개구부를 일직선상에 배치하지 않았다. 행랑채 쪽 담벼락에 난 개구부에 들어서면 바로 정면이 안채 쪽 담벼락으로 막혀 있다. 안채 쪽 담벼락에 난 개구부는 행랑채 쪽 담벼락에 난 개구부의 정면 방향에서 조금 비켜서 위치한다. 행랑채 쪽 개구부에선 안채 쪽 개구부를 통해 안채를 살짝 들여다볼 수는 있지만 안채가 훤히 들여다보이지 않는다. 행랑채 하인들의 시각적 접근을 차단하는 교묘한 장치인 것이다. 또한 이 장치로 인해 안채로 출입하는 사람들은 자신도 모르는 사이 행동을 조심하게 된다. 안채는 누구나 함부로 출입하는 곳이 아님을 분명히 깨닫게 되는 것이다.

그런데 굳이 행랑채 쪽 개구부에서 안채 쪽이 살짝 보이도록 한 까닭은 무엇일까. 이는 하인들이 안채 쪽에서 일어나는 일들을 눈치로 알 수 있도록 한 것이다. 하인은 안채 쪽에 들어가도 되는지 안 되는지를 스스로 판단할 수 있다. 우리에게 서구식 노크 문화가 없는 이유는 굳이 노크를 하지 않아도 안쪽의 상황을 필요한 만큼만 눈치챌 수 있도록 해주는 고도로 발달된 장치가 있었기 때문이다. 그 장치 중 하나가 창호지를 바른 문이다. 창호지를 바른 문은 내부에서 일어나는 일을 필요한 정도만 알 수 있게 한다. 동시에 밖에서 일어나는 일도 안에서 필요한 만큼 알아차릴 수 있다. 문 안쪽의 상황을 필요한 만큼만 알리고 또 필요한 만큼 가릴 수 있는 장치가 있었기 때문에 굳이 노크 문화가 필요 없었다. 이렇게 보면 노크는 별로 정교하지 못한 주거 장치에서 비롯한 문화라 할 수 있다.

양반집의 중문간도 창호지를 바른 문과 비슷한 기능을 수행한다. 밖에서는 안을 그리고 안에서는 바깥을 필요한 만큼만 살필 수 있다.

약간 비켜서 위치한 두 개의 개구부가 안채의 상황을 미루어 짐작할 수 있을 만큼만 시각적 접근을 허용한다.

양반집 중문간의 이런 은근한 시선 통제는 현대 건축가들도 활용할 만한 방법이다. 건축가 승효상의 수졸당의 경우를 살펴보자. 수졸당의 평면도를 보면 길에 면한 쪽에 손님방을 두고 있는데, 행랑채와 동일한 개념으로 이해할 수 있다. 그리고 대문을 들어서면 나타나는 작은 마당은 행랑마당에 가깝다. 이 행랑마당과 안마당이 담장을 사이에 두고 앞뒤로 나란히 배치되어 있다. 행랑마당에서 오른쪽으로 90도를 꺾어 돌면 현관문이 나타난다. 이 문은 양반집 중문간과 동일한 기능을 수행한다. 현관, 즉 중문간에 들어서면 거실이 나타나고 이 거실은 부엌과 안방으로 연결된다. 거실과 안방은 길지 않은 복도로 연결되는데 복도의 한쪽은 안마당에, 다른 한쪽은 장독대가 놓인 작

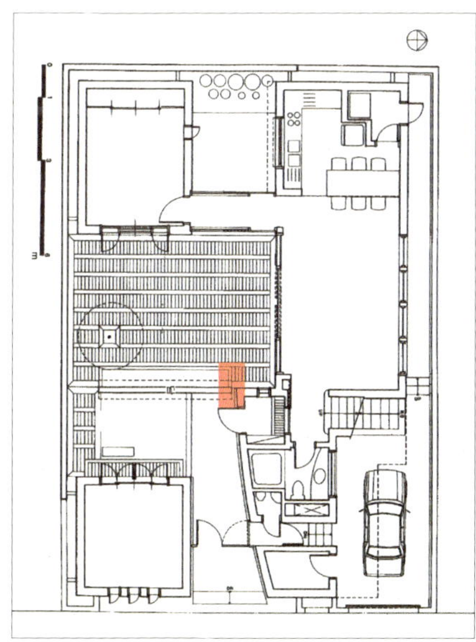

수졸당 평면도
빨간색으로 표시한 부분이 전통적인 양반집의 중문간 기능을 구현한 부분이다. 그러나 평면도 만으로는 그 의도를 확실히 판단하기 어렵다.

은 정원에 접해 있다. 이 장독대가 놓인 작은 정원이 안채 뒤편이라고 보면 된다.

수졸당은 양반집의 공간 구조를 거의 그대로 현대 주거에 적용하고 있다. 그런데 평면도에 좀 불분명한 부분이 있다. 행랑마당과 안마당을 분리하고 있는 담장의 한쪽 끝이 대지의 경계선과 1미터 정도 간격을 두고 떨어져 있다. 반면 다른 한쪽 끝은 현관부에 맞닿아 있다시피 하지만 약간의 틈이 있는 것처럼 보인다. 양반집에서 중문간이 교묘히 행랑채에서 안채로의 접근을 차단하는 것과 같은 장치로 읽혔다. 하지만 평면도만으로는 확신할 수 없었다. 다시 건물 상태를 확인하기 위해 몇 장의 사진을 찾아보던 차에 궁금증을 풀어줄 만한 사진을 찾았다. 행랑마당과

수졸당

도면에서 빨갛게 표시된 부분을 안채에서 바라본 사진이다. 안채에 출입하는 사람은 이 틈새를 이용해서 안채의 상황을 어느 정도 감지할 수 있다. 안채에서는 이 틈새를 통해 안채로 접근하는 사람의 기척을 느낄 수 있다.

안마당을 분리하는 담장의 한쪽 끝이 현관에 맞닿아 있지 않은 사진을 발견한 것이다. 담장의 끝은 현관에서 30센티미터 정도 떨어져 있는데, 그 틈을 통해서 안마당과 안채가 살짝 들여다보이도록 하고 있었다. 수졸당에도 양반집 중문간과 마찬가지로 안채의 상황을 눈치챌 수 있는 교묘한 장치를 마련해두고 있었던 것이다.

얼핏 보면 이것은 배려인 것 같지만 사실은 알아서 처신하라는 얘기다. 들어와도 좋은지 정도는 스스로 판단하도록 하는 장치다. 이 장치를 반복적으로 사용하다 보면 먼저 안쪽의 상황을 살핀 후 행동하는 자신을 발견하게 된다. 그리고 이 패턴이 지속될수록 그렇게밖에 행동할 수 없는 자신의 신분을 깨닫게 된다.

안채 마당에서는 무엇을 보았을까

이렇게 어렵게 안마당에 들어서면 안방과 대청, 건넌방 그리고 부엌으로 구성된 안채가 보인다. 안채도 사랑채와 마찬가지로 지면에서 상당한 높이로 올려져 있다. 토방이라고 부르는 기단을 높게 쌓은 것이다. 이 기단의 높이 때문에 안채 안마당에 선 하인은 자연스레 안채 안방 문지방에 시선을 두게 된다. 행랑마당에서 사랑채 마루에 서 있는 주인의 발만 볼 수 있었던 것과 유사하다. 안채에서도 하인은 주인의 허락 없이 감히 고개를 들지 못한다. 고개를 들더라도 발만 바라보고 명령을 들을 수밖에 없다. 주인은 하인의 모든 것을 볼 수 있고 하인은 주인의 발만 볼 수 있다. 시선의 불평등이 주인과 하인이 불평등한 관계임을 강력하게 암시한다.

안채에서 신분 관계를 보여주는 장치는 여기서 끝나지 않는다. 사랑채의 기단이 건물을 높이려는 의도뿐이라면, 안채의 기단은 거기에 더해 특별한 행동을 염두에 두고 고안됐다. 안채 건물의 외주부와 기단의 외주부 사이에 사람이 서 있을 정도의 폭을 확보하는 것이다. 그리고 하인들 중 일부는 기단까지도 올라갈 수 있다. 즉 하인들 사이에도 계급이 존재해 그에 따라 출입할 수 있는 영역에 차등을 두었다. 누구는 기단까지 올라갈 수 있고, 누구는 안채 마당까지 출입할 수 있다. 물론 안채 마당에조차 출입할 수 없는 하인도 있다. 이렇듯 양반집은 층층이 신분 차이를 보여주는 구조로 되어 있다. 공간 구조에 따라 공간 점유자들은 자신의 신분과 역할을 자연스레 인지하게 된다.

안채 기단과 사랑채 기단(예안 이씨 종택)
안채 기단은 사람이 서 있기 가능한 정도의 폭을 확보하고 있다. 반면에 사랑채 기단은 사랑채 건물을 지면으로부터 들어올려주는 기능만 할 뿐이다. 안채 주인마님은 하인을 안마당에서 기단으로 불러올려 좀 더 은밀한 얘기를 전할 수 있다. 하지만 사랑채 기단부에는 그런 행위가 일어날 공간이 없다.

건축은 공간 구조를 통해 인간의 행동을 통제하고 길들인다. 공간은 그 안에서 다르게 행동할 수 있는 여지를 허락하지 않는다. 지속적으로 행동을 통제함으로써 인간을 순종적으로 길들이는 것이다.

서원과 향교의 길들이기

서원과 향교 둘러보기

옛 건축물 중 서원과 향교는 비교적 흔히 찾아볼 수 있다. 지방 어느 도시에서든 일단 교동이라는 지명이 붙은 곳을 훑어보면 된다. 서원과 향교가 있던 동네의 지명이 교동이기 때문이다. 그만큼 서원과 향교는 전국 곳곳에 퍼져 있다. 그리고 양반집 등의 개인 건축물과 마찬가지로 서원과 향교 등의 공공시설에서도 길들이기가 이뤄졌다. 이제 서원과 향교에서는 어떤 길들이기가 이뤄졌는지 알아보자.

서원과 향교는 조선시대 교육기관으로, 선배 유학자의 신위를 모시고 제사를 올리기도 했던 곳이다. 입구에서 가까운 쪽에 교육 공간을 두고, 더 안쪽에는 제사 공간을 배치하는 등 서원과 향교는 건축 양식도 거의 동일하다.[*] 또한 대체로 산자락에서 이어지는 경사를 십분 활용해 지어졌다. 즉 안쪽에 조성된 제사 공간을 상대적으로 높은 지대, 우월한 지대에 배치한 것이다.

제사 공간과 교육 공간 전체를 둘러싸는 담장이 있고, 여기에는 주출입문이 설치된다. 서원이나 향교로 들어오는 최초의 출입문이다. 가장 바깥에 있기 때문에 바깥 외(外) 자를 쓰고 세 개의 작은 문으로 구성돼 있기 때문에 석 삼(三) 자를 써 외삼문이라 부른다. 대체로 교육 공간이 입구 쪽으로 나와 있는 까닭에 외삼문은 외부와 교육 공간을 연결해주는 문으로 쓰이기도 한다. 교육 공간과 제사 공간 사이에도 담장이 설치된다. 이 담장에 설치된 문은 안쪽에 세 개의 문으로 만들어졌다고 해서 내삼문이라고 부른다. 이곳에 이르기 위해서는 교육 공간에서 제사 공간으로 가는 비탈에 설치된 계단을 따라 올라가야 한다. 그런데 이 내삼문 앞 계단에도 사람을 길들이는 장치가 숨겨져 있다.

내삼문 앞 계단은 왜 이리 좁을까

내삼문 앞 계단은 세 개의 길로 나뉘어진 조금 독특한 구조로 되어 있다. 이 세 개의 길이 각각 내삼문의 세 개의 문으로 연결된다. 양 옆은 사람이 다니는 길이고 가운데는 영혼이 다니는 길이다. 사람이 다니는 길과 영혼이 다니는 길을 구분해놓은 것이다. 세 개의 길을 만들어놓으면 자연히 가운데가 우월한 길이 된다. 그래서 우월한 길은 영

---

* 서원과 향교의 배치는 전학후묘(前學後廟)가 일반적이나 반대의 경우도 있다. 대표적 사례인 나주향교는 제사 공간인 대성전이 교육 공간인 명륜당 앞에 위치한다.

혼, 즉 대성전에 모신 선학들의 통로가 된다.

그런데 왜 길을 세 개나 만들었을까? 두 개의 통로를 만들어 좌우 어느 쪽이든 우월한 쪽에 영혼이 다니는 길을 내면 될 것도 같다. 그런데 길이라는 것이 들고 나는 것이라는 점을 생각하면 이 방법에는 한계가 있다. 방향만으로 우열을 구분하면 아주 특이한 의례가 발생했을지도 모른다. 들어갈 때와 다르게 나올 때 뒷걸음으로 나와야 했을 수도 있다. 양쪽의 너비를 기준으로 구분해도 마찬가지다. 넓은 길로 들어갔다가 좁은 길로 나오게 되기 때문이다. 즉 두 개의 길로는 우열을 가릴 수 없다.

내삼문과 계단(도동서원)
도동서원 대성전으로 가는 내삼문 앞 계단은 디딤판의 폭이 좁아서 몸을 돌리지 않고는 발을 디디기 어렵다. 몸을 옆으로 돌려 대성전으로 올라가는 사람의 속마음이야 어떻든 지켜보는 입장에서는 매우 공손해 보인다.

또한 내삼문 앞 계단의 디딤판은 폭이 아주 좁다. 보통 디딤판은 보폭과 보행 속도를 감안해 사람의 발 크기 정도로 제작하는데, 내삼문의 경우 이보다 훨씬 좁게 만들었다. 도동서원의 내삼문 앞 계단이 대표적인 사례다. 그렇게까지 옛날 사람들이 발이 작았다고 보기엔 정도가 너무 심하다.

이렇게 비정상적으로 좁은 디딤판을 만든 것은 다분히 의도적이다. 좁은 디딤판에 안전하게 발을 디디려면 몸가짐을 조심하게 되고 몸을 옆으로 돌릴 수밖에 없다. 디딤판을 경외심을 갖게 하는 장치로 이용한 것이다. 내삼문에 드나드는 사람들은 자신도 모르는 사이 몸을 돌림으로써 예를 표하는 행위가 몸에 배고, 몸에 밴 행동은 마음가짐에까지 영향을 미친다. 이러한 태도는 이 모습을 지켜보는 사람들까지도 자연스레 길들인다.

계단의 폭을 조작해서 예를 표하도록 한 예는 또 있다. 임진왜란 당시 조선을 도와준 명나라 신종과 의종의 제사를 지내기 위해 세운 사당, 만동묘가 그렇다. 만동묘 앞 계단의 디딤판 역시 상당히 좁다. 게다가 폭에 비해 계단 한 단의 높이가 상당하기 때문에 계단에 오르려면 자연히 몸을 숙이게 된다. 자기도 모르는 사이 예를 행하게 되는 것이다. 의도적으로 지세를 이용한 건축의 결과다. 화양계곡에 있는 여러 경사지 중 유독 주변보다 심한 급경사지에 만동묘를 지은 것도 이러한 까닭에서다.

건축은 공간을 조작함으로써 사람을 길들인다. 그리고 그것은 다른 문화나 예절보다 더 강력한 효과를 발휘한다. 왜냐하면 정작 길들임을 당하는 사람은 자신이 길들여지고 있다는 사실을 인지하기 어렵고, 설사 알아챈다 해도 단순히 의지로 거부할 수 있는 게 아니기 때문이다. 몸을 옆으로 돌리거나 허리를 굽히기 싫어도 좁은 계단에 발을 디디고 오르려면 어쩔 수 없다. 허리를 굽히고 고개를 숙이는 인사가 싫으면 안 하면 그만이다. 간단히 수인사로 대신할 수도 있다. 이런 소극적인 반항으로 스스로 자존심을 지킬 수도 있는 일이다. 그런데 길들이기를 강요하는 건축적 장치를 만나면 빠져나갈 길이 없다. 그래서 건축을 이용한 길들이기는 그 무엇보다도 강력하고 무섭다. 길들이는 입장에서는 강력한 것이고, 길들여지는 입장에서는 무서운 것이다.

만동묘 앞 계단
계단 한 단의 높이와 폭을 조작함으로써 예를 갖추게 하는 장치는 치밀한 계산에 따른 것이다. 이것은 만동묘가 자리한 부지의 형상을 보면 알 수 있다. 일부러 경사가 도드라진 곳을 골라 계단의 경사를 급하게 했다.

궁궐의 길들이기

궁궐 둘러보기

건물 구조, 즉 건물의 배치와 형태는 인간의 행동양식은 물론 정신세계마저도 지배한다. 양반집과 서원, 향교는 공간 구조와 건물 형태로 행동을 통제함으로써 신분 질서를 길들이는 효과적인 도구였다. 하지만 그 방면의 최고는 역시 궁궐이다. 궁궐은 왕의 권위와 그 외 사람들의 신분 질서가 분명히 드러나야 하는 공간이다. 양반집과 서원, 향교가 건축을 통해 신분 질서를 길들였듯이 궁궐도 건물의 배치와 형태를 통해 같은 기능을 수행한다. 지금부터 조선의 가장 중요한 궁궐이었던 경복궁을 중심으로 궁궐이 어떻게 왕의 권위를 드러내고 신분 질서를 길들이는 도구로 작동했는지 알아보자.

우선 서울에서 경복궁이 어디에 위치했는지 생각해보자. 조선시대의 대표적 건물 배치 규칙이라고 할 수 있는 풍수지리에 따르면 가장 중요한 것은 배산임수다. 뒤로는 산을 업고 앞에는 물을 두어야 한다. 그래서 경복궁은 뒤로는 삼각산을 두고 앞으로는 남산과 관악산을 각각 안산과 조산으로 삼는다. 안산은 가까이에 있는 작은 산, 그리고 조산은 그보다 먼 곳에 있는 더 큰 산이라고 생각하면 된다. 이렇게 하면 산세를 이용하는 것은 해결된다. 다음은 물인데 큰 물과 작은 물, 두 가지가 필요하다. 멀리 보이는 한강을 큰 물로 삼는다. 그러고 보니 작은 물이 없다. 그래서 청계천을 파서 작은 물을 만들었다. 이렇게 해서 경복궁이 지금의 자리에 앉게 된 것이다.

양반집이 사용자에 따라서 몇 개의 공간으로 나눠졌듯이 왕궁도 몇 개의 공간으로 구분된다. 우선 크게는 두 개의 영역으로 나뉜다. 하나는 왕과 왕의 가족 그리고 그들의 시중을 들며 궐내에 기거하는 사람들을 위한 영역이다. 그리고 다른 하나는 궐내에 기거하지 않으면서 궐을 출입하는 사람들의 영역이다. 이를 궐내각사라 한다.

궐내각사는 경복궁 내 두 곳에 분포한다. 하나는 경복궁의 남서쪽에 있고 다른 하나는 남동쪽에 있다. 남서쪽의 궐내각사가 남동쪽에 있는 것에 비해 규모가 훨씬 크다. 남서쪽 궐내각사는 왕을 보필했고, 남동쪽의 궐내각사는 세자를 보필했다. 그러니 당연히 남서쪽 궐내각사가 규모도 훨씬 더 크고 각사의 종류도 다양할 수밖에 없다.

그런데 궁궐 내 일부 영역에 궐내각사라는 이름이 분명하게 붙은 것에 비해, 왕과 왕의 가족 그리고 그들의 시중을 들며 궐내에 기거하는 사람들을 위한 공간을 가리키는 명칭은 없다. 이들을 위한 공간 자체가 바로 궁궐이기 때문인 듯하다. 궐내각사는 궁궐에 존재하는 다른 성격의 영역이기 때문에 특별히 이름을 붙였을 것이다.

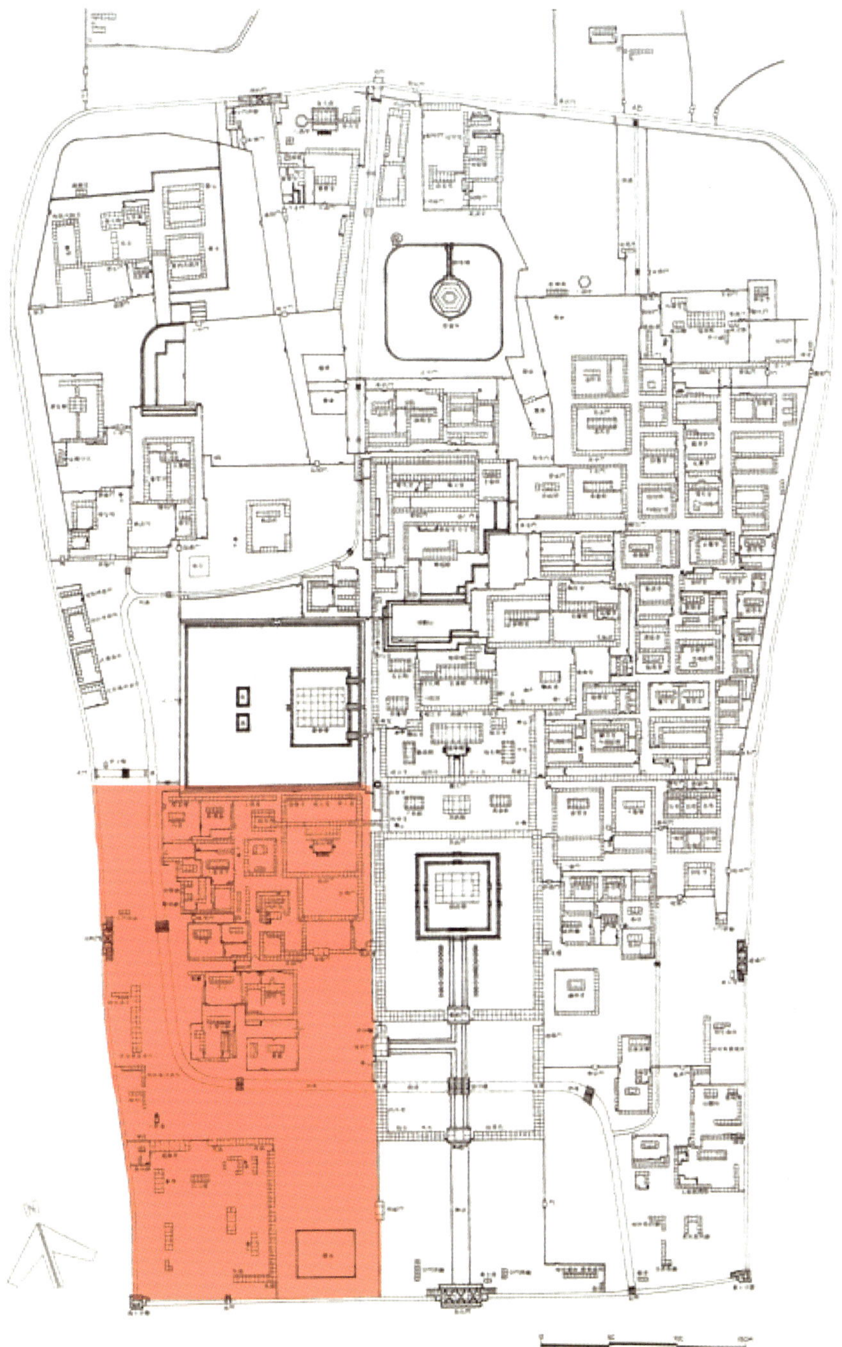

북궐도형

붉은색으로 표시된 부분이 궐내각사다. 광화문, 흥례문, 근정문, 근정전으로 이어지는 축선을 기준으로 궐내각사와 대칭되는 위치에 세자의 공간이 있다. 근정전 너머에서는 주로 왕과 왕비가 생활했다. 위 자료는 〈북궐도형〉을 바탕으로 제작되었다.

궐내각사를 제외한 나머지 공간은 크게는 왕을 위한 공간과 세자를 위한 공간으로 나뉜다. 그리고 각각의 공간은 내전과 외전으로 나뉜다. 즉 왕의 영역도 내전과 외전으로 나누어지고 세자의 영역도 내전과 외전으로 나눠볼 수 있다. 내전은 생활을 하는 곳이고 외전은 업무를 보는 곳이라고 보면 된다. 궁궐은 이처럼 영역을 명확하게 구분하고 영역별로 드나들 수 있는 사람도 확실하게 구분한다. 주로 기거하는 곳이 어디인가, 또한 어느 영역까지 출입이 가능한가가 신분 고하를 판단하는 잣대가 된다. 신분 질서를 길들이는 장치로서 궁궐의 구조는 신분이 낮은 사람이 높은 사람에게 가는 과정에서 분명하게 드러난다. 즉 왕을 알현하러 가는 길의 시작점과 끝점 그리고 그 사이를 잇는 중간지대를 어떻게 통과하는가에 따라 신분의 차이와 그에 적합한 행동 양상이 나타날 수 있도록 고안되어 있는 것이다.

근정전 가는 길에 신하들에게는 무슨 일이 일어났나

특별한 경우를 제외하고 궁궐이 길들여야 하는 대상은 언제나 신하들이다. 그러다 보니 경복궁은 신하가 왕을 알현하러 가는 과정을 특별하게 조작함으로써 왕의 권위를 자연스럽게 인정하게 만든다. 지금부터 신하가 왕을 알현하러 가면서 거치는 공간에 대해 알아보자.

신하와 왕의 공식적인 만남은 근정전과 사정전에서 이뤄진다. 물론 다른 장소에서 만날 때도 있다. 예를 들면 수정전이 그렇다. 수정전은 궐내각사의 하나로 신하들이 모여서 업무를 수행했던 곳이다.

때때로 왕은 이곳에 들러 업무를 논의하기도 했다. 집현전이나 예문관, 홍문관 같은 장소도 마찬가지다. 왕은 신하들이 공부를 하는 이곳에서 그들을 격려하기도 했다. 또한 왕과 신하가 각기 이동해서 만나는 장소로는 경회루가 있다. 이곳에서 왕과 신하는 자주 만났다. 이곳에 가려면 왕은 자신의 주요 거처로부터 이동해야 했고, 신하 역시 자신들의 주요 공간을 벗어나야 했다.

왕이 자신을 알현하러 온 신하를 맞는 장소는 근정전과 사정전뿐이다. 그래서 근정전과 사정전으로 가는 길에는 왕의 권위를 드러내고 신분 질서를 길들이는 장치가 교묘하게 숨겨져 있다. 왕이 머무는 주요한 공간으로는 근정전과 사정전 외에도 강녕전이 있다. 강녕전은 내전이면서 침전이다. 즉 왕이 잠을 자는 곳이다. 그러므로 당연히 가장 높은 위계를 지닐 것 같지만, 강녕전에 이르는 경로는 근정전이나 사정전으로 가는 길보다 신분 질서를 강화하기 위한 조작이 많지 않다. 그 이유는 매우 간단하다. 강녕전에 접근할 수 있는 사람은 사정전에서, 교태전에서, 그리고 동궁에서 오게 돼 있다. 사정전에서 강녕전으로의 이동에는 왕 자신이, 교태전으로부터는 왕비, 그리고 동궁으로부터는 세자가 관련된다. 즉 이 세 경우 모두 군신관계가 아니다.

근정전에 있는 왕에게 가는 길이 가장 엄격하다. 갖추어야 할 예절과 절차가 많다. 근정전에서 왕과 신하가 만나는 경우는 국가에 중요한 행사가 있을 때다. 조례같이 정기적인 일정도 있고 하례식, 승전식 등의 부정기적 공식 행사도 있을 수 있다. 근정전에서 왕과 신하의 만남은 모두 동일하게 장엄한 의례와 절차를 거친다. 그리고 한 가지 분명히 해두어야 할 것이 있다. 정확히 말하면 왕과 신하는 근정전이 아니라 근정전 앞마당, 즉 흔히 말하는 조정에서 만난다. 감히 신하가 왕의 공간인 근정전 안으로 들어갈 수 없다. 한 사람은 건물 안에서, 나머지 사람들은 건물 밖에서 서로를 마주하는 것이다. 건물의 안과 밖을 경계로 신분 질서를 명확히 드러내는 예다.

흥미로운 것은 왕이라고 해서 항상 근정전에 들어갈 수 있는 것도 아니었다는 사실이다. 왕보다 더 높은 사람이 나타나면 왕도 신하들처럼 근정전 바깥에서 자신보다 더 신분이 높은 사람을 받들어야 했다.* 그런데 조선의 왕궁에 왕보다 더 높은 사람이 있다는 게 선뜻 이해되지 않는다. 하지만 조선이 사대교린을 국시로 삼고 있었다는 것과 특히 중국을 상국으로 모시고 있었다는 점을 떠올리면 그 이유를 짐작할 수 있다. 조선의 왕보다 높은 사람은 중국의 황제다. 황제가 근정전에 들면 왕은 바깥에 서 있어야 한다. 왕이 근정전 안에 들면 신하가 그리하는 것과 마찬가지다.

명과 청은 북경을 수도로 삼았고 황제는 거기에 있었다. 그 먼 곳에 있는 황제가 조선 땅까지 왔을 리 없다. 중국의 사신이 황제의 궐패(闕牌)를 가지고 왔을 뿐이다. 중국에서 칙사가 와서 중국의 황제를 대신하는 궐패를 근정전, 그러니까 경복궁의 가장 높은 자리에 모시면 조선의 왕은 그 안에 들어갈 수가 없다. 마치 황제가 친림한 것처

---

* 세종6년(1424) 실록에 의하면 대행 황제를 위하여 행하는 거애(擧哀) 의례에서 "유사(有司)가 궐패(闕牌)를 근정전에 설치하되 한가운데에 남향으로 설치한다. (중략) 전하의 욕위(褥位)는 월대 위에 북향하여 설치한다"는 설명이 있다.

** 양택규, 『경복궁에 대해 알아야 할 모든 것』, 책과함께, 2007.

럼 떠받들어야 한다. 공간의 안과 밖을 구분해 신분 질서를 분명히 하는 것이다.

이렇듯 근정전 내부는 경복궁에서 가장 권위 있는 공간을 의미한다. 그러다 보니 근정전을 차지하고 앉는 자가 가장 힘이 있고 존귀한 자가 된다. 경복궁은 건물의 배치와 형태를 조작해서 근정전을 가장 권위 있는 곳이 되도록 만든다. 그리하여 사람들이 그곳을 정점으로 하는 신분 질서를 자연스럽다 못해 영광스럽게 받아들이게 만든다.

신하가 근정전 앞마당(조정)에서 일어나는 공식 행사에 참석하기 위해서는, 다시 말해서 가장 존귀하고 힘센 존재인 왕을 만나기 위해서는 긴 여정을 거쳐야 한다. 왕을 가까이서 본다는 것은 간단한 일이 아니다. 우선 근정문 앞에서 대기한다. 근정문 앞마당은 동서남북으로 행각이 둘러쳐 있다. 동쪽 행각에는 덕양문이, 서쪽 행각에는 유화문이, 남쪽 행각에는 홍례문이, 북쪽 행각에는 근정문이 있다. 이렇게 사방이 행각으로 둘러싸인 근정문 앞에는 서쪽에서 동쪽으로 금천이 흐른다. 마당을 남북으로 가른 금천을 기준으로 북쪽에는 직급이 높은 신하(당상관)가, 남쪽으로는 직급이 낮은 신하(당하관)가 대기한다.[**] 금천이 마당의 가운데를 관통하고 있다는 게 무척 흥미롭지 않은가? 천을 '건넜다'와 '건너지 못했다' 사이에는 아주 큰 차이가 있다. 천을 건너기 전과 건넌 후의 영역이 다르고, 이로써 명백한 구분이 이루어지기 때문이다. 영역을 확연히 구분하는 담장과는 그 기능이 좀 다르다. 담장은 다음 영역을 감춤으로써 시각적·물리적 접근을 차단하지만, 천은 물리적 접근은 통제해도 시각적 접근만은 허용한다. 근정문 앞마당에서 당상관과 당하관을 구분해서 대기시킬 때, 금천이 아닌

금천이 있는 근정문 앞마당
송광사 개천처럼 경복궁 금천도 명확한 경계가 된다. 금천의 윗마당과 아랫마당은 서로 훤히 보이
는데, 금천을 경계로 왕과 더 가까운 쪽에 당상관이, 왕으로부터 조금 더 떨어진 곳에는 당하관이
위치한다. 이들 사이에는 묘한 심리적 갈등이 존재했을 것이다.

담장으로 구분했다면 어땠을까? 당상관의 입장에선 담장보다 금천을
경계로 했을 때 더 기분이 좋을 것이다. 당하관이 부러운 눈으로 지켜
봐줘야 더 흥이 날 테니까 말이다. 당하관의 입장에서는 어떨까? 담
장으로 가로막혀 보이지 않는 것보다 금천 건너에 있는 당상관을 보
며 부러움을 느끼면서도 다른 한편 나도 저렇게 되어야지 하는 생각
을 하지 않았을까? 그러자면 방법은 왕에게 더욱더 충성하는 수밖에
없다. 금천으로 지위 고하를 구분한 장치는 이렇게 인간의 본능을 자
극하는 수준에서 길들이기를 수행한다. 자연스럽게 스스로 길들여지
고 싶어 안달하게 하는 교묘한 장치다.

　근정전 마당으로 입장하기 위해서는 근정문을 지나야 한다. 하지만

근정문은 왕과 왕비, 세자 그리고 중국의 칙사만이 사용할 수 있다. 신하들은 근정문 좌우에 붙은 두 개의 협문을 사용한다. 근정문 동쪽에는 일화문이 있고, 서쪽에는 월화문이 있다. 흔히 세 개의 사물이 나란히 놓여 있을 경우 가운데가 가장 중요한 의미를 띠기 마련이다. 그런 경우 대체로 가운데 것은 주변 사물에 비해 규모나 장식이 특별하다. 그런데 양쪽 좌우에 있는 것들 간에도 중요도에 차이가 있을까?

좌측과 우측은 상대적 관점이다. 가운데에서 바라보는 방향을 정한 뒤에야 좌우를 정할 수 있다. 근정문 좌우에 있는 두 개의 협문 중 어느 쪽이 더 중요할까? 좌측이 더 중요하다고 가정해보자. 그러면 들어갔다가 나올 때가 문제가 된다. 나올 때는 좌측이 우측이 되기 때문이다. 이럴 때 좌측이 더 중요하다는 기준을 계속 적용하려면 들어갈 때와 나올 때 각기 다른 문을 사용하게 해야 한다. 들어갔던 문으로 다시 나오면 들어갈 때는 중요한 사람이었는데 나갈 때는 상대적으로 덜 중요한 사람이 되기 때문이다. 좌측이 더 중요하다는 것을 계속 견지하기 위해서는 특별한 의례가 필요하다. 즉 내부에서 좌측과 우측을 바꾸는 행위가 공식 행사 과정에 포함되어야 한다.

좌측과 우측이라는 상대적 좌표를 사용하면 이런 불편한 상황이 발생한다. 이럴 때 사용할 수 있는 것이 절대적 좌표, 동서남북을 사용하는 것이다. 동서남북에도 중앙은 존재한다. 상대적 좌표를 사용하든, 절대적 좌표를 사용하든 중심의 개념은 살아있다. 그러니 가장 중요한 것은 그냥 가운데(중앙)에 두면 된다. 그리고 가장 중요한 것의 좌우를 구분하기 위해서 동쪽과 서쪽을 사용하면 들어갈 때나 나갈 때나 그 판단 기준을 동일하게 유지할 수 있다. 들어갈 때 동쪽이면 나갈 때도 동쪽이기 때문이다. 좌우가 아닌 동서로 구분함으로써 내부에서 의식적으로 좌우를 바꿔야 하는 번거로움도 사라진다.

그런데 동쪽에 있는 일화문은 누가 사용하고, 서쪽에 있는 월화문은 누가 사용했을까? 우리나라는 관습적으로 동쪽을 서쪽보다 더 중요하게 여겼다. 동쪽으로 더 중요한 사람이 드나들도록 했고 서쪽으로는 그보다 덜 중요한 사람이 드나들도록 한 것이다. 그러다 보니 동쪽의 일화문으로는 문관들이, 서쪽의 월화문으로는 무관들이 드나들었다. 금천으로 남북을 가름으로써 근정문 앞마당에 서 있는 신하들의 신분이나 지위 고하를 분명하게 했다면, 이동할 때는 일화문과 월화문으로 동서를 가름으로써 다시 한 번 신분과 지위 고하를 구분한다.

동서 방향에 담긴 지위 고하의 의미는 당연히 남북 방향에서도 찾아볼 수 있다. 근정문을 지나, 정확히는 일화문과 월화문을 지나 근정전 앞마당, 즉 조정에 들어선 신하들은 남북 축선으로 대열을 이루게 되는데, 당연히 왕이 있는 북쪽에 가까울수록 지위가 높다. 일화문과 월화문에서 적용한 문관과 무관의 동서 구분은 근정전 마당에서도 여전히 유효하다. 신분과 지위의 고하를 구분하기 위해서 동서남북이 모두 사용된 것이다.

남북으로 길게 늘어선 대열에서 북쪽 끝에 가까운 사람일수록 고위 관직자다. 그 차이를 크게 할 수 있는 가장 쉬운 방법은 양끝의 물리적 거리를 멀게 하는 것이다. 까마득하게 멀다는 것은 저쪽 끝에 있는 사람이 까마득하게 높은 존재임을 뜻한다. 그런데 너무 멀면 한 공간에 있다는 느낌을 잃기 쉽다. 게다가 너무 멀리 있으면 날 못 보겠지 하는 생각에 방자한 행동이 나올 수도 있다. 그러므로 거리만 멀게

월화문(왼쪽)과 일화문(오른쪽)

무신이 드나드는 월화문과 문신이 사용하는 일화문의 형태와 크기는 동일하다. 다만 서쪽과 동쪽
이라는 방향의 차이만 있을 뿐이다.

근정문

중앙에 세 문간을 차지하고 있는 것이 근정문
이고, 좌우에 협소하게 꾸며진 문이 월화문과
일화문이다. 중앙의 근정문은 주로 왕이 사용
했다. 크기와 형태 그리고 중심이라는 개념을
통해 왕과 신하의 관계를 명확하게 구분하고
있다.

하는 것은 좋은 방법이 아니다. 감시와 통제가 가능해야 한다. 눈으로 살필 수 있고, 필요하다면 직접 가서 행동을 규제할 수 있어야 하는 것이다. 거리가 무한정 떨어져 있지 않은 상태에서 지위 고하를 깨닫게 할 수 있는 방법이 필요하다.

이 상황에서 써볼 수 있는 방법이 바로 문의 활용이다. 문을 달아서 이쪽과 저쪽이 다른 영역임을 알리는 것이다. 남북 축선에 영역을 많이 만들수록 신분 차이는 확연해진다. 지위가 높은 사람을 만나려면 많은 문을 거쳐야 한다. 그리고 가장 신분이 높은 사람은 문의 끝에 있는 사람이다. 이러한 맥락에서 양반집에서는 대문과 중문, 두 개의 문을 사용했고, 조선의 왕이 살았던 경복궁에서는 세 개의 문을 사용했다. 광화문, 흥례문, 근정문이 바로 그것이다. 그리고 중국 황제는 자금성에 다섯 개의 문을 두었다.

신하가 왕을 알현하러 가는 과정에서 신분과 지위 고하를 구분하는 방법에는 높이에 차이를 두는 것도 있다. 근정문 앞마당에서 근정전 앞마당으로 들어갈 때는 세 개의 계단을 밟고 올라가야 한다. 두 개의 마당 사이

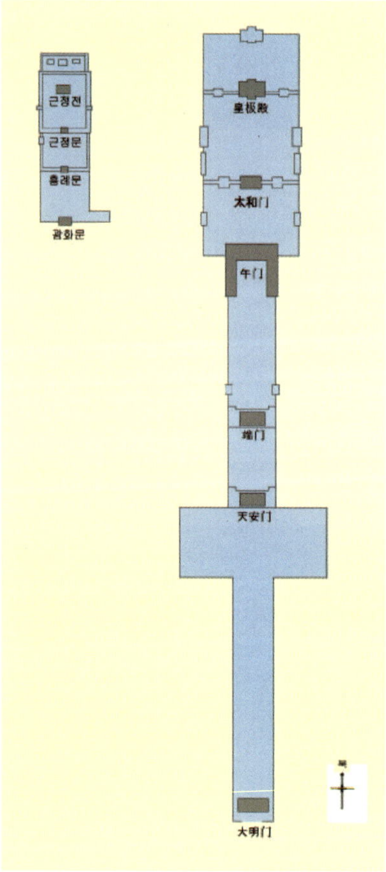

동일 축척으로 표현된 경복궁의 삼문과 자금성의 오문
경복궁은 세 개의 문(광화문, 흥례문, 근정문)을 사용한 반면, 자금성은 다섯 개의 문(대명문, 천안문, 단문, 오문, 태화문)을 사용했다.

에 그만한 높이 차이가 있기 때문이다. 그런데 다섯 개도 가능하고 열 개도 가능할 텐데 왜 하필 계단이 세 개일까? 만약 계단이 열 개나 백 개라면 신분 구분도 더 분명해지지 않았을까? 이는 의도적으로 계단을 세 개만 둠으로써, 일부러 영역을 구분하긴 했어도 시각적 접근만은 열어둔 것이다. 근정문 앞마당과 근정전 앞마당을 연결하는 계단이 세 개라는 것은 이 둘을 서로 보이게끔 의도했다는 것을 의미한다. 그 이유는 아마도 근정문 앞마당과 근정전 앞마당이 신하들의 공간이라는 동질성을 가지고 있기 때문일 것이다. 더욱이 근정전 앞에 높다랗게 버티고 서 있는 월대(月臺. 근정전 기단)의 존재를 고려하면 이 두 마당을 서로 볼 수 있게 연결하는 것이 더 좋은 선택일 수 있다.

근정문에서 본 근정전과 월대
근정문 앞 계단이 지금보다 높아서 근정전이나 월대가 보이지 않는다고 상상해보자. 지금처럼 근정전이나 월대의 위엄이 강조되는 효과는 덜할 것이다.

월화문에서 본 근정전 앞마당
월화문이나 일화문 앞 계단이 지금보다 높아서 근정전이나 월대가 보이지 않는다고 상상해보자. 근정문과 마찬가지로 근정전의 위엄이 지금처럼 효과적으로 확보되기는 어려울 것이다.

근정문 앞마당에서 근정전 앞마당이 보일 때 월대의 효과가 더 강조될 수 있을까? 아니면 보이지 않을 때가 더 효과적일까? 근정문 앞마당에서 근정전 앞마당이 보이지 않게 하려면 계단이 많아야 한다. 이 경우 이미 한 번 근정문에서 큰 높이 차이를 경험하고 다시 월대를 대하게 된다. 월대의 위엄이 계단의 높이에 의해 상대적으로 희석될 수밖에 없다. 반면에 계단을 세 개만 만들면 월대는 훨씬 더 위엄 있게 보일 수 있다.

근정전 앞마당에 들어서면 이중 월대가 보인다. 아래쪽 월대는 연회 무대로 사용하고 위쪽 월대는 왕이 머무는 공간으로 쓰인다. 왕과 연회 무대에서 공연하는 자들이 같은 높이에 있을 수는 없는 일이다. 그런데 이중으로 된 월대가 특히 근정전 쪽에 바짝 붙어서 설치되어 있다는 점에 주목할 필요가 있다.

물론 월대를 가까이 붙여놓으면 왕으로서는 연회 무대를 관람하는 데 더 유리하다. 하지만 이보다 더 중요한 이유가 있다. 가까이

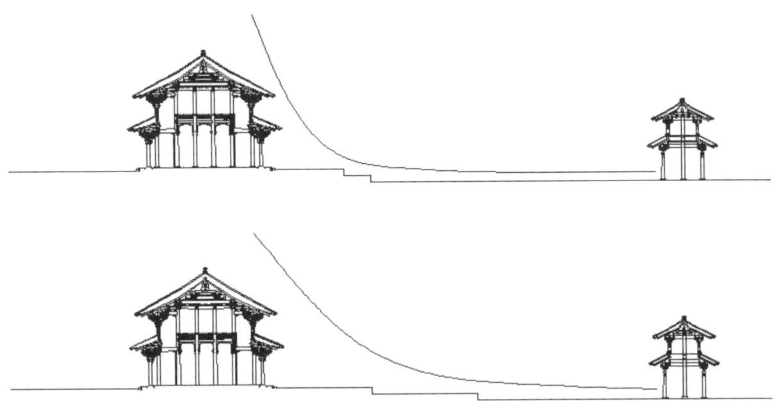

이중 월대 배치 방법 비교
월대를 근정전 쪽에 가까이 붙여놓음으로써 왕의 위엄을 시각적으로 강화하였다.

월대와 근정전을 서서 바라볼 때(왼쪽)와 앉아서 바라볼 때(오른쪽)
근정전 앞마당에 앉아보면 1미터 표고 차이와 이중 월대가 주는 위압감을 느낄 수 있다.

붙어 있는 이중 월대가 시각적으로 더 높이의 상승감을 고조시키는 기능을 한다. 높이 차이를 이용해 구분을 더욱 극적으로 강화하는 것이다.

근정전 앞마당의 경사는 단순히 배수를 위한 것이 아니다. 배수가 목적이었다면 경사도는 200분의 1이면 충분하다. 따라서 근정전 앞마당의 표고 차이 역시 50센티미터가 적당할 것이다. 그런데 근정전 앞마당은 근정문에서부터 근정전까지 1미터 정도의 표고 차이가 있다. 앞마당 자체가 북쪽으로 가면서 위로 올라가는 경사지다. 게다가 근정전 앞마당의 가운데 부분이 높아 물이 양쪽으로 빠지도록 고안된 것을 감안하면 필요한 높이 차이는 더욱 작다. 결국 1미터의 표고 차이는 왕이 있는 북쪽 방향을 더 높이기 위한 것이라는 결론이 나온다. 거기에 월대를 이중으로 설치해서 앞에서 말한 것처럼 높이의 상승감을 강화하고 있는 것이다.

그런데 왕의 위엄을 강조할 목적이었다면 근정전 앞마당의 표고 차이나 월대의 높이를 지금보다 더 키울 수도 있지 않았을까 하는 의문이 들 수 있다. 이 의문에 답을 얻으려면 근정전 앞마당에 앉아보면 된다. 경복궁을 찾는 관람객들처럼 서서 걸으면서 경사와 월대의 높이를 경험한다면 좀 더 큰 높이감의 차이를 바라게 될지도 모른다. 하지만 실제로 조선시대의 신하들처럼 그곳에 앉아보면 1미터 표고 차이와 이중 월대가 주는 위압감이 결코 적지 않음을 실감할 수 있다.

사정전 가는 길에 신하들에게는 무슨 일이 일어났나

근정전 앞마당에서 조례나 즉위식 또는 나라의 경사나 승전식처럼 대규모의 공식적인 행사가 이루어졌다면, 조금은 덜 공식적이고 비정기적이지만 지속적으로 수행해야 하는 일은 대부분 근정전 바로 뒤편 사정전에서 이루어졌다. 신하가 왕을 알현하는 경우도 근정전보다는 사정전 쪽이 훨씬 더 많았다. 근정전 행사는 만조백관이 다 모이는 자리였지만, 사정전 행사는 소수의 고위직과 논의해야 할 업무를 담당하고 있는 하위직 신하들만 제한적으로 참여했다. 그렇다면 신하가 왕을 알현하러 가는 또 하나의 동선, 사정전 가는 길은 어떠했을까? 근정전 가는 길에서 그랬듯이 신하의 계급에 따른 차별적 공간을 마련하는 방식으로 왕의 권위를 높이고 신분 질서를 길들이는 장치를 고안해놓았을까?

텔레비전 사극을 보면 영의정 등의 대감이 왕을 알현하러 갈 때,

좁은 골목을 거치고 협소한 통문과 협문을 지나서 왕의 거처에 다다른다. 그런데 정말 그랬을까? 의문이 들지 않을 수 없다. 우선 신하들이 사정전에 이르는 길을 확인해보자.

경복궁에는 네 개의 문이 있다. 동서남북 각 방향마다 한 개의 문이 설치됐다. 동쪽에는 건춘문, 서쪽에는 영추문, 남쪽에는 광화문, 북쪽에는 신무문이 있다. 문을 각 방향마다 하나씩 만들어놓은 까닭은 충분히 이해가 간다. 경복궁은 동서의 직선 거리가 넉넉잡아 1킬로미터 정도 되고, 남북의 경우엔 1.3킬로미터 정도 된다. 문이 하나뿐이라면 궐내 특정한 장소를 찾아가기 위해 1.5킬로미터나 걸어야 하는 상황이 발생할 수도 있다. 뿐만 아니라 궐내에는 여러 부류의 사람이 드나든다. 고위직 신하, 하위직 신하, 잡직에 종사하는 자들 그리고 때로 종친들. 문이 하나뿐이라면 이들이 모두 서로 얼굴을 맞대야 하는 거북함이 생긴다. 그러나 드나드는 사람을 구분해 문을 따로 둔다면 이런 일은 피할 수 있다. 경복궁 내부는 앞서 말한 것처럼 왕의 공간, 세자의 공간, 궁궐 외부에서 출퇴근하는 사람들의 공간 등 몇 개의 영역으로 나뉜다. 그리고 이 영역에 쉽게 접근할 수 있도록 문을 사방에 배치했다. 이렇게 하면 궐내 목적지에 도달하기 위한 거리도 짧아지고, 마주치기 불편한 사람들끼리의 조우도 피할 수 있다.

경복궁에 설치된 네 개의 대문 중에서 서쪽에 있는 영추문은 신하들이 사용하던 문이다. 신하들은 경복궁을 출입할 때 특별한 대규모 공식 행사가 아니면 주로 이 문을 사용했다. 영추문은 경복궁 남서쪽 궐내각사로 바로 이어진다. 태종 이방원도 왕위에 오르기 전에는 영

영추문
신하가 왕에게 가는 첫 번째 관문이 영추문이다.

추문으로 경복궁에 드나들었다고 한다. 이방원은 종친이니까 건춘문을 이용하는 게 법도에 맞을 것 같지만, 그는 종친이자 한편으로는 태조의 신하이기도 했으니 영추문을 이용하는 것도 일리가 있기는 하다. 또한 그가 경복궁의 서편, 옥인동 부근에 살고 있었다고 하니 집에서 가깝다는 측면에서도 영추문을 이용하는 것이 타당할 수 있다.

신하가 왕에게 가는 첫 번째 관문이 영추문이다. 그리고 영추문에서 가장 가까이 있는 곳이 궐내각사다. 궐내각사는 다양한 기능을 수행하는 여러 건물로 이루어져 있다. 홍문관, 승정원, 수라간, 내반원, 빈청 등등. 일정한 규칙도 없이 서로 다른 기능을 하는 건물들이 이곳저곳에 늘어서 있는 느낌이다. 얼핏 보기엔 도무지 갈피를 잡을 수가 없다. 하지만 자세히 살펴보면 일정한 규칙을 발견할 수 있다.

궐내각사에 들어와 있는 시설들은 그 용도와 사용자에 따라 크게 세 부류로 나뉘고, 각기 특정한 영역을 차지한다. 첫 번째 영역은 내각, 홍문관, 승정원과 같은 왕의 직속기관, 두 번째 영역은 수라간, 내의원, 내반원과 같은 왕의 일상을 책임지는 공간, 세 번째 영역은 궐외 정부기관의 궐내 출장소라고 할 수 있는 빈청이다. 이들 세 영역은 북쪽에서 남쪽으로 순서대로 배치되어 있다. 그리고 맨 북쪽에 왕이 있다. 그런데 지위로 볼 때 왕의 바로 밑이라 할 수 있는 정승들이 업무를 보는 빈청이 가장 남쪽에 배치돼 있다. 이는 궐내각사의 건물 배치를 전적으로 왕의 필요에 따라 결정했기 때문이다. 왕에게 가장 필요하고, 좋아하고 또 가까이 두고 싶은 기관부터 인근에 배치한 것이다. 각사에 머무르는 사람들의 신분이나 지위는 개의치 않는다. 왕의 필요에 따라 배치 순서가 결정되는 것이다. 세종 때부터는 집현전처럼 왕이 특별히 총애하는 기관을 더 가까이에 두었다. 정승과 판서들이 머무는 빈청은 가장 멀리 떨어져 있다.

궐내각사의 배치를 보면 왕이 가장 존귀하고 나머지는 왕의 필요에 따랐음을 알 수 있다. 지위 고하에 따라 궐내각사를 배치했다면 빈청, 왕의 직속기관 그리고 왕의 수발을 위한 기관 순으로 배치되었을 것이다. 그러나 왕 앞에서 왕을 제외한 자들의 신분과 지위의 고하는 그리 중요하지 않다. 이는 할아버지 앞에서 아버지를 높이지 못하는 것과 마찬가지다. 가장 중요한 사람과의 관계가 최우선인 것이다. 궐내각사의 배치는 그 안에서 활동하는 사람들에게 오직 왕만이 가장 중요한 존재라는 사실을 인식시키고 몸에 배게 한다. 오로지 왕만을 가장 중요시하도록 길들이고 있는 것이다.

또한 궐내각사 중 위 세 부류에 해당하지 않는, 신하들이 모여서 업무를 논의하는 수정전이 있다. 왕의 직속기관인 홍문관, 승정원과 왕의 직속기관이 아닌 빈청에 출입하는 사람들이 이곳에 모여서 업무를 볼 수 있었다. 수정전은 사정전 바로 인근에 배치되었는데, 이는 때때로 왕이 직접 수정전에 나가 신하들과 의견을 주고받았기 때문이다. 그래서 수정전은 왕이 일상적인 업무를 보는 근정전의 궐내각사 내 출장소라고 할 수 있다. 즉 궐외에 있는 한성부와 육조 등의 출장소를 궐내에 설치한 것이 궐내각사라면, 수정전은 근정전의 출장소를 궐내각사 영역에 설치한 것이다. 이런 까닭에 수정전은 왕의 공간도, 신하들의 공간도 아니지만 동시에 이 둘 모두의 공간이기도 하다.

궐내각사는 왕의 공간, 특히 왕이 일상적인 업무를 보는 사정전 영역과 일상생활을 하는 강녕전과 연결되어야 한다. 그런데 뚜렷한 동선을 찾을 수 없다. 즉 사정전이나 강녕전, 교태전으로 드나드는 길이 분명하게 드러나 있지 않다. 중심축을 형성하는 큰 길도 없고, 왕의 공간으로 이어지는 회랑도 없다. 심지어 마당으로 연결되는 축선도 보이질 않는다. 궐내각사의 건물 배치만 놓고 보면 영추문을 들어선 신하가 도대체 어느 길로 사정전에 들어갔는지 파악하기 어렵다. 내반원과 수라간에서 왕의 내전으로 가는 길도 마찬가지다. 의원, 내시 그리고 궁녀 들은 도대체 어느 길로 내전에 들었을까? 여기에 대해서는 별로 알려진 바가 없다. 심지어 왕이 사정전에서 근정전 월대로 가는 동선도 마찬가지다. 이렇다 보니 신하들이 어느 길로 사정전에 들었는지 파악이 되지 않는 게 그리 특별한 일도 아니다.[*]

앞에서 필자는 신분이 낮은 자가 신분이 가장 높은 왕에게 가는 동선에는 신분과 지위를 구분하고 권위에 복종하도록 길들이는 장치가 있을 것이라고 했다. 그리고 근정전 앞마당에 이르는 동선에서 그 의도가 아주 뚜렷하게 드러난 것을 확인할 수 있었다. 그러니 아마 영추문에서 사정전에 이르는 동선에도 그러한 장치가 마련되어 있을 것이다. 우선 영추문에서 사정전에 이르는 동선을 확인해보자. 그런데 앞서 말했듯 이 동선에 대해서는 별로 알려진 바가 없다. 다만 〈북궐도형〉**을 통해서 추측해볼 수는 있다.

〈북궐도형〉을 보면 신하들이 영추문에서 사정전으로 가는 길은 크게 두 가지였다. 하나는 영추문에 들어서서 금천을 건넌 후 좌측으로 방향을 돌려 경회루 남쪽 담장을 따라가는 길이다. 협선당과 천추전을 지나면 사정전에 이른다. 이 길이 가장 가까운 길이다. 다른 하나는 왕을 알현하기 위해 길을 나선 신하들이 궐내의 관련 기관에 들렀다가 가는 경우의 동선이다. 이때 관련 기관이라 함은 홍문관, 승정원, 빈청 등을 말하는데, 이곳을 지나가려면 영추문에 들어서서 금천을 건넌 다음 우측으로 길을 잡아야 한다. 이곳을 들른 신하는 숭양문과 수정문을 통해 수정전에 도달할 수 있으며, 여기서는 복도각을 통해 협선당에 갈 수 있다. 물론 수정전 마당에서 통문을 이용해서 천추전 마당을 지나 사정전에 도달할 수도 있다. 이 외에도 영추문에서 사

* 조재모, 「조하 의례동선과 궁궐 정전의 건축형식」, 『대한건축학회지』 26권 2호, 2010.

** 〈북궐도형〉의 제작 시기는 1907년경으로 추정되며, 흥선대원군이 주도한 경복궁 중건 이후의 모습을 반영하고 있다. 건물의 명칭과 용도뿐만 아니라 구조 양식까지 자세하게 기입하고 있어 경복궁의 본래 모습을 추측해볼 수 있다. 자세한 내용은 국립문화재연구소가 발간한 『북궐도형』 참고. 『북궐도형』, 국립문화재연구소, 2006.

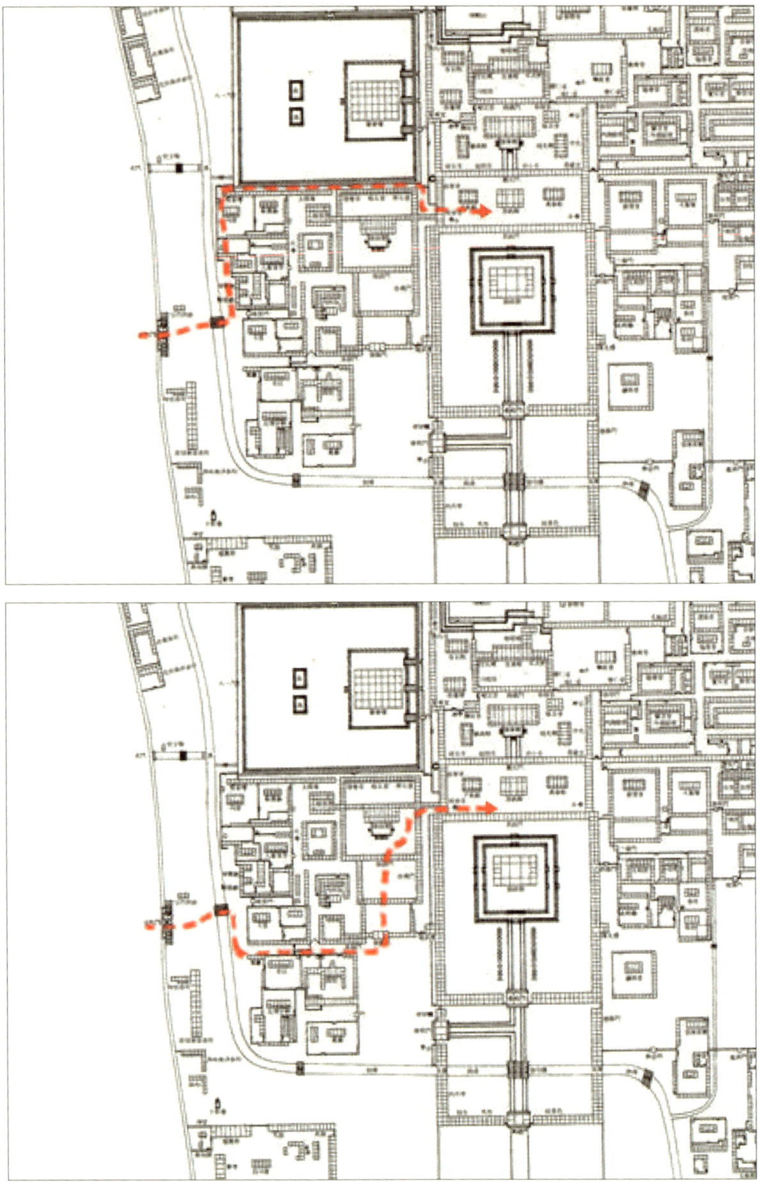

영추문에서 사정전으로 가는 두 가지 길
영추문에서 사정전으로 가는 길은 빈청을 거쳐서 가느냐 아니냐에 따라 크게 두 가지로 나뉜다.
〈북궐도형〉과는 달리 〈경복궁도〉에서는 천추전과 흠경각이 남북 축선에 나란히 서 있고, 그 사이
를 통해 사정전에 들어갈 수도 있어 보인다.

정전으로 가는 방법은 여러 가지가 있다. 하지만 이 두 가지를 제외한 나머지 길은 모두 내반원, 내의원, 수라간 등을 지나야만 한다. 짐작건대 정식 관료들이 이 길을 지나다녔을 것 같지는 않다.

텔레비전 사극을 보면 종종 신하들이 왕을 알현하기 위해 전각 사이의 골목을 지나 때로는 나지막한 통문이나 작은 협문을 지나는 장면이 나온다. 한 나라의 정승, 판서가 왕을 알현하러 가는 장면치고는 어딘가 어색해 보이고, 설마 저런 길로 다녔을까 싶다. 제작비를 아끼려고 엉성한 세트장을 만들어놓은 건 아닌가 하는 의심이 들기도 한다. 그런데 〈북궐도형〉을 보며 신하들의 동선을 가만히 생각해보면 골목과 통문을 피할 수 있는 길이 하나도 없다는 것을 알게 된다. 사극 세트장이 엉성한 게 아니다. 외려 제법 고증을 잘했다.

이것 말고도 신하들의 동선을 짐작할 수 있는 기록이 하나 더 있기는 하다. 『경복궁에 대해 알아야 할 모든 것』의 저자 양택규는 송강 정철이 강원도 관찰사로 제수되어 선조를 만나고 난 후의 감회를 적은 글 「관동별곡」을 통해 사정전 가는 길을 추리하고 있다. "영추문 달려들어 경회 남문 바라보며 하직하고 물러나니"라는 정철의 문장에서 그는 "왕명을 받고 상경한 정철은 영추문으로 들어와 흠경각과 천추전을 지나 편전인 사정전에서 선조를 면대했을 것"이라고 추측한다. 여기서 영추문과 천추전은 피해 갈 수 없는 길임에 분명하다. 그런데 흠경각을 거쳤으리라는 주장에는 선뜻 동의하기 어렵다. 〈북궐도형〉에 의하면 흠경각은 강녕전 영역에 포함된다. 내전인 것이다. 신하가 영추문을 통해 궐내각사로 들어와서 내전을 거쳐 외전에 이르렀다는 것인데, 아마도 〈북궐도형〉이 아닌 〈경복궁도〉를 보

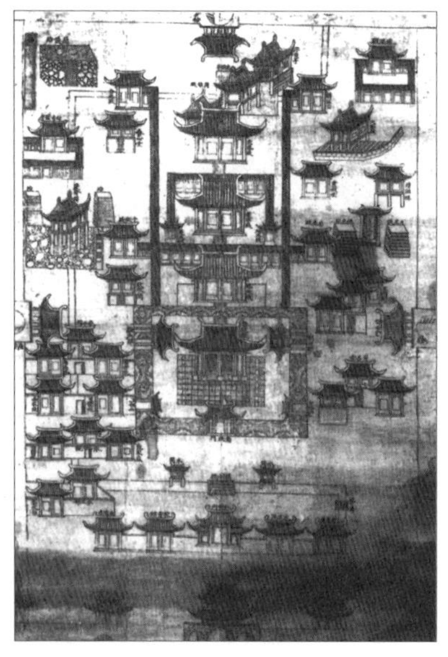

경복궁도
<경복궁도>에서는 천추전과 흠경각이 남북 축선
에 나란히 서 있고, 그 사이를 통해 사정전에 들어
갈 수도 있어 보인다.

고 동선을 추리한 게 아닌가 싶다. <경복궁도>에서는 천추전과 흠경각이 남북 축선에 나란히 서 있고, 그 사이를 통해 사정전에 들어갈 수도 있어 보인다. 경복궁이 시기에 따라 적지 않은 변화를 겪었다는 것을 고려한다면 어떤 특정한 시기에는 그랬을 수도 있다. 하지만 대원군의 경복궁 중건 이후 상황을 보여주는 <북궐도형>을 기준으로 본다면 그리했을 것 같지는 않다.

정철이 임금을 만나고 나올 때 경회 남문을 바라보았다고 하는 걸 봐서는 사정전에서 수정전으로 나오지는 않은 것 같다. 사정전에서 바로 경회루 남쪽 담장을 따라 난 좁은 길로 들어선 듯하다. 만일 정철이 들어갔던 길을 그대로 되짚어 나왔다면, 그의 동선을 다음과 같이 추리해볼 수 있겠다. 그는 영추문에 들어서서 금천을 건넜고, 거기서 좌측으로 길을 잡아 경회루 남쪽 벽을 따라 난 좁은 길을 걷다가 협선당 통문을 통과해 천추전 마당으로, 그다음에 사정전 마당으로 이동한 후 사정전에 들어간 것이다.

그런데 모든 신하들이 정철과 같은 동선을 택했을까? 그렇지는 않았을 것 같다. 정철이 강원도 관찰사를 제수받기 위해 선조를 배알하러 갈 때 그는 관직이 없는 상태였다. 그러니 궐내각사 어디에도 들를 일이 없었고 그럴 필요도 없었을 것이다. 그래서 그는 왕에게 가는 가장 가까운 길을 택한 듯하다. 궐내각사에 자신의 업무와 관련한 기관이 있었다면 그곳을 거쳐서 사정전으로 갔을 가능성이 크다. 이런 경우라면 동선은 이렇게 추측할 수 있다. 영추문에 들어서서 금천을 건넌 후, 우측으로 돌아서 홍문관(옥당)을 끼고 좌로 돌아 담장 사잇길로 들어선다. 여기서부터는 승정원이나 빈청에 도달할 수 있다. 여기서부터 사정전으로 가는 동선은 비교적 명확하다. 숭양문을 거쳐서 수정문을 통과해 수정전에 도달할 수 있다. 수정전에서 복도각을 거쳐 협선당에 도달할 수도 있고, 수정전 마당에서 협선당에 난 통문을 이용해서 사정전으로 갈 수도 있다.

근정전 앞마당에서 열리는 조례에 참석하기 위해 영추문을 사용했을 가능성도 생각해봐야 한다. 근정전 조례에 참석하는 신하들은 근정문 앞에서 대기했다. 그렇다면 대기하기 전에는 어디에 있었을까? 굳이 다른 곳에서 대기하지 않더라도 어딘가를 거쳐 궐내로 들어왔을 텐데, 그곳이 어디일까? 이때도 특별한 대규모의 공식 행사가 아니라면 영추문으로 들어왔을 것이다. 신하들은 영추문을 통과해 금천을 건너고, 이어 우측으로 길을 잡아 홍문관을 낀 채 좌로 돌아 담장 사잇길을 지난다. 그다음엔 승정원을 지나 숭양문 앞마당에 이르고, 여기서 유화문을 거쳐 근정문 앞으로 나아갔을 것이다.

정리하자면 왕을 알현하는 대부분의 신하는 궐내각사와 관련이 있는 보직자들이었다. 신하들은 영추문에서 빈청 동편 마당을 거쳐 수정전을 통해 사정전으로 들어갔을 것이다. 이 동선에서 보이는 특징은, 수정전에 가기 위해 거쳐야 하는 세 개의 마당과 금천이 신분 질서를 강조하는 장치로 기능한다는 것이다. 이 세 개의 마당은 각각 동서남북으로 둘러쳐진 회랑에 의해 경계가 지어진다. 수정전으로 향하는 신하들은 금천을 거치면서 자신이 특별한 공간으로 진입하고 있음을 실감하게 된다. 그리고 금천을 건너 수정전으로 가는 길에서 그들은 또 한 번 영역의 변화를 강하게 느끼게 된다. 수정전에 도달하기까지 거쳐야 하는 세 개의 문은 흡사 광화문과 흥례문 그리고 근정문의 반복처럼 느껴진다. 삼문 형식의 왕궁 배치가 소규모로 다시 한 번 반복되는 것이다. 빈청에서 출발한 신하들은 또 다른 삼문 형식의 첫 번째 문인 숭양문을 지나고, 두 번째 문의 역할을 하는 중행각을 지나 세 번째 문인 수정문을 통과하면서 점점 더 귀하고 중요하고 힘이 센 위치에 다가서고 있음을 느끼게 된다.

수정전
수정전은 궐내각사 중에서 유일하게 월대를 갖추고 있는 건물이다. 근정전과 달리 이중 월대도 아니고 기단이 높지도 않지만, 여느 궐내각사보다 중요한 곳임을 알리기에는 손색이 없다.

빈청 동편 앞마당에서 수정전에 도달하기까지의 과정은 광화문에서 근정전에 이르는 길을 축소해놓은 듯한 느낌을 준다. 이것은 수정전 전면에 설치된 월대 때문이다. 궐내각사에 배치된 건물 중에서 수정전만이 근정전처럼 유일하게 월대를 갖추고 있다. 물론 수정전 월대는 근정전에 비하면 이중으로 되어 있지도 않고, 규모도 그리 크지 않다. 하지만 수정전이 여느 궐내각사보다 중요한 곳임을 알리는 장치로서는 손색이 없다. 신하들은 거의 매일같이 드나드는 이 길에서 근정전 앞마당에서와 같은 공간감을 느꼈을 것이다. 왕의 존엄함과 신분, 지위의 차이를 매일같이 인지하고 그 차이에 길들여지는 것이다.

비록 왕이 친림하는 장소이기는 하지만 엄밀히 말해 수정전은 신하들의 공간이다. 상징적 의미의 왕의 영역에 도달하기 위해서는 또 하나의 과정을 거쳐야 한다. 사정전으로 들어가야 하는 것이다. 그러려면 방법은 두 가지다. 하나는 수정전 내부에 연결된 복도각을 거쳐 협선당에 들어간 후 천추전과 사정전에 도달하는 것이다. 현재는 협선당과 천추전 그리고 사정전이 복도각으로 연결되어 있지 않다. 하지만 과거에는 연결이 되어 있었다 하니, 신하들의 접근로가 그렇게 형성될 수 있었을 것이다. 다른 방법은 수정전 마당에서 사정전 마당, 좀 더 정확하게는 천추전 마당으로 들어가는 것이다. 이때는 협선당 회랑에 마련된 통문을 이용했을 것이다. 사실 이 두 가지 방법 모두 사정전에 이르는 번듯한 통로라는 느낌을 주지는 못한다. 그저 사정전 영역의 옆문으로 임시방편 격으로 접근하는 모양새가 더 강하다. 이 부분에 묘미가 있다.

사정전에 도달하는 공식적인 주요 통로는 근정전 뒤편의 사정문뿐

협문(왼쪽)과 통문(오른쪽)
중앙 축선에 위협을 가해서는 안 되기 때문에 버젓한 모양새를 갖추지 못했다. 때문에 이를 사용하는 신하들은 매번 자신의 위치를 되새길 수밖에 없었다.

이다. 의례상으로도 사정문뿐이어야 한다. 사정전 영역의 측면에 신하들의 접근을 위해 문을 공식적으로 설치하는 것은 전통적인 삼문 형식의 왕궁 배치에 어긋난다. 뿐만 아니라 광화문에서 흥례문, 다시 근정문으로 이어지는 중앙 축선(율선)을 흩뜨리는 결과를 가져오게 된다. 다시 말해 사정전 영역의 측면에 신하들이 자주 출입해야 한다는 현실적인 이유로 복도각이나 통문을 둘 수는 있지만, 그것이 중앙 축선에 위협을 가할 만큼 중요성을 띠어서는 안 되는 것이다. 이게 바로 수정전 영역에서 사정전 영역으로 들어가는 동선이 버젓한 출입구의 느낌을 갖지 못하게 된 이유다. 왕의 권위와 위엄을 지키기 위해서 신하들은 버젓한 문, 즉 사정문을 놔두고 문 같지 않은 문으로 출입해야 한다. 그러면서 왕이 지엄한 존재라는 것을 항상 느끼지 않을 수 없게 된다. 결론적으로 사정전 영역의 측면에 문다운 문이 없기 때문에, 신하들은 매번 자신의 위치를 되새길 수밖에 없다. 옆문 하나가 사람을 길들이는 장치로 작동하는 훌륭한 예다.

조선, 도시로 인간을 길들이다

한양 둘러보기

앞서 살펴본바 양반집과 궁궐은 모두 신
분 질서를 길들이는 도구로 사용되었다. 영역
을 나눔으로써 철저하게 신분을 구분했고, 영
역 간에 이동하는 동선에도 특별한 장치를 두
어 지배 권력에 순응하고 길들여지도록 했다.
그런데 이러한 작업은 도시 차원에서도 나타
난다. 어찌 보면 건물에서보다 더 명확하게
드러난다고 할 수 있다.

조선의 수도였던 한양은 신분 질서가 아
주 명확하게 반영된 도시다. 오죽하면 한양
을 국가적 예의를 가장 잘 드러낸다는 뜻에서

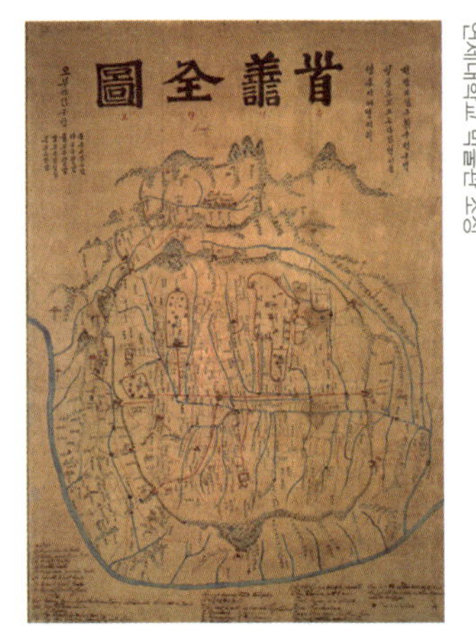

수선전도
순조24년(1824)에 김정호가 그려서 목
각한 조선 말엽의 한양 지도.

‘수선(首善)’이라고 불렀겠는가.*

한양은 크게 성내와 성저로 영역을 구분한다. 성내는 글자 그대로 성의 안쪽이고 성저는 성의 밑 즉 성 밖을 이른다. 성 밖으로는 공간의 구분이랄 게 없지만 조선에서는 성저십리라 하여 성벽으로부터 십리 이내를 한양의 영역으로 보았다.

성내에서는 가장 풍수가 좋은 위치에 궁궐을 배치했다. 풍수지리에서 말하는 배산을 잡기 위해서 북악 남쪽 기슭에 조선의 가장 중요한 궁궐인 경복궁을 배치했다. 그리고 중국의 주례에 따라서 주궁인 경복궁의 좌측에 종묘를, 우측에 사직을 두고 성벽을 둘러친 후 네 개의 대문을 설치했다. 그다음에 사대문과 궁궐을 중심으로 하는 도로망이 구축되었다. 동대문과 서대문을 연결하는 대로(지금의 종로와 신문로), 경복궁의 남문인 광화문과 동서대로를 연결하는 대로(지금의 세종로), 한양의 남쪽 성문인 숭례문과 동서대로를 연결하는 대로가 그것이다. 한양

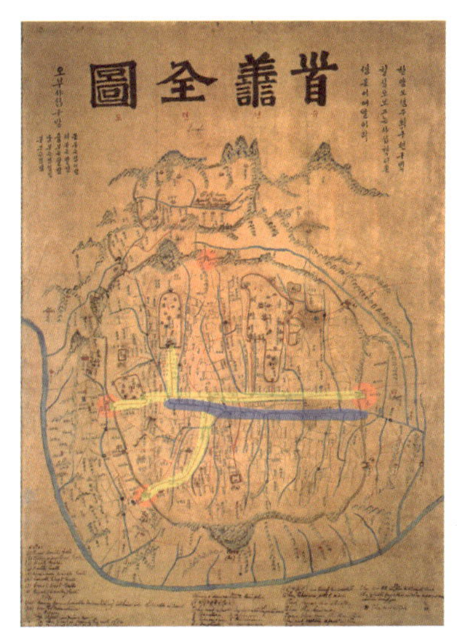

한양의 사대문과 경복궁, 세 개의 대로, 청계천
배산임수에 따라 한양에 경복궁을 배치하고 이를 중심으로 사대문과 대로, 개천을 구축했다.

---

* 국립중앙박물관의 설명에 의하면 수선은 『한서(漢書)』에 수록된 「유림전(儒林傳)」 중 ‘건수선자경사시(建首善自京師始)’, 즉 으뜸가는 선(善)을 건설함은 서울에서 시작된다고 한 데서 나온 말이라 한다.

성곽 내에 주요 건물과 대로가 완성된 후에는 배수를 위한 개천(지금의 청계천)이 만들어졌다.

대로를 설치하고 청계천을 건설함으로써 한양에는 이것들을 경계로 삼는 여러 개의 영역이 생긴다. 종로를 경계로 그 이북 지역과 종로와 청계천 사이 그리고 청계천 남쪽 지역, 크게 이렇게 세 구역으로 나뉘었다고 보면 된다. 가장 북쪽 영역을 흔히 북촌이라 부르고 가장 남쪽 영역을 남촌이라고 부른다. 그 중간을 지칭하는 이름은 따로 없다.

북촌은 경복궁과 창덕궁을 경계로 다시 세 개의 영역으로 나뉜다. 세 개의 영역이란 경복궁 서쪽, 경복궁과 창덕궁 사이 그리고 창덕궁 동쪽을 가리킨다. 이 중 경복궁 서쪽과 경복궁과 창덕궁 사이는 주거지로 적합한 지형을 갖추고 있다. 경사가 별로 심하지 않은 남향받이이기 때문이다. 반면에 창덕궁 동쪽은 성내이기는 해도 경사가 심한 산지형이다. 그래서 거주지로는 적절하지 못하다.

남촌은 남산을 경계로 다시 북쪽과 남쪽으로 나뉜다. 남산 남쪽은 경사가 심한 산이고 성벽과 아주 가까이 붙어 있어 사람이 거주할 곳이 못 된다. 남산 북쪽 기슭만 거주가 가능하다. 북촌과 남촌 사이의 중간도 두 개의 영역으로

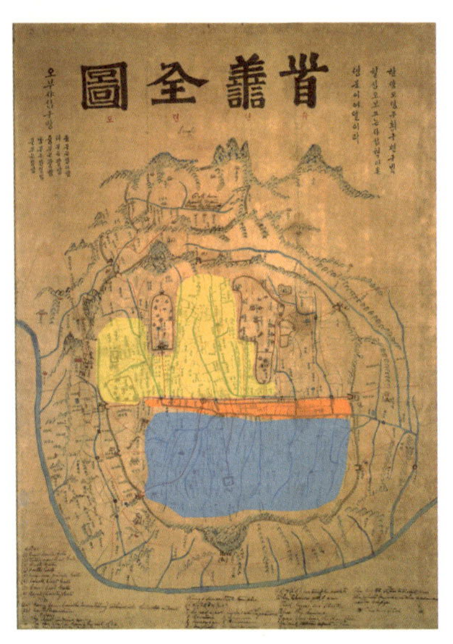

한양의 세 영역

한양은 북촌과 남촌 그리고 그 중간, 세 영역으로 나뉜다.

나뉜다. 이곳은 대로나 청계천 같은 구조물이 있거나 남산 같은 특별한 자연 지형이 있어서 경계가 나누어지는 것은 아니다. 세종로와 종로가 만나는 지역에서부터 숭례문에서 종로로 올라오는 길이 만나는 지점, 그러니까 지금 종로 네거리까지 형성된 운종가(雲從街)라는 상가를 중심으로 한 서쪽 영역과 동쪽의 나머지 영역으로 나뉜다.

이처럼 한양은 도로나 하천, 그리고 주요한 도시계획적 시설물(운종가)에 따라 형성된 도시 공간 구조에 따라 지리적 특성이 다른 몇 개의 영역으로 나뉜다.

한양의 도시 공간 구조에 담긴 뜻

북촌의 경복궁 서쪽과 경복궁과 창덕궁 사이 영역의 지리적 특징은 궁궐과 가깝다는 것이다. 자연히 이곳에는 궁궐을 출입하는 관료들이 모여 살았고, 특히 경복궁 서쪽을 더 좋은 주거지로 쳤다. 경복궁 서쪽이 경복궁과 창덕궁 사이보다 주거지로 더 적합하다는 것은 누가 봐도 쉽게 알 수 있다. 이 지역은 청계천 북쪽에서 경복궁 서쪽을 따라 인왕산 기슭까지를 공간적 범위로 하는데, 현재는 '웃대'라는 이름으로 잘 알려져 있다. 웃대는 조선 후기 중앙 관서에서 일하던 하급관리들을 중심으로 한 중인 거주지로서, 청계천 남쪽보다 신분이 높은 계층이 자리 잡고 산 데서 그 마을 이름이 유래했다. 당시 중인들의 웃대 시사 같은 문화 활동을 통해 잘 알려진 이곳은 조선 초기 때부터 안평대군이나 이방원이 살 정도로 신분 높은 사람들이 선호하는 거주지였다.

이유는 간단하다. 경복궁과 창덕궁 사이가 꽤나 가파른 경사지임에 비해 경복궁 서쪽은 상대적으로 평지이기 때문이다. 또한 경복궁의 공간 구조와도 관계가 있다. 경복궁에서 신하들이 출입하는 주요 공간인 궐내각사가 경복궁의 남서쪽에 배치되어 있다. 그러니 경복궁 서쪽에 살면 궐내 출입이 훨씬 편리했을 것이다. 경복궁과 창덕궁 사이에 살면 광화문 앞을 지나서 영추문을 통해 궐내각사로 들어가야 하는데, 이 길은 경복궁 서쪽에서 바로 영추문으로 가는 길에 비해 거리가 매우 멀다. 경복궁의 전면 폭이 대략 1킬로미터가 좀 못 되니 경복궁과 창덕궁 사이에 거주하면서 경복궁에 출입하려면 못해도 3킬로미터 정도를 걸어야 한다. 반면에 경복궁 서쪽에서라면 멀어야 1킬로미터 이내다. 이런 까닭에 경복궁 서쪽이 좀 더 좋은 주거지였다고 할 수 있다.

그런데 조선 중기 이후부터는 경복궁과 창덕궁 사이가 더 좋은 주거지로 부각되기 시작한다. 이는 쉽게 눈치챌 수 있는 일이지만, 바로 조선 중기 이후 법궁을 창덕궁으로 옮겼기 때문이다.[*] 신하들의 창덕궁 출퇴근 거리에 변동이 생길 수밖에 없다. 이제 경복궁 서쪽에서는 3킬로미터는 걸어야 하고, 경복궁과 창덕궁 사이에서는 1킬로미터 정도만 걸으면 된다. 두 주거지를 기준으로 궁궐에 도달하는 거리는 2킬로미터 정도 차이가 나는데, 이 차이는 결코 작은 것이 아니다. 자동차는 고사하고 자전거도 없던 시절에 직접 걷거나 가마를 타고 이동한다면, 2킬로미터는 대단히 먼 거리일 수 있다. 이는 현대 도시계획이 요하는 보행 거리 한도를 넘어선 것이다. 시설물에 따라 차이는 있겠지만, 현대 도시계획에서는 대체로 800미터 정도를 보행 가능한 한계선으로 설정하고[**] 그 이상은 차를 이용한다고 본다. 그러니 2킬로미터는 엄청난 거리임에 분명하다.

경복궁이 법궁이었던 시기와 창덕궁이 법궁으로 사용되었던 시기에는 약간의 차이가 있지만, 어쨌든 북촌 지역이 궐내 요직을 차지하고 있던 양반들의 주거지였음은 분명하다. 북촌과 남촌의 중간 영역은 운종가 인근에 상인들이 모여 살던 광통교 서쪽 지역과 기술직 및 잡직이 주로 살던 광통교 동쪽 지역으로 나뉜다. 이는 신분에 따라 거주지를 강제로 구분한 것이 아니다. 조선의 기본 법전인『경국대전 호전』을 보면 신분에 따라 대지의 면적이나 건물의 칸수 그리고 치장의 정도는 규제하지만, 신분별로 거주지를 정하거나 이를 강제하지는 않았다. 사실『경국대전 호전』이 문서화된 세조 때는 이미 한양의 거의 모든 토지가 배분이 된 상황이었다. 어느 지역에 누가 들어와 살 수 있고 없고를 규제할 필요가 없었던 것이다.[***]『경국대전 호전』의 법령이 시행된 시기에 한양 내 토지에 여유가 있어서 선택의 여지가 있었다면, 신분에 따

---

* 법궁은 왕이 사는 궁궐이다. 선조는 임진왜란으로 소실된 궁궐의 중건을 시도하면서, 태조가 건설한 법궁인 경복궁 중건을 최우선 과제로 삼았다. 그러나 이국필(李國弼)이 경복궁의 불길함을 들어 중건을 반대했고, 선조는 그의 의견을 따라 경복궁 중건을 포기하고 창덕궁과 창경궁 중건에 착수하였다. 창덕궁은 고종이 경복궁으로 이어(移御)하기 전까지 법궁의 역할을 수행하였다. 한영우,『창덕궁과 창경궁』, 열화당·효형출판, 2003.

** 최이명 외 2명,「근린 보행목적시설과 생활동선범위에 대한 실증분석」,『대한건축학회지』 27권 8호, 2011.

*** 한성부에서 관리에게 토지를 공급한 사실은『한성부입안(立案)』에서 확인할 수 있다. 세종실록에 따르면 세종6년(1424) 4월 한성부는 도성 내 많은 인구에 비해 땅이 비좁아 집터를 둘러싼 분쟁이 심하다고 보고하고 있으며, 이를 타개하기 위해 호조와 상의해서 무주택자들에게 동대문 근처와 수구문 밖 택지를 무료로 제공했다. 이와 관련된 자세한 내용은 이남희와 조광권 참고. 이남희,『클릭! 조선왕조실록』, 다할미디어, 2008. 조광권,『청계천에서 조선의 역사와 정치를 본다』, 여성신문사, 2005.

라 대지 면적, 건물 칸수, 치장 정도뿐 아니라 거주 가능 지역에 대해서도 명문화된 규제를 만들었을 것이다. 물론 『경국대전 호전』 이전에도 신분에 따라 거주 지역을 제한하는 명문화된 법령은 찾아볼 수 없다.

그렇다면 북촌과 남촌의 중간 영역에 신분에 따라 거주지가 갈리게 된 이유는 무엇일까? 이는 조선 초기, 개경에서 한양으로 이주하던 시기의 토지 공급 절차 때문인 것으로 보인다. 당시 토지 공급은 신분이 높은 계층부터 우선적으로 이루어졌다. 먼저 토지를 공급받은 계층은 당연히 궁궐과 가까운 곳에 자리를 잡았고, 신분이 낮은 계층일수록 순서가 늦어 당연히 궁궐로부터 멀어질 수밖에 없었던 것이다. 먼저 북촌에 관료들이 자리를 잡고(특히 고관일수록 궁궐에 가까운 지역에 자리를 잡고), 종로를 기준으로 그 이북 지역은 궁궐에서 직책이 있는 사람들이 주로 차지하고, 더 이상 쓸 수 있는 토지가 없게 되자 자연스럽게 거주지가 종로 이남으로 확장된 것이다. 그래서 종로 이남, 청계천 이북에는 궁궐에 종사하는 관리들 중에서도 기술직이나 잡직에 해당하는 계층이 자리를 잡게 된다. 운종가의 상인들보다 궁궐에서 더 멀리 떨어진 지역에 자리를 잡은 것이다. 결국 이들이 운종가 상인들보다 더 열세였다고 볼 수 있다.

이렇듯 한양의 도시 공간 구조는 조선의 조정이 선택한 도시계획, 토지 공급 기준에 의해 결정되었다. 그 결과 한양의 도시 공간 구조는 궁궐에 가까울수록 신분이 높거나 사회적 영향력이 강한 사람들이 거주하는 특징이 나타난다. 즉 어디에 사느냐가 곧 신분을 나타내게 된 것이다. 지금이야 주거 이동이 빈번하지만 당시에는 한번 거주지를 정하면 몇 대가 머물러 살았다. 이를 고려한다면 거주지의 고정이 신분의 고착화를 뒷받침했음을 알 수 있다. 나라가 도시계획을 통해 사람들에게 신분 질서를 받아들이도록 강제한 것이다. 그리고 사람들은 대를 이어 살면서 그 질서를 당연한 것으로 여기게 된다. 즉 도시 공간 구조에 의해 길들여진 것이다.

요직과 요지에서 밀려난 남산골 선비들은 무슨 생각을 했을까

앞에서 한양의 공간 구조는 궁궐로부터의 거리를 기준으로 신분의 고하를 결정짓는 특징을 갖는다고 했다. 그런데 남촌의 경우에는 이러한 특징에서 조금 어긋나 보인다. 남촌에 주로 거주하던 계층은 벼슬이 없는 양반이나 하급관리 들인데, 이들은 중간 영역에 거주하고 있던 사람들에 비해 상대적으로 높은 신분임에도 불구하고 궁궐에서 더 먼 곳을 차지하고 있었기 때문이다. 하지만 이것만으로 신분이나 지위가 높을수록 궁궐 가까이에 거주했다는 주장을 뒤집을 수는 없다.

조선 초 한양으로 이주가 완료되던 시점까지 한양에 들어온 양반들은 당연히 종로 이북에 자리를 잡을 수 있었다. 그리고 나서 남은 땅에는 기술직, 잡직과 같은 중인 계층이 자리를 잡았다. 남촌은 그 이후에 형성된 지역이라고 보면 된다. 이미 양반들이 모두 북촌에 자리를 잡고, 그다음 신분 계층이라 할 수 있는 중인 계층이 종로 이남, 청계천 이북에 자리를 잡고 난 후에 뒤늦게 한양에 들어온 양반들은 어쩔 수 없이 남촌에 자리를 잡을 수밖에 없었던 것이다.

남촌 양반들을 딸깍발이라고 부르는 말이 있을 정도로 이들을 좀 얕

잡아 보는 경향도 있었지만, 거기 사는 모든 양반들이 별 볼 일 없는 무능력자들은 아니었다. 대표적인 예로 윤씨 집안을 들 수 있다. 우리나라의 대표적인 명문가 중 하나로 손꼽히는 고산 윤선도의 집안도 처음에는 남촌, 즉 한성부 남부 명례방(현재 명동성당 자리)에 자리를 잡았다.[*] 명망 있던 윤씨 집안도 남촌에 자리를 잡을 수밖에 없었던 것이다. 그래서 이후에 윤씨 집안은 아주 적극적인 시도를 한다. 간단히 말하자면 좀 더 나은 자리를 잡기 위해 다른 도시로 이주하기로 결정한 것이다.[**]

지리적 영역과 신분적 영역이 일치하는 현상은 비단 도성(都城)에만 국한되는 것이 아니다. 성 밖에서도 똑같이 신분 질서가 지리적 영역으로 구현되었다. 도성에서는 생활에 필요한 물건을 공급하고 조달하는 행위 외 일체의 산업 활동이 금지되었다. 따라서 생활에 필요한 물품은 모두 성 밖, 즉 성저십리에서 생산되었다. 그리고 이러한 생산 활동을 주로 담당한 신분 계층은 평민이었다. 도성 밖, 즉 성저는 평민들이 사는 영역이다. 이렇게 한양의 공간 구조와 신분 계층 구조를 관련지어 생각해보면 양반과 중인은 성내에, 평민은 성저에 거주했음을 알 수 있다. 그리고 성내에서는 양반이 북촌을, 중인이 중간 영역을 차지했다. 지리적 영역과 신분적 영역이 일치하는 이러한 현상은 성내와 성저에 동일하게 나타난다.

한양은 성곽을 이용해서 양반과 평민을 구분하고, 성내에서는 대

---

[*] 이순형, 『한국의 명문 종가』, 서울대학교출판부, 2000.

[**] 최홍규, 『정조의 화성 건설』, 일지사, 2001.

로와 개천, 그리고 자연 지세를 이용해서 다시 양반을 중인 계층으로 부터 분리해냈다. 이에 더해서 궁궐까지의 접근성을 기준으로 양반 계층 중에서도 더 높은 계층과 상대적으로 낮은 계층을 구분해냈다. 사람들은 한양에서 생활하는 것만으로도 신분 질서에 길들여졌을 것이다. 특히 한번 자리를 잡으면 거주지를 옮기는 일이 거의 없던 시대였으니, 처음에 형성된 신분 질서가 거주지의 지속성과 함께 고착화됐을 것임이 분명하다. 한양은 그렇게 사람을 길들였다.

오늘날의 도시는 무엇으로 사람을 길들이는가

오늘날의 도시에서는 유교적 신분 질서를 강제하는 그 어떤 장치도 눈에 띄지 않는다. 그렇다면 오늘날의 도시는 그 안에 사는 사람들을 전혀 길들이지 않고 있는 걸까? 그럴 리 없다. 조선의 도시가 사람들을 유교적 신분 질서에 길들였다면 오늘날의 도시 역시 무엇인가에 사람들을 길들이고 있을 것이다. 조선의 도시가 대놓고 사람을 길들였던 것은 아니다. 그저 공간에 살면서 자연스레 몸에 배게 한 것이다. 그러니 정작 그 안에 사는 사람은 자신이 무엇에 길들여지고 있는지 알아채기 어렵다. 오늘날의 도시도 마찬가지다. 무엇을 길들이겠다고 그 의도를 적극적으로 드러내진 않는다. 그러나 자신도 모르는 사이 익숙하게 받아들이게 되는 무엇이 있다.

현대 도시계획에는 풍수지리나 유교적 질서처럼 공간을 통해 추구해야 할 특별한 가치 체계가 없다. 그렇다면 현대 건축가들은 무엇을 기준으로 도시 공간을 조성하는 것일까? 현대 도시계획에 있어 가장 중요한 잣대는 동선의 효율성이다. 그러니까 도시에 사는 사람들이 생활을 하기 위해서 움직이는 양의 총합이 가장 적은 공간을 만드는 것이 최우선이다. 도시의 개별적 상황에 따라 그 안에 속한 활동 그룹 중 우위의 그룹 위주로 효율성을 판단하는 식으로 차이가 있을 순 있지만, 어쨌든 중요한 것은 동선의 효율성이다. 과거 한양의 도시계획이 신분 질서를 확립하는 데 영향력을 발휘했듯이 오늘날의 동선 위주 도시계획 역시 특정한 의도를 갖고 있다.

오늘날 도시를 만드는 과정은 다음과 같이 진행된다. 우선 해당 지역에 인구가 얼마나 증가할 것인지를 예측한다. 이것은 그와 유사한 지역의 인구 증가 추세를 보고 추정하는 것이다. 예를 들어 인구 40만 정도가 증가할 것이라고 예측한다면 40만이 살 수 있는 도시를 계획한다. 그러고 나서 40만 인구가 들어가 살 수 있는 구체적인 지역을 찾는다. 인구밀도를 고려해 도시를 건설하는 데 필요한 평면적이 나오면, 면적을 확보할 수 있는 지역을 선별하는 것이다. 거기에는 용수 공급이 용이하고 인접 도시와의 연계가 수월해야 한다는 조건이 있다.

신도시를 조성할 대상 지역이 선정되면 주거, 상업, 공업, 공원 등으로 용도 배분계획을 세울 수 있다. 상업과 공업은 업무 공간으로 한데 묶어서 생각할 수 있으니 주거 공간과 업무 공간, 휴식 공간으로 분류한다고 보면 된다.* 업무 공간과 휴식 공간의 규모는 주거 공간의 규

---

* 도시 내 토지의 용도 지역을 구분하는 데는 다양한 기준을 적용할 수 있다. 이 책에서는 「국토의 계획 및 이용에 관한 법률」에서 명시하는 분류 방식을 따랐다.

모에 따라 결정한다. 단, 이 결정은 신도시가 인근 도시의 업무시설을 일부 이용할 수 있는지, 신도시가 인근 도시와는 별도로 자급자족적인 업무 공간을 조성해야 하는지, 아니면 인근 도시에 사는 사람이 신도시의 업무 공간을 사용할 가능성이 있는지에 따라 달라질 수 있다.

용도 배분이 끝나면 공간 배치에 들어간다. 이때 동선의 효율성이 중요하게 고려된다. 개별 공간이 요구하는 조건을 만족하면서, 이동량을 최소화하는 방향으로 공간을 배치한다. 여기서 개별 공간이 요구하는 조건의 예는 다음과 같다. 주거 지역과 공업 지역은 가능한 한 분리한다. 강이나 산 등 자연 조건이 갖춰진 경우 주거 지역에서 이러한 자연을 누릴 수 있게 한다는 등의 것들이다. 이런 과정을 거쳐 공간 배치가 결정되면 용도 공간 간의 이동량을 고려해서 도로의 종류와 규모를 결정한다. 이쯤 되면 도시계획의 큰 틀은 완성되었다고 볼 수 있다.

그런데 동선의 효율성을 최대화하다 보면 항상 업무 공간이 도시의 중심을 차지하게 된다. 업무 공간이 도시의 한가운데를 차지하고 그 주변에는 주거 공간이 자리하게 된다. 이때 주거 공간의 인구밀도에 차이가 생기기 마련이다. 사람들의 거주 목적과 선호가 다르기 때문에 이를 수용하기 위해서는 다양한 주거 형식을 도입할 수밖에 없고, 이에 따라 인구밀도에 차이가 생기는 것이다. 다양한 주거 형식이란 주거의 규모와 공간 구조 형식이 다양하다는 것을 의미한다. 규모가 다양하다는 것은 아파트로 치면 평형대가 다양하다는 것이다. 물론 이것은 단독주택에도 적용된다. 또한 공간 구조 형식이 다양하다는 것은 아파트 일색이 아니고 아파트와 함께 단독주택, 연립주택, 주상복합 등의 형식이 함께 어우러짐을 의미한다.

동선의 효율성을 높이기 위해서는 고밀도 주거 지역을 업무 공간에 가까이 배치하는 것이 유리하다. 업무 공간과 멀어지면서 점차 밀도가 낮은 주거 지역이 배치된다. 업무 공간을 중심으로 주거가 배치되면 그다음으로 공원 등의 휴식 공간을 배치한다. 휴식 공간은 모든 주민이 이용할 수 있도록 도시 전역에 고르게 배치되어야 한다. 하지만 공원을 조성할 때는 자연 조건을 적극적으로 고려할 수밖에 없다. 예를 들어 산이나 개천 등은 공원 조성에 아주 좋은 활용 요소가 된다. 도시계획 대상 지역에 이런 좋은 환경 요소들이 균등하게 분포되어 있는 경우는 거의 없다. 공원은 어쩔 수 없이 종종 불균등하게 배치된다.

다음 단계는 주거 및 업무 공간에 부수적으로 필요한 시설을 배치하는 것이다. 이른바 사회 서비스시설이다. 시청, 구청, 보건소, 공공도서관 등의 공공 사회 서비스시설과 함께 병원, 약국, 근린생활 영위를 위한 상업시설 등의 민간 사회 서비스시설이 포함된다. 이러한 시설들은 주거 공간과 업무 공간 내 적절한 거리에서 이용이 가능하도록 균등하게 분포되고 배치된다.

현대 도시계획에서는 조선시대에 사용했던 기준들이 대부분 무의미하다. 오로지 동선의 효율성을 최우선의 가치로 보기 때문이다. 엄밀히 말하자면 현대 도시계획에서는 동선의 효율성을 가장 중요시할 수밖에 없다. 그러나 동선의 효율성은 좋은 도시를 만드는 여러 가지 요소 중 하나임에는 분명하지만 최고의 가치 또는 유일한 기준이 될 수는 없다. 실제로 도시에 사는 사람들이 동선의 효율성을 맹종하는 것은 아니다. 조금 느리더라도 무언가 얻을 수 있다면, 예를 들어 도시가 아름답다든지, 공기가 좋다든지, 여가를 즐길 수 있는 시설이 잘 조성돼 있다든지 등의 개인적 욕구를 충족할 수 있는 가치가 있으면 좋은 도시라고 생각한다. 그런데 도시계획에서 이런 가치들은 잘 고려되지 않는다. 개인적 욕구에 부응하는 가치는 계량화할 방법이 없기 때문이다. 좋은 것 같긴 한데 누가 얼마나 좋아할지는 예측할 수 없다. 그러다 보니 객관적인 평가도 불가능하다. 반면에 동선의 효율성은 계량화할 수 있고 객관적인 평가도 가능하다. 즉 도시계획 A 안에서 발생되는 총 이동량이 100인데 B 안에서는 70이라고 하면 A 안이 좋은지 B 안이 좋은지 판단할 수 있다. 당연히 도시계획가들은 객관적인 기준을 제시할 수 있는 동선의 효율성을 판단의 기준으로 활용할 수밖에 없다.

동선의 효율성을 가치 판단의 우선 기준으로 사용하다 보니 도시의 중심부는 항상 업무시설이 차지하게 된다. 조선시대에 한양에서 가장 중요한 자리에 궁궐이 들어앉고 그다음에 왕과 사회적으로 가까운 사람들의 공간이 순차적으로 자리를 차지했다면, 오늘날에는 가장 중요한 자리에 업무시설이 들어서고 그다음에는 업무시설을 가장 많이 이용하는 공간이 순차적으로 자리를 차지한다.[*]

조선시대에는 왕이 가장 중요한 공간을 차지하고, 그 공간을 중심으로 전개된 공간 구조가 신분을 규정했다. 오늘날에는 가장 중요하고 비싼 공간인 도시 중앙부를 돈 많은 사람들이 차지한다. 그리고 조선시대와 마찬가지로 이 공간을 중심으로 전개되는 공간 구조상의 위

---

[*] 도시 내 토지 이용은 해당 토지의 생산을 최대화하는 방향으로 이루어진다. 이로 인해 토지의 용도는 접근성과 매우 밀접한 관계를 가지게 된다. 이와 관련된 이론들은 지역경제학에서 무수하게 다루고 있다. 자세한 내용은 전도일 참조. 전도일, 『지역경제학의 이해』, 교우사, 2000.

계가 돈이 많고 적음을 규정한다. 도시의 중심부에 살수록 부유한 사람으로, 도심에서 멀어질수록 가난한 사람으로 규정되는 것이다.

조선시대에는 신분에 따라 특정 공간을 차지하고 유지할 수 있었다. 신분이 공간의 위계를 만들어내고, 공간의 위계 구조가 신분 질서 유지를 도왔다. 그리고 또다시 신분 질서가 공간의 점유를 도왔다. 이렇게 신분 질서와 공간 구조는 상호 보완적으로 돌아간다. 그렇다면 현대사회는 어떠한가? 현대사회에서는 돈의 유무에 따라 도시의 특정 공간을 차지하고 유지할 수 있다. 돈이 많은 사람일수록 도시의 중심부를 차지하고 유지할 수 있다. 동선의 효율성이 높은 도시 중심부의 땅은 정상적인 방법으로 활용하면 도시 외곽부의 땅보다 당연히 생산성이 높다. 중심부에서 가까울수록 더 많은 돈을 벌게 된다. 그러다 보면 도시 중심부를 차지한 부자는 점점 더 큰 부자가 될 수밖에 없다. 도시 중심부와 도시 외곽부와의 빈부 차도 점점 더 커지게 된다.

도시 중심부라고 할 수 있는 명동(서울시 중구 명동2가 83-5)과 도시 외곽부라고 할 수 있는 미아동(서울시 강북구 미아동 762-80)의 생산성을 공시지가의 변화로 비교해보자. 1990년 당시 명동의 공시지가는 평방미터당 2,600만 원, 미아동은 65만 원이었고, 2012년에는 각각 6,320만 원과 158만 원으로 증가했다.[*] 이 그래프는 초기의 부의 차이가 시간이 지날수록 확대되는 과정을 명확하게 보여준다. 그런데 두 지역 모두 같은 비율로 공시지가가 올랐다고 흡족해할 일이 아니다.

---

[*] 해당 지역 공시지가 정보는 한국토지정보시스템(KLIS) 참고.

둘 모두 300평방미터(대략 100평 정도)를 소유하고 있다고 가정할 때, 1990년에는 두 지역 간의 차이가 약 76억원이었지만 12년 후인 2012년에는 약 185억 원이 된다. 이 재산을 저마다 자식들에게 물려주었다고 가정해보자. 다시 12년 정도가 지나면 도시 외곽부의 후손은 약 11억 원 정도의 재산을 소유하게 되고, 도시 중심부의 후손은 약 460억 원에 달하는 막대한 재산을 가지게 된다. 이들의 재산 차이는 무려 약 450억 원 정도로 늘어난다.

천재지변이 일어나지 않는 이상 도시 외곽부로 밀려났던 사람들이 초기에 도시 중심부를 차지했던 사람들을 다시 밀어내고 그 자리에 들어올 가능성은 없다. 돈이 많으면 중심부를 차지하고 중심부를 차지하면 돈을 더 많이 벌게 된다. 이처럼 돈과 공간 구조는 신분 질서와 공간 구조의 관계처럼 상호 보완적으로 맞물려 돌아간다.

현대인은 이런 식으로 공간의 위계적 구조에 길들여지고 있다. 중

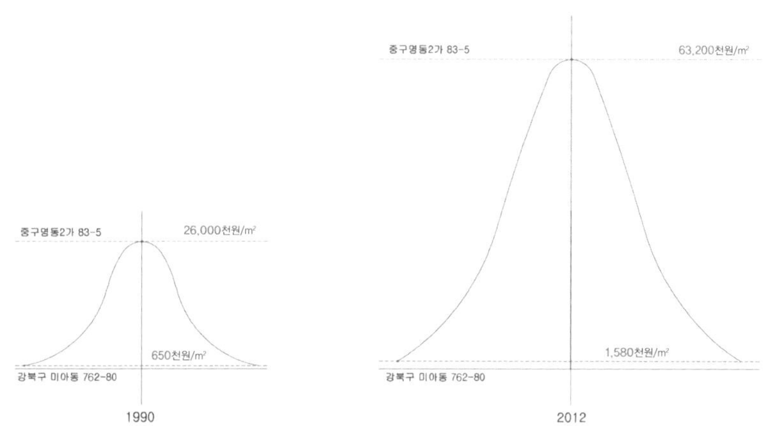

도심부와 도시 외곽부의 부의 크기 변화
초기 부의 차이가 시간이 지날수록 어떻게 확대되는지 그 과정을 명확히 보여준다.

심부를 차지하고 있는 사람들은 도시에서 가장 중요한 자리를 차지함으로써 사회에서 중요한 사람이 되고, 중심부에서 먼 지역을 차지한 사람은 그 거리가 멀수록 덜 중요한 사람이 된다. 그리고 이러한 관계는 공간의 생산성 차이에 따라 공고히 유지된다.

어떤 공간에 사는가를 통해 사회적 중요성, 사회적 신분을 알 수 있는 예로 차량 번호판을 들 수 있다. 2000년대 중반, 서울 강남구의 차량번호판을 다는 것이 유행이었던 적이 있다.[*] 요즘엔 차량 번호판으로 차량 소재지를 알 수 없지만, 당시에는 그것이 가능했다. 강남구 번호판을 달았다는 것은 비싼 땅인 강남구에 산다는 것을 의미했다. 강남구에 산다는 것만으로도 사회적 신분이 높아 보일 때였다.

위의 차량번호판 사례는 우리가 사는 현대사회에서도 여전히 특정 공간의 점유가 사회적 신분을 드러내고 구분하는 장치로 쓰이고 있음을 보여준다. 다만 조선시대와 다른 것이 있다면 오늘날에는 돈이 공간 구조와 상호 보완적 관계를 맺음으로써 그것이 신분 구분의 도구로 활용되고 있다는 점이다. 돈과 공간 구조 간의 순환 고리가 계속되는 동안 부의 차이는 점점 더 커진다. 결국 도시에 사는 사람들은 원래의 자리에서 조금도 이동하지 못한 채 고착된다. 그리하여 변두리 사람은 중심부에 있는 사람과, 중심부 사람은 변두리에 사는 사람과 신분이 다르다고 생각하게 된다. 각자 돈에 의한 신분 질서에 길들여지는 것이다.

---

[*] 〈조선닷컴〉 2004년 8월 7일자 기사 참고.

수도로 길들이기

서울살이와 지방살이의 차이

지금까지 건축물과 도시가 길들이기를 수행하는 효과적인 도구가 될 수 있음을 살펴보았다. 그런 측면에서 볼 때 가장 강력하고도 가장 큰 규모의 길들이기 도구는 정도(定都), 즉 한 나라의 수도를 정하는 일이다. 수도를 어디에 정하느냐에 따라서 길들이는 집단과 길들여지는 집단이 달라진다. 다시 말해 수도는 개인의 차원을 넘어 도시 전체를 길들인다. 이는 곧 한 국가의 수도가 다른 도시들과의 관계에서 위계 구조를 만들어냄을 의미한다. 우월한 공간 구조를 갖는 도시는 지속적으로 이득을 볼 수 있고, 다른 도시는 그에 따른 손해를 감수할 수밖에 없다. 이제부터 수도가 어떻게 다른 도시를 길들이고 있는지 알아보자.

한 국가의 물적·인적·시스템적 조건은 수도를 중심으로 조성되고 변화한다. 대표적인 물적 조건의 변화는 교통망의 변화다. 수도가 정해지면 한 국가의 교통망이 수도를 중심으로 정비된다. 수도로 통하는 길들이 넓어지고 새 길이 만들어지기도 한다. 비단 육로뿐 아니라 물길도 넓어질 수 있고 새로 만들어지기도 한다.

예를 들어 도시 규모와 중요도가 비슷한 도시들이 전국에 흩어져 있다면 이들 간의 교통망은 격자형이 된다. 어느 한 도시에서 다른 도시들로의 이동 빈도가 동일할 가능성이 크기 때문이다. 예를 들어 서울, 인천, 대전, 대구, 부산, 광주, 전주의 도시 규모나 중요도, 즉 인구밀도나 시스템적 조건이 비슷하다고 가정해보자. 이런 공간 구조에서는 격자형 교통망이 가장 효과적일 것이다.

그런데 수도가 생긴다는 것은 다른 도시들보다 규모나 중요성이 큰 도시가 만들어진다는 것을 의미한다. 모두가 알고 있듯 위에 제시된 일곱 개의 도시 중 서울이 수도로 정해졌다. 그리하여 수도에는 사람이 더 많이 살게 되었고 생활에 필요한 시설도 집중됐다. 이렇게 되

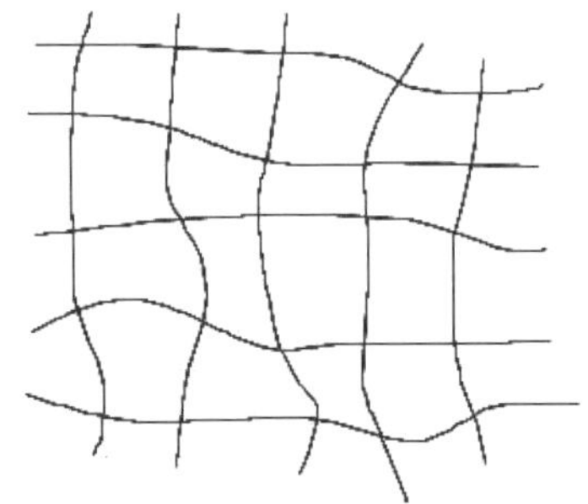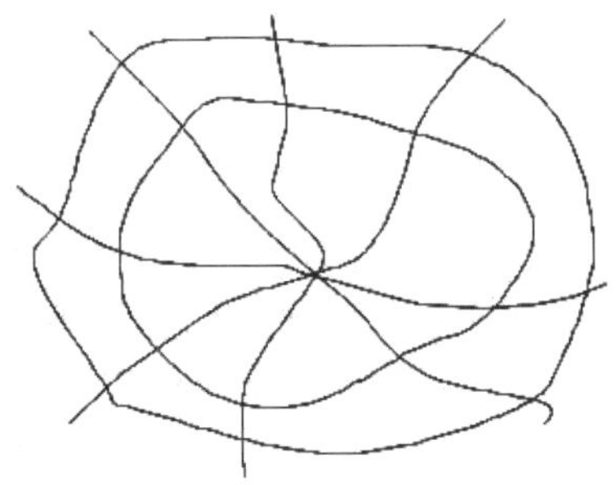

격자형 교통망과 방사형 교통망
도시 규모와 중요도가 비슷한 도시들이 흩어져 있을 경우 교통망이 격자형으로 구성되지만,
어느 한 도시가 수도로 정해진 경우 교통망은 방사형을 이룬다.

면 전주에 사는 사람은 다른 도시보다 서울에 갈 일이 더 많아진다. 물론 다른 도시에서도 상황은 마찬가지다. 편리하게 서울을 왕래하기 위해 각 도시마다 곧바로 서울로 갈 수 있는 교통망을 만들 필요가 있다. 서울을 중심으로 한 방사형의 교통망이 나타나는 것이다.

수도가 정해지기 전에는 전주에서 부산으로 가기 위해 다른 도시를 거칠 필요가 없었다. 그런데 수도가 서울로 정해지면 물적 조건이 격자형에서 방사형으로 바뀐다. 전주에서 부산을 가려면 서울을 거쳐야 하는 상황이 발생하는 것이다. 격자형 교통망에 익숙한 사람에게 방사형 교통망은 낯설고 불편할 수밖에 없다.

그런데 원래부터 방사형 교통망에 익숙한 사람은 별 불편함을 못 느낀다. 그냥 그러려니 한다. 이 사람에게는 전주에서 부산에 가려면 서울에 들렀다 가는 게 당연하다. 물론 전주에서 부산으로 바로 가면 훨씬 빠르겠지만, 교통편이 없으니 서울을 거쳐 가도 큰 불만을 못 느낀다. 방사형 교통망에 이미 길들여졌기 때문이다.

수도로 향하는 이동량이 많아지는 물적 조건의 변화는 인적·시스템적 조건과 맞물려 이루어진다. 물적 조건이 수도를 중심으로 변화하면서 수도권으로의 인구 집중 현상이 일어나고, 각종 산업과 일상생활에 필요한 제도적 기관들도 자연히 수도로 몰리게 되는 것이다. 물적 조건의 변화가 촉발한 인적·시스템적 조건의 변화는 다시 물적 조건의 변화를 가속화한다. 물적·인적·시스템적 조건으로 연결되는 순환 고리가 성립되는 셈이다. 이것은 선순환일 수도, 악순환일 수도 있지만, 어찌 되었든 이 세 가지 조건의 순환 고리 속에서 수도로의 집중은 계속되고 가속화된다. 당연히 수도는 다른 도시에 비해 중요성을 띨 수밖에 없다.

또한 수도를 차지하고 있다는 것만으로도 다른 지역에 비해 우월한 경제적 생산력을 갖출 수 있다. 이 과정에서 특정 지역 점유자는 우월한 신분을 획득하게 된다. 이는 도심부를 차지한 사람들이 더 많은 부를 획득해 계속 도심부를 차지하고 유지하는 것과 같다. 도시에서 벌어지는 중심과 주변의 관계가 수도와 다른 도시들의 관계에서도 똑같이 나타나는 것이다. 이런 까닭에 한번 수도에 거처를 정하면 계속 눌러살 수 있는 조건이 형성된다. 그리고 이렇게 국가적으로 벌어지는 일들에 사람들은 불만이 있더라도 어쩔 수 없이 따르는 경우가 많다. 심지어 불평등하다는 사실조차 잘 인지하지 못한다. 아주 자연스럽게 길들여지는 것이다.

서울이 이득을 볼수록 비수도 지역은 그만큼 손해를 본다

길들임과 길들여짐의 관계에서 수도와 비수도 사이에 발생할 수 있는 가장 큰 문제는 한쪽의 이득이 다른 한쪽의 손해를 기반으로 한다는 점이다. 물적·인적·시스템적 조건이 모두 수도로 집중되는 과정에서 비수도 지역은 그만큼 손해를 볼 수밖에 없다.

전국에 아홉 개 도시가 '정도 이전의 도로 체계'와 같이 분포하며 인적·시스템적 조건이 동일하다고 가정해보자. 인구 규모가 동일하고, 방문의 필요성이 있는 시설이나 기관 들이 동일한 규모로 전국 각 도시에 존재한다는 가정이다. 이런 상황에서 각 도시 간의 이동 빈도

각 도시별 방문 빈도 및 총 이동량

	정도 이전		정도 이후			
			인적 · 시스템적 조건 변화 이후		물적 · 인적 · 시스템적 조건 변화 이후	
	서울	대전	서울	대전	서울	대전
방문 빈도	42	56	55	52	61	24
총 이동량	9,293.8km		15,425.6km		4,731km	

- 방문 빈도는 네트워크 내의 모든 노드에서 자기 자신을 제외한 다른 모든 노드로 이동이 발생한다고 가정할 때 특정 노드를 방문하는 빈도를 의미한다.[*]
- 방문 빈도 계산 시 인적 · 시스템적 조건 변화 이전에는 각 도시별 방문 유발 비율을 동일하게, 이후에는 현재(2012)의 인구 규모에 비례하는 것을 전제로 했다.
- 각 도시에서 다른 도시로 1회 이동 시 방문 빈도와 총 이동량을 계산했다.

는 균등하다. 즉 전주에 사는 사람이 서울을 방문하거나 그 외의 도시를 방문할 빈도가 동일하다는 것이다. 그런데 지리적 특성은 조금씩 다르다. 예를 들면 서울은 주변부에 위치하고 대전은 상대적으로 중심부에 위치한다. 이것은 정도 이전 서울의 방문 빈도가 42회이고, 대전의 방문 빈도는 56회라는 사실에서 확인할 수 있다.

이런 상황에서 수도가 일단 서울로 정해진다. 인적 · 시스템적 조건이 서울로 집중되면서 특정 도시에서 다른 도시를 방문하는 빈도에

---

[*] 방문 빈도는 네트워크 분석에서 흔히 거론되는 중앙성과 유사하다. 네트워크의 특성을 나타내는 지표 중 하나인 중앙성에 대해서는 강병남 참고. 강병남, 『복잡계 네트워크 과학』, 집문당, 2000.

변화가 생긴다. 한 가지 예로 전주에서 서울에 갈 일이 대전이나 부산과 같은 다른 도시로 갈 일보다 많아진다. 이렇게 되면 전국적으로 볼 때 주변부에 위치하는 서울을 자주 찾아가야 하기 때문에 불편이 증가한다. 또 한편 전국에서 발생하는 총 이동량(이동 비용)이 증가한다. 이것은 정도 이후 교통량이 이전의 9,293.8킬로미터에서 15,425.6킬로미터로 1.6배 정도 증가한 사실에서 확인할 수 있다.

이 문제들을 해결하기 위해서는 물적·인적·시스템적 조건의 변화가 불가피하다. 즉 서울의 인구를 더욱 증가시키고, 서울로 향하는 도로의 용량과 성능을 개선하고, 방문을 유발하는 기관이나 시설을 서울에 더 많이 설치하는 것이다. 물적 조건을 변화시키면 서울의 방문 빈도가 높아짐으로써 총 이동 비용이 감소될 수 있다. 또한 서울의 인구

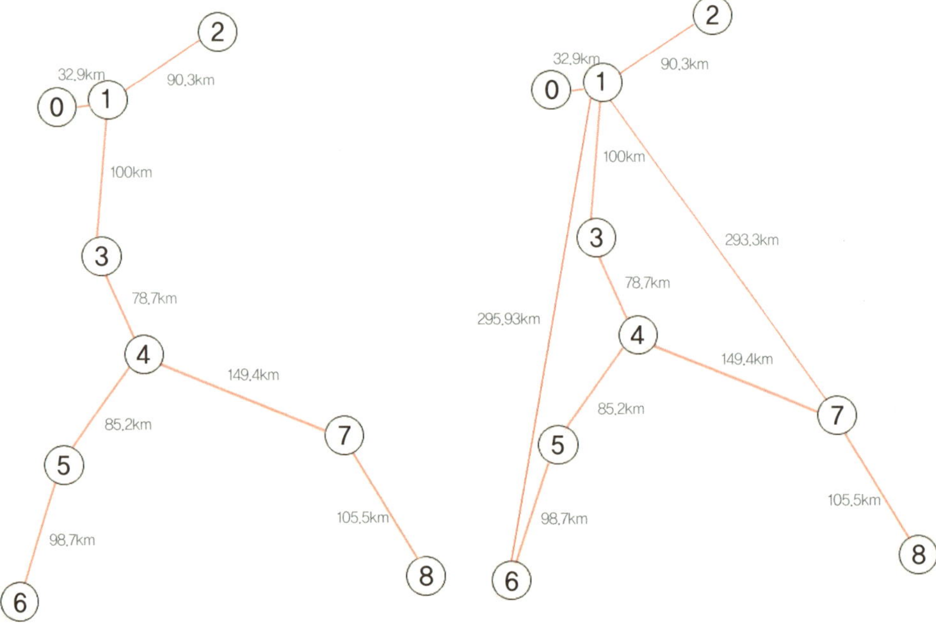

정도 이전의 도로 체계(왼쪽), 정도 이후의 도로 체계(오른쪽)
정도 이후 수도의 물적·인적·시스템적 조건의 개선은 총 이동량 및 총 이동 비용의 감소를 가져온다.

를 증가시키고 방문을 유발하는 기관들을 증가시키면 총 이동량은 줄어든다. 이것은 물적 조건을 '정도 이후의 도로 체계'와 같이 변화시키고, 인적·시스템적 조건의 집중을 가정한 경우 서울의 방문 빈도가 61회로 24회인 대전보다 높아지고, 총 이동량도 15,425.6킬로미터에서 4,731킬로미터로 약 70퍼센트 정도 감소하는 사실에서 확인할 수 있다.

즉 전국의 모든 도시가 동등한 상황에서 서울이 수도로 정해지면서 생겼던 문제들을 해결할 수 있게 된다. 그런데 서울로의 집중이 가중되면서 일시적으로 해결된 것처럼 보였던 문제들이 다시 불거진다. 교통 체계를 개선하고 서울의 인구를 늘리면서 해결했던 문제들이 다시 수면 위로 떠오른다는 뜻이다. 이렇게 다시 불거진 문제를 해결하는 방법은 무엇일까? 방법은 전과 동일하다. 물적·인적·시스템적 조건에 변화를 가하면 된다. 즉 서울로 향하는 도로의 용량과 성능을 높이고, 서울에 더 많은 사람들이 거주하도록 하는 한편, 방문을 유발할 기관들을 서울에 더 많이 집중시키는 것이다. 이렇게 서울로의 집중은 차츰 악순환의 고리에 빠져든다.[*] 한편 집중이 심화되는 과정에서 지방 도시들은 인적·사회 경제 시스템적 자원을 서울에 빼앗길 뿐 아니라, 집중에 필연적으로 수반되는 이동 비용을 부담해야 하는 고약한 상황에 빠지게 된다.

---

[*] 수도권 집중화의 부정적 사례로 GTX(수도권광역급행철도)를 들 수 있다. 수도권 교통 체증을 해결하기 위한 GTX는 흔히 말하는 빨대 효과로 인해 서울로의 집중을 더욱 심화할 수 있다는 우려를 불러일으키고 있다. 빨대 효과를 부정하는 주장과 관련해서는 허재완 참고. 허재완, 「GTX의 빨대 효과, 존재하는가?」, 경기개발연구원, 2010. 빨대 효과의 부작용을 우려하는 주장에 대해서는 〈뉴데일리〉 2010년 11월 9일자 기사 참고.

수도로 정해진 서울의 위치는 더욱더 공고해지고, 그 안에 사는 사람과 그렇지 못한 사람 간에 차이가 발생한다. 그리고 그 차이는 개인의 노력으로는 점점 더 좁히기 어려워진다. 이쯤 되면 점유 지역의 차이가 신분의 차이로 드러날 수밖에 없다. 그리고 이런 신분적 질서는 전국적인 도시 공간 구조에 의해 견고하게 유지된다. 그리고 사람들은 서울이 수도이기 때문에 다른 도시들이 지불해야 하는 경제적 비용과 불편함, 기회의 박탈과 그로부터 비롯되는 신분 차이에 점점 길들여진다.

길들이기를 위한 건축적 방법

앞에서 살펴보았듯 양반집, 향교나 서원, 궁궐, 도시 그리고 수도를 정하는 일 모두 길들이기의 수단으로서 매우 효과적이다. 양반집에서는 사랑채와 행랑채, 안채를 구분함으로써, 향교나 서원에서는 계단을 통해서, 궁궐에서는 왕에 가까이 다가가는 과정에서 길들이기를 시도한다. 그리고 도시는 공간 구조를 계급 구조와 일치시킴으로써, 수도를 정하는 일에서는 수도에 물적·인적·시스템적 조건을 몰아줌으로써 길들이기를 수행한다. 이들 모두 건축 활동의 결과물이라는 공통점이 있다. 이제부터는 좀 더 분석적인 입장에서 건축이 길들이기에 어떻게 이용되는지 알아보자.

다수의 객체 중 어느 하나에 우월한 위치를 부여한 예는 흔히 성화(聖畵)에서 찾아볼 수 있다. 미켈란젤로의 시스티나성당 벽화를 예로 들어보자. 미켈란젤로는 이 벽화를 통해 신과 인간의 관계를 분명히 보여줘야 했다. '인간은 절대적 존재인 신에게 복종해야 한다'는 메시

미켈란젤로가 시스티나성당에 그린 〈최후의 심판〉
미켈란젤로는 인간은 절대적 존재인 신에게 복종해야 한다는 메
시지를 전달하기 위해 이 작품에 여러 가지 장치를 해두었다.

지를 전달하기 위한 방법으로 미켈란젤로는 우선 '높이'를 활용했다. 신은 높은 곳에, 인간은 낮은 곳에 배치함으로써 신이 상대적으로 우월한 위치에 있음을 강조한 것이다.

언제든지 마음만 먹으면 도달할 수 있는 곳에 위치하는 신은 신이 아니다. 신의 입장에서는 인간이 있는 곳에 언제든지 올 수 있겠지만, 인간에게는 그런 능력이 허락되지 않는다. 미켈란젤로는 이것을 형상화하기 위해 '거리'를 활용했다. 그런데 거리가 너무 멀면 신이 보이지 않거나 신의 목소리를 들을 수 없게 된다. 볼 수 있고 들을 수 있지만 신의 허락 없이는 쉽게 다가설 수는 없는 정도의 거리가 필요하다. 그래서 미켈란젤로는 신과 인간 사이에 중력이 작용하는 수직적인 거리를 개입시키고, 신의 주위에 명확한 영역을 설정함으로써 신과 인간의 거리를 확보했다. 신과 인간 사이에 인간이 극복할 수 없는 거리를 만든 것이다.

미켈란젤로가 '높이'와 '거리' 다음으로 활용한 방법은 '방향'이다. 좌우, 동서남북, 상하, 이러한 방향 들은 문화에 따라 우월함의 의미가 달라지기도 하는데, 미켈란젤로는 이 중에서 그림 위쪽에 신을 배치하는 것을 선택했다. 위쪽은 아래쪽에 비해 우월한 방향이면서 시스티나성당의 벽화에서는 소실점이 존재하는 지점이기도 하다. 미켈란젤로는 이 소실점을 그림 위쪽에 형성하고 신을 그곳에 배치했다. 이러한 배치는 '높은' 곳이 우월한 장소라는 측면에도 부합한다.

이렇게 높이, 거리, 방향으로 삼차원 공간상에서의 신의 위치가 확정되었다. 한 공간에서 더 높은 곳, 멀리 떨어진 곳, 더 우월한 방향에 자리를 잡은 신은 다른 객체에 비해 상대적으로 우월한 지위를 획득한다. 여기에 미켈란젤로는 몇 가지 장치를 더 추가한다. 먼저 신의 뒤에 그린 밝은 색의 배경이 그것이다. 이 배경은 마치 후광처럼 작용한다. 전면광이나 후면광을 쓰면 신이 더 잘 보이고 부각될 것이다. 그런데 후광 효과를 쓴 이유는 무엇일까? 후광은 신을 바라보는 이들의 눈을 부시게 만들기 때문이다.

후광으로 인해 관람자는 시스티나성당 벽화에 등장한 사람들처럼 신으로부터 몸을 돌리거나 허리를 구부려야 한다. 태양을 등지고 걸어오는 사람을 바라볼 때를 떠올리면 된다. 시스티나성당 벽화의 후광은 자연스럽게 신에 대한 경외감을 강제한다. 후광이 없었다면 벽화에 담긴 인간들은 고개를 빳빳이 쳐들고 신을 바라보고 있을지도 모른다.

신의 우월함을 강조하는 장치는 더 있다. 신이 밟고 있는 구름이다. 그림에서 구름은 신이 밟고 서 있는 기단 역할을 한다. 그런데 가만 생각해보면 이는 신을 인간과 비슷한 존재로 보는 불경스러운 발상이다. 신은 지지대가 있어야 설 수 있는 인간과는 다른 존재이기 때문이다. 신은 허공에 떠 있다고 해도 전혀 이상할 게 없다. 그래서 구름은 신의 기단이라기보다는 가리개에 더 가깝다. 인간은 구름 너머로 신의 얼굴과 몸통만을 조금 볼 수 있을 뿐이다. 반면에 신은 자신의 일정 부분만 노출시키면서도 인간의 적나라한 모습을 볼 수 있다. 구름이 신과 인간 사이에서 신에게 절대적으로 유리한 시각적 통제권을 주는 장치가 되는 것이다.

지금까지 이야기한 '높이', '거리', '방향', '인간에게 신에 대한 경외감을 강제하는 장치', '시각적 통제권을 부여하는 장치' 들은 신과 인간의 상호 관계를 조작하는 방법이다. 그렇다면 당연히 신이나 인간의 크기 자체를 조작하는 방법도 있을 수 있다. 시스티나성당 벽화에서 가장 두드러진 표현이 바로 '크기'의 조작이다. 신은 크게, 인간은 작게 묘사하는 것이다. 이는 어느 그림에서나 통용되는 일반적인 방법이다. 그다음으로 살펴볼 방법은 '장식'이다. 신은 좀 더 잘 치장된 모습으로, 인간은 이에 비해 덜 치장된 모습으로 나타난다.

신을 절대자로 만들기 위한 이러한 고안은 건축에도 동일하게 적용된다. 건축은 기본적으로 커다란 공간을 몇 개의 작은 공간으로 나누고 그 공간들 간에 특정한 관계를 설정해주고, 동시에 작은 공간 자체의 속성을 특화하는 작업이라고 할 수 있다. 건축은 그 과정 중에 생성된 작은 공간들 중 하나를 다른 작은 공간들보다 더 특별하게 만든다. 이로써 한 공간과 다른 공간들 사이에는 나름의 위계 구조가 나타난다. 차별화된 공간의 소유자가 특별한 지위를 차지하도록 하는 것이다. 그리고 이러한 일련의 과정을 통해 특별한 한 사람이 다른 사람들을 길들일 수 있도록 도와준다.

미켈란젤로의 시스티나성당 벽화 기법과 비교해보면, 신과 인간을 등장시키는 것은 하나의 커다란 공간을 몇 개의 작은 공간(영역)으로 나누는 작업과 동일하다. 미켈란젤로가 신과 인간을 구분하기 위해서 사용한 방법들은 건축에서 적절한 높이 차이, 적절한 거리, 특정한 방향으로 축 설정하기, 하나의 영역에서 다른 영역으로 이동 시 특별한 행동을 강제하는 장치 부여하기, 특정 영역에 우세한 시각적 통제권 부여하기, 그리고 영역의 크기를 조작하거나 영역에 부가하는 장식의 정도를 조작하는 것으로 나타난다.

다시 말해 건축에서는 영역을 설정하고, 영역 간의 관계를 조작하고, 영역 자체를 특별하게 꾸미는 방법을 동원해서 영역 간의 우열을 결정한다. 그러고 나서 각각의 영역을 특정인 혹은 특정 집단에 제공함으로써 사람들 간의 우열 관계를 설정하는 데 도움을 준다. 우열 관계를 설정한다는 것은 길들이기를 가능하게 한다는 뜻이다.

다른 종류의 길들이기, 특히 신체를 이용한 예절 길들이기에 비하면 건축을 통한 길들이기는 좀 덜 노골적이다. 사람들은 건축으로 만들어진 한 공간에 어떤 길들임의 장치가 숨어 있는지 잘 모른다. 그래서 건축을 통한 길들이기는 겉으로 드러나는 길들이기보다 훨씬 더 교묘하다. 또한 드러나지 않기 때문에 사람의 저항을 받지 않는 장점도 있다. 길들임을 당하는 사람은 의식하지 못한 채 공간을 이용하는 것만으로 길들여짐의 대상이 된다. 또 그 대상이 이 사실을 깨닫더라도 스스로의 힘으로 벗어날 방법이 없다. 현실에서 공간이 제공하는 여러 가지 기능에 의존하지 않고서는 살 수가 없기 때문이다. 아무리 싫어도 자신의 생활 공간을 통째로 바꿀 수는 없다. 이것이 건축과 다른 문화적 방편의 차이점이다.

영역 만들기

하나의 영역을 만드는 것은 두 가지 방법으로 가능하다. 하나는 한 덩어리의 건물 혹은 건물군을 만드는 것이고, 또 다른 방법은 경계를 만들어서 그 안에 빈 공간을 조성하는 것이다. 첫 번째 방법은 우리에게 매우 익숙하다. 도시 안에서 우리 눈에 띄는 대부분의 것들이 여기에 해당된다. 두 번째 방법의 예로는 광장을 들 수 있다. 광장은 하나의 건물 또는 몇 채의 건물군으로 존재하지는 않지만, 분명히 하나의 영역을 형성하고 있다. 서울역 광장에서 만나자는 약속이 성립할 수 있는 까닭은 광장도 분명한 하나의 영역이기 때문이다.

한편 이 두 가지 방법을 좀 다른 시각에서 보면 전자는 주변과 뚜렷이 구분되는 솔리드(solid, 정적으로 고정된 공간)를 만드는 것이고, 후자는 마찬가지로 주변과 뚜렷이 구분되는 보이드(void, 항상 유동이 가능한 공간)를 만드는 것이다. 이 중에서 무엇이 더 강력한 공간을 형성할까? 두 방법 자체의 우열을 가릴 수는 없다. 솔리드는 솔리드대로 보이드는 보이드대로 각각의 장점이 있다. 솔리드는 시각적 집중력이 뛰어난 반면, 보이드는 사람들을 결집시키는 힘이 더 크다. 즉 공간을 조성하면서 시각적 집중력이 요구되는가, 아니면 사람들의 결집력이 요구되는가에 따라 솔리드가 더 효과적일 수도, 때로는 보이드가 더 효과적일 수도 있다.

솔리드를 잘 이용한 사례로는 여전히 우리나라에서 가장 높은 건물이라는 영예를 차지하고 있는 여의도 63빌딩이 있다. 63빌딩은 주변 어느 건물보다 두드러지는 규모와 형태로 영역에 특별함을 부여하고 있다. 그리고 보이드를 잘 이용한 사례로는 서울시청사 앞 광장이 있다. 건축계획 측면에서도 서울시청사 앞 광장은 사람들을 불러 모으는 특별한 기능을 발휘하면서 그 장소를 특별한 것으로 만들고 있다.

하지만 영역을 만들 때는 당연하게도 솔리드와 보이드가 함께 활용되는 경우가 많다. 솔리드와 보이드는 시각적인 부분에서뿐만 아니라 기능적인 면에서도 서로 보완적으로 작용한다. 솔리드의 존재가 부각되기 위해서는 솔리드를 전체적으로 감상할 수 있는 공간이 주변에 필요하다. 아무리 대형 규모의 화려한 솔리드가 있다 해도 주변 공간이 조성되지 않는다면 솔리드는 자신을 드러낼 수가 없다. 보이드도 마찬가지다. 솔리드 없이는 보이드의 경계부가 형성되기 어렵고, 결국 보이드의 존립 자체가 어려워진다. 이러한 이유로 대체로 솔리드와 보이드는 서로 보완적 관계로 배치된다. 광화문이라

여의도 63빌딩
솔리드를 잘 이용하여 그 규모와 형태가 다른 어느
건물보다 두드러진다.

서울시청사 앞 광장
보이드를 잘 이용하여 사람들을 불러 모으는 특별한
기능을 수행한다.

는 거대한 솔리드가 있다면, 당연하게도 광화문 앞 광장이라는 보이
드가 있다. 또 서울시청사 앞 광장이라는 보이드가 있다면, 경계부
를 형성하는 시청과 플라자호텔 그리고 덕수궁 담장이라는 솔리드
가 함께 공존한다.

영역 간의 관계 설정하기

영역 간의 관계를 설정하는 수단으로는 '높이', '거리', '방향', '행동
강제 장치', '시각 통제 장치' 등이 있다. 지금부터는 건축에서 이 수단
을 어떻게 활용하는지 알아보도록 하자.

높이

높이 조작은 두 개 이상의 객체 간에 우열을 표시하는 가장 기본적인 방법이다. 높은 곳에 있는 것은 우월하고, 낮은 곳에 있는 것은 열등하다. 하지만 높다고 해서 모두 좋은 것은 아니다. 너무 높이 있으면 자칫 우월함을 잃을 수도 있다. 물리적 통제가 배제될 수 있기 때문이다. 높더라도 바라볼 수 있고 또 관계가 형성됐다면 접근도 가능해야 한다.

건축에서 사용되는 높이는 크게 두 가지로 분류된다. 쉽게 바라볼 수 있는 높이와 그렇지 않은 높이다. 쉽게 바라볼 수 있는 높이는 고개를 과도하게 들지 않고 볼 수 있는 정도를 말한다. 이러한 높이에는 절대적 기준이라는 게 있을 수 없다. 수평 거리에 따라 달라지기 때문이다. 수평 거리가 다르면 같은 각도라 하더라도 당연히 높이 차이가 나기 마련이다. 즉 두 개의 객체에 우열을 주기 위해 사용되는 높이 차이는 수평 거리를 동시에 고려하고 보면 각도의 문제로 바뀐다. 그리고 여기서 한 가지 더 고려해야 하는 점은 바라보는 사람이 서 있거나 앉아 있을 수 있다는 것이다. 그러므로 쉽게 바라볼 수 있는 높이의 절대적 기준은 수평 거리뿐 아니라 바라보는 각도에 따라서도 달라진다.

높이 차이를 조작하기 위한 대표적인 건축 방법에는 경사와 기단, 루(樓)를 이용하는 것이 있다. 이 모든 기법에는 항상 계단이 필요하다. 경사는 자연 지형을 이용하는 방법이다. 건물을 처음 지을 때부터 약간 경사가 있는 지형을 택해 입구에서 안쪽으로 들어갈수록 바닥이 높아지게 하는 것이다. 이렇게 하면 안쪽에 있는 대상일수록 높이가 올라가기 때문에 바깥쪽에 있는 대상보다 우월함을 확보하는 데 용이하다. 이러한 경향은 서원과 향교, 양반집에서 두드러지게 나타난다.

서원과 향교에는 두 개의 주요 공간이 있다. 하나는 공부하는 공간(명륜당)이고, 다른 하나는 제사를 지내는 공간(대성전)이다. 후자가 전자보다 우월한 공간이어야 하는 것은 분명하다. 따라서 공부하는 공간을 경사지의 전면에, 제사를 지내는 공간은 후면에 배치함으로써 필요한 높이 차이를 확보한다. 양반집은 크게 행랑채와 사랑채, 안채, 이 세 가지 영역으로 나뉘는데, 이들 간의 우열을 부여하는 방법으로 경사가 이용되기도 한다. 자연 지형을 고를 때부터 남쪽으로 비탈진 땅을 고르고, 대문간에서부터 행랑채, 사랑채, 안채 순으로 배치함으로써 자연스럽게 높이 차이를 확보하는 것이다.

자연 지형에 경사가 없는 경우라면 기단을 쌓으면 된다. 경사가 완만한 경우에도 마찬가지다. 기단은 하나를 사용할 수도 있고 여러 개를 사용할 수도 있다. 여러 개의 단을 겹겹이 쌓아서 높이 차이를 확보해야 한다면, 각 단의 높이를 달리해서 변화를 줄 수 있다. 기단을 사용할 때는 항상 마당이 있어야 한다. 기단으로 수직 높이를 조작하고, 마당에서 수평 거리를 조작함으로써 적당한 각도, 즉 고개를 어느 정도 들게 할 것인가를 통제할 수 있기 때문이다. 높이 차이를 더욱 키우기 위해서는 우선 기단이 높아야 한다. 그런데 높이 차이를 강조하는 또 하나의 방법이 있다. 기단 앞마당을 작게 만드는 것이다. 마당의 모양을 사각형으로 할 때 기단으로 향하는 방향의 길이를 깊이, 기단과 평행한 방향을 폭이라고 한다면, 같은 높이의 기단이라고 해도 이 깊이를 얕게 할수록 더 높아 보이게 된다. 경복궁 근정전 월대나 수정전 월대가 좋은 예다. 그런데 이 둘 사이에는 차이가 있다. 근정전 월대는 앞에서 말한 것처럼 이중으로 되어 있는 반면, 수정전 월대는 한 단으로 되어 있다. 근정전이나 수정전 모두 각각의 영역에 서는 가장 중요한 건물이지만 경복궁 전체적으로는 근정전이 더 중요한 건물임을 알리기 위해 이중의 월대가 사용된 것이다.

자연 지형의 경사와 기단은 같이 사용되기도 한다. 경사가 충분하지 않은 경우에 높이 차이를 크게 하거나 평평한 마당을 확보하기 위해 사용되는 방법이다. 불국사와 부석사가 대표적인 예다. 불국사의 기단은 경사가 충분하지 않은 터에서 높이 차이를 강조하기 위해 설치한 장치다. 한편 긴 동선에서 여러 개의 건물을 배치하고 있는 부석사는 중간 중간 평평한 마당을 마련하기 위해 기단을 사용했다.

불국사와 부석사의 기단 사용에는 좀 더 교묘한 장치가 숨어 있다. 불국사의 기단은 꽤나 높은데, 특히 기단 앞에 마당을 작게 확보하고 있어서 더 그렇게 보인다. 앞에서 언급했듯 아무리 기단을 높여도 앞마당의 깊이가 깊다면 그리 높아 보이지 않을 수 있다. 기단에서 멀리 떨어져서 보면 고개를 심하게 들지 않아도 되는 각도를 찾을 수 있기 때문이다. 그러나 불국사의 기단은 그 자체가 절대적으로 높을 뿐 아니라 앞마당의 깊이도 얕아서 쉽게 고개를 들어 바라볼 수 없는 상황을 연출한다. 이는 기단을 경계로 속세와 정토를 구분하려는 의도에서 비롯한 것이다. 속세와 정토가 다른 영역임을 강조하기 위해 아무리 고개를 들어도 바라보기 어려운 높이를 적용하고 있는 것이다.

반면 부석사의 기단이 주는 느낌은 사뭇 다르다. 이곳의 기단은 모든 것을 다 가로막고 서 있지 않다. 기단 너머로 건물 지붕들과 부석사를 둘러싸고 있는 산등성이가 슬쩍 보일 정도다. 불국사의 기단이 너머에 무엇이 있는지 꽁꽁 감추고 보여주지 않는 것과 대조적이다. 부석사의 기단은 조금씩 보여주면서 호기심을 유발하고 안쪽으로 들어오도록 유도한다. 기단의 높이와 기단 앞마당의 폭을 이용하는 방법은 이렇듯 다양한 결과를 만들어낸다. 엄격할 수도 있고, 친근할 수도 있고, 놀라게 할 수도 있고, 살짝 기대하게 할 수도 있다.

높이 차이를 만드는 또다른 건축적 장치로는 '루'가 있다. 현대적 용어로 표현하자면 '필로티(piloti)'다. 루는 기단과 마찬가지로 건물 바닥의 높이를 올리는 방법으로 사용된다. 루는 기단부에서 상부 건물의 하중을 떠받치기 위해서 필요한 일부를 제외하고 파낸 형상이다. 즉 상부의 건물을 몇 개의 기둥으로 떠받치는 것이다. 루의 특징은 주

불국사
불국사의 기단은 그 자체가 절대적으로 높을 뿐 아니라 앞마당의 깊이도 얕아서 쉽게 고개를 들어 바라볼 수 없는 상황을 연출한다.

부석사
부석사의 기단은 조금씩 보여주면서 호기심을 유발하고 안쪽으로 들어오도록 유도한다.

변 지역에 비해 높은 위치를 만들 수 있다는 것이다. 높은 위치를 형성함으로써 주변으로부터 잘 보이게 되고, 동시에 주변을 잘 볼 수 있게 된다. 주변을 잘 볼 수 있다는 것은 소리를 잘 전달할 수 있는 이점도 있음을 의미한다. 그래서 루는 문루나 종루로 많이 사용되었다. 루는 건물 바닥을 높이는 장치라는 면에서 기단과 같은 역할을 하지만, 기단처럼 시야를 제한하지는 않는다. 그래서 시각적 인지도를 높이는 동시에 주변에 시각적 제한이나 부담을 주지 않는 장소에서 적극적으로 사용되었다. 루는 주변과의 높이 차이를 활용해 특정 영역의 인지도를 높임으로써 그 지역이 다른 곳보다 중요한 곳임을 드러내는 기능을 한다.

양반집 사랑채에서 흔히 찾아볼 수 있는 누마루는 높이를 강조함으로써 사랑채의 우월함을 드러낸다. 속이 꽉 막혀 있는 기단과 달리 주변에 시각적 부담감을 줄일 수 있다는 장점도 있다. 사랑채 누마루를 속이 꽉 막혀 있는 기단처럼 설치한다면 양반집 행랑마당과 사랑마당은 무척 답답해 보일 것이다.

경복궁에서도 루는 효과적인 도구로 사용된다. 근정전 앞마당을 둘러싸고 있는 회랑 중 동서행각에 여느 행각과 형태적으로 뚜렷이 구분되는 루를 설치했는데, 이 루가 근정전 앞마당의 우월함을 강조하는 역할을 한다. 특히 동행각에 설치된 융문루에는 통문을 설치하여 동궁에서 근정전 앞마당으로 접근할 수 있게 하고 있는데, 이 또한 통문을 루 형식으로 장식함으로써 근정전 앞마당의 우월함을 드러내는 기능을 한다. 한편 서행각에 배치된 루에는 융무루라는 이름이 붙어 있다.

사찰의 종고루(개심사 범종각)
종고루는 어느 사찰에서나 눈에
잘 띄는 건축물이다. 설치된 장소
의 영향도 있겠지만, 루 형식으로
높이를 확보하고, 이동하는 사람
들의 시선에 개방감을 부여하고
있기 때문이다.

사랑채 누마루(윤증 고택)
사랑채 누마루 하부가 벽으로 꽉 막혀
있다고 생각해보자. 사랑채를 바라보
는 시선에서 답답함을 피할 수 없을 뿐
아니라, 안채 중문 또한 상대적으로 옹
색해 보일 것이다.

융문루(왼쪽)**와 융무루**(오른쪽)
융문루와 융무루 너머로 근정전 지붕이 보인다. 융문루와 융무루는 각각 문신과 무신을
상징하는 건축물이다. 왕을 상징하는 근정전에 비할 바는 아니지만, 루 형식을 채택함으
로써 다른 건물군, 특히 이어지는 회랑보다 우월한 건물임을 효과적으로 보여주고 있다.

경복궁에서 가장 눈에 띄는 루는 역시 경회루다. 높은 기둥을 이용해 경회루를 들어올림으로써 생기는 높이는 그곳이 중요한 공간이며 중요한 사람에게 제공되는 공간임을 분명히 보여준다. 높이로써 경회루에 우월한 지위를 부여함은 물론, 경회루 연못의 수려한 풍경을 사방에서 감상할 수 있는 기회도 제공한다.

거리

거리는 특정 지점에서 또 다른 특정 지점까지 도달하는 데 들이는 노력의 정도로 볼 수 있다. 이것을 판단하기 위해 접근성이라는 개념이 사용되기도 한다. 거리가 가깝다는 것은 접근성이 크다는 뜻이고, 거리가 멀다는 것은 그만큼 접근성이 떨어진다는 의미다. 하지만 거리가 멀다는 것이 반드시 물리적 시간과 비용이 많이 드는 것만을 의미하진 않는다. 가령 "저 사람은 너무 어려워서 거리가 멀게 느껴져"라는 표현을 생각해보자. 거리로써 친근감의 정도와 어려운 상대임을 표현하고 있다. 그래서 거리를 멀게 하는 것은 특정 대상에게 우월함을 부여하는 좋은 수단이 되기도 한다.

건축에서 거리를 조작하는 방법으로는, 실제 물리적 거리를 조정하는 방법과 느낌만 달라지게 하는 방법이 있다. 물리적 거리를 조정하는 방법은 두 개의 객체가 있다고 할 때 두 객체 간의 거리를 10미터로 할 것이냐 50미터로 할 것이냐의 문제다. 10미터보다는 50미터가 더 먼 거리이고, 당연히 10미터 떨어진 대상보다 50미터 떨어진 대상이 더 접근하기 힘든 존재가 될 것이다. 이런 식이라면 10미터 떨어진 대상에 비해 100미터 떨어진 대상은 더욱더 접근하기 힘든 존재가 될 것이고, 우월함을 강조하고 싶다면 거리를 더욱 멀게 하면 될 것이다.

한 1킬로미터쯤 떨어뜨리면 100미터보다 열 배까지는 아니더라도 어쨌든 접근하기 어려운 존재가 되는 것은 분명하다. 그런데 물리적 거리만 너무 멀리 떨어뜨리면 아예 인지할 수 없는 지경에 이르러 그 대상이 무의미한 존재가 돼버린다. 또한 설사 인지할 수 있다 해도 물리적 접근이 너무 힘들면 아무리 우월한 존재라 하더라도 물리적으로 아무런 통제력을 발휘할 수 없다. 위엄을 느끼게 할 수 없는 것이다. 그래서 길들임의 의도를 가진 건축에서 거리를 조작할 때는 물리적으

경회루
경회루의 장초석은 연못 너머로 멀리서 바라볼 때만 그 의도가 이해될 수 있다. 연못이라는 넓은 화폭을 배경으로 장초석을 제외한 건물이 나지막이 떠 있는 모습을 상상하면 어색하지 않을 수 없다. 장초석은 경회루의 수직적 크기감을 고려해 제작된 것으로, 넓은 연못의 수평적 크기감에 압도되지 않도록 해준다.

로 실제 접근이 가능한 거리에서 심리적 거리만 멀게 할 수 있는 방안을 강구해야 한다.

물리적 거리를 통해 우열을 결정하는 수법은 이미 경복궁의 경우에서 언급한바 있다. 궐내각사의 혼란스러운 배치는 결국 왕으로부터의 거리와 왕의 필요를 동일시하면서 생겨난 배치임을 상기할 필요가 있다. 또한 한양의 도시 공간 구조에서 왕과의 거리를 통해 우열이 결정되는 사례도 살핀바 있다.

건축에서 심리적 거리를 조작하는 방법에는 크게 두 가지가 있다. 하나는 물리적 접근성을 통제해서 심리적 거리를 늘리는 것이고, 다른 하나는 목적지에 도달하기까지 다양한 종류의 영역들을 배치하는 방법이다. 첫 번째 방법은 똑같은 십 리 길이라 하더라도 산길이 평지보다 멀게 느껴지는 심리를 이용하는 것이다. 접근성을 떨어뜨리기 위해서는 장애물을 설치하면 된다. 장애가 될 수 있는 물체의 양상은 아주 다양할 것 같지만 사실은 딱 두 가지다. 하나는 담장 같은 것을 세우는 것이고, 다른 하나는 도랑 따위를 파는 것이다. 그런데 담장이라고 해서 다 같은 담장이 아니다. 담장도 높이에 차이가 있을 수 있다. 보통 담장이라고 하면 성인의 키 높이 이상이다. 이 경우는 담장에 가로막혀 담장 너머로 접근할 수도 없으며 그 너머가 보이지도 않는다. 이것보다 조금 낮아서 담장 너머가 보이기는 하지만 넘어갈 수 없는 높이도 있다. 대략 가슴 높이쯤 되는 담장이 이런 역할을 한다. 이보다 더 낮은 담장도 있을 수 있다. 무릎 높이쯤 되는 담장은 그 너머가 보이기도 하고 마음만 먹으면 드나들 수도 있다. 다만 상징적으로 경계를 표시하고 특별한 일이 없으면 넘어오지 말라는 경고 정도에 머무르는 담장이다.

옆의 사진에서 맨 위에 보이는 첫 번째 담장이 가장 흔하다. 집을 안팎으로 구분할 때 이런 담장을 사용한다. 여기서의 '집'은 단순히 살림집만이 아니라 사람이 들어가 사는 모든 종류의 건물을 뜻한다. 이런 담장은 서원과 향교, 양반집, 궁궐에도 있다. 이때 담장은 집의 안팎을 구분하는 용도로만 쓰이지 않는다. 집 안의 여러 영역을 갈라서 심리적 거리를 멀게 하는 데도 사용된다. 이것을 심리적 거리라고 표현한 것은 담장에 문을 달아서 필요하면 선택적으로 출입도 가능하게 했기 때문이다.

두 번째 담장에는 묘미가 있다. 보여주기는 하겠지만 그렇다고 허물없이 다가오지는 말라는 의미의 담장이다. 너무 멀지도 않고 너무 가깝지도 않은 사이다. 이런 담장은 두 개의 상이한 영역이 맞붙어 있을 때, 그것이 너무 섞이지도 않고 그렇다고 별개의 영역으로 동떨어지지도 않게 할 때 사용한다. 전통적인 시골 민가의 담장이 딱 이 높이다. 지금은 외암마을(충청남도), 양동마을(경상남도), 하회마을(경상북도) 등의 전통 마을에나 가야 볼 수 있지만 예전엔 아주 흔한 담장이었다. 물론 예전이라도 모든 민가가 항상 이런 담장을 설치했던 것은 아니다. 옛날 도시 민가의 담장은 시야를 가릴 만큼 높았다. 안이 보이기는 하지만 쉽게 넘을 수는 없는 높이의 담장은 서원과 향교의 내삼문 담장에서도 발견된다. 내삼문을 사이에 두고 갈라서 있는 제사 공간과 교육 공간 사이에서 경계를 이루는 담장의 높이도 딱 서로가 서로의 지붕을 쳐다볼 수 있을 정도다. 이 담장은 구분이 필요하기는 하지만 그래도 하나의 영역이라는 것을 보여준다.

궁궐 담장

성인 키 높이 이상으로, 쉽게 접근할
수도 없고 그 너머가 보이지도 않는다.

민가 담장

전통적인 시골 민가 담장의 대부분이 안을 볼 수 있는
높이로 되어 있다.

내삼문 담장(도동서원)

제사 공간과 학습 공간을 나누면서도 이 둘이 하나의
영역임을 보여준다.

밭을 둘러싼 돌무더기 담장

배타적이지 않은 방법으로 특정인의
공간을 겸손하게 표시하고 있다.

세 번째 담장은 아주 상징적이다. 그도 그럴 것이 안이 다 들여다 보이고 쉽게 넘어갈 수 있기 때문이다. 그래서 그냥 "막 넘어오지는 마세요"라고 말하고 있는 것 같다. 이런 담장 안에는 누가 살고 있을까? 사실 사람이 머무르는 공간을 이런 담장으로 둘러싸지는 않는다. 이 담장 안에는 대개 화초나 채소가 자라고 있다. 화단이나 채마밭의 경계를 표시할 때 많이 사용된다. 양반집 안마당 화단에서 혹은 안채 측면 좁은 마당의 화단에서 이런 담장을 발견할 수 있다. 이 담장은 배타적이지 않은 방법으로 특정인의 공간을 겸손하게 표시한다.

도랑을 파서 심리적 거리를 멀게 할 수도 있다. 도랑의 폭과 깊이를 적절하게 조절하면 담장처럼 미묘한 차이를 만들 수 있다. 겁이 날 정도의 깊이와 절대로 뛰어 건널 수 없는 폭을 가진 도랑과, 마음만 먹는다면 언제든지 건널 수 있는 도랑은 그 느낌이 매우 다르다. 도랑의 깊이와 폭을 조절함으로써 접근성의 정도를 조절할 수 있다. 이것은 도랑을 가운데 두고 마주하는 두 영역 간의 심리적 거리의 크기를 결정하기도 한다. 건너기 어려울수록 심리적 거리는 멀어진다. 그리고 이에 따라 두 영역 간의 우열의 차이도 더욱 분명해진다.

도랑을 파서 심리적 거리를 조절하는 방법은 경복궁 금천의 경우에서 확인한바 있다. 경복궁에서 금천의 위치를 잘 살펴보면, 금천의 용도가 심리적 거리를 조절하기 위한 장치임을 알 수 있다. 혹자는 풍수적인 이유로 물길을 두었다고 주장하는데, 틀린 말은 아니다. 하지만 그와 함께 금천이 심리적 거리를 멀게 하는 도구로 활용되었다는 것도 분명한 사실이다. 금천은 경복궁 서쪽 담장으로 흘러들어와서 남쪽 광화문 옆으로 흘러나가게 되어 있다. 금천이 경계로 가르고 있는 것은 왕의 공간과 신하들의 공간이다. 세자와 왕의 공간 사이에는 금천 같은 것이 없다. 왕의 공간에서 신하의 공간까지의 거리와 세자의 공간까지의 물리적인 거리는 같다. 하지만 심리적으로 볼 때 그 거리는 절대 같을 수 없다. 금천이 신하는 더 멀리, 세자는 더 가깝게 만들어준다.

이제부터는 심리적 거리를 조절하는 두 번째 방법에 대해 알아보자. 물리적 거리가 동일한 상태에서 심리적 거리를 가장 멀게 하는 방법은 두 개의 영역 사이에 성격이 다른 영역들을 배치하는 것이다. 거리는 시간과 밀접한 관계가 있다. 거리가 멀면 그 거리를 지나는 데 소요되는 시간이 길어진다. 반대로 소요되는 시간이 길면 거리가 멀다고 느끼기도 한다. 시간은 절대적이면서도 상대적인 개념이다. 어느날 평소와 달리 아주 많은 사건들이 일어났다고 치면 아마도 그 하루를 보낸 사람은 오늘 하루는 너무 길었다라고 말할 것이다. 시간이 길게 느껴지게 하려면 사건이 많이 일어나게 하면 된다. 사건이 많이 일어나게 하는 것은 건축적으로 매우 용이한 일이다. 건축이란 본래 어떤 공간을 만들어서 특정한 행동이 일어날 수 있도록 하는 작업이다. 그러니 특정한 행동, 사건이 일어날 수 있는 공간, 즉 영역을 만들어 주면 된다. 출발 지점에서 목적 지점에 도달할 때까지의 공간을 몇 개의 작은 영역으로 나누고 그 영역에서 각각 다른 사건이 일어나도록 하면 된다. 이렇게 하면 시간이 길어지고 그에 따라 심리적 거리도 멀어진다.

이 방법을 아주 교묘하게 잘 사용하고 있는 것이 바로 궁궐의 삼문 형식이니 오문 형식이니 하는 것들이다. 앞에서 함께 살펴보았듯이 경복궁은 삼문 형식으로 되어 있다. 각각의 문 앞에는 마당이 조성되어 있다. 그리고 이 마당은 회랑으로 둘러싸여 있다. 이렇게 만든 이유는 회랑으로 둘러싸인 마당에서 각기 다른 사건이 벌어지도록 의도했기 때문이다. 흥례문 앞마당에서는 다양한 신분의 신하들이 대기하고, 근정문 앞마당에서는 회랑을 따라 행진을 하고, 근정전 앞마당에서는 무릎을 꿇고 머리를 조아린다. 이렇게 광화문에서 근정전에 도달하기까지 여러 영역에서 다양한 사건이 일어나게 함으로써 광화문으로부터 근정전까지의 거리는 아주 멀어진다. 이렇게 거리가 멀어지면 멀어질수록 근정전은 더욱 우월해진다. 물론 이는 심리적 거리를 멀게 하는 것뿐이다. 여전히 물리적 통제도 가능하다. 이렇듯 물리적 통제가 가능한 상태에서의 심리적 거리 확장은 특정 위치의 우월함을 강조할 수 있는 대단히 효과적인 방법이다.

방향

방향을 설정할 때는 항상 사람의 시선이나 이동을 함께 고려해야 한다. 시선과 이동이 방향의 의미를 풍부하고 명확하게 해주기 때문이다. 예를 들어 두 사람이 아무것도 없는 우주 공간에 마주 서 있다고 상상해보자. 예를 그렇게 든 것은 그들이 어떤 일정한 배경을 두고 마주하고 있게 되면 배경에 따라서 우열이 갈릴 수도 있기 때문이다. 이 배경과 관련을 일으키는 것이 바로 시선이다. 아무런 배경도 없는 우주 공간과 같은 허공에서 두 사람이 마주하고 있으면 그들의 관계는 대등할 수밖에 없다. 그런데 한쪽에는 그리스신화에 나오는 신이나 로마 황제의 조각상을 가져다놓고, 다른 한쪽에는 노예 조각상을 가져다두었다고 상상해보자. 이 두 사람의 관계는 더 이상 대등해 보이지 않는다. 노예 조각상을 배경으로 서 있는 사람으로부터 황제 조각상을 배경으로 서 있는 사람을 연결하는 축선을 따라 우열의 등급이 매겨진다. 노예 조각상에서 멀수록, 황제 조각상에서 가까울 수록 우월한 위치가 된다.

이동에 따라서도 우열의 방향이 갈린다. 두 사람이 허공에서 마주하고 있다가 한 사람이 다른 한 사람에게 다가가면 우열의 방향이 결정된다. 기다리는 쪽이 우세하고 다가가는 사람이 열세라고 보면 된다. 두 사람이 함께 어딘가로 이동한다고 치자. 어느 쪽에 연장자 혹은 신분이 높은 사람이 서야 할까? 아마도 왼쪽인 것 같다. 그런데 이 두 사람이 아주 높은 사람과 마주 섰다고 치자. 어느 쪽에 연장자가 혹은 신분이 높은 사람이 서야 할까? 이런 경우 왼쪽과 오른쪽의 선택은 가장 서열이 높은 사람을 기준으로 정해진다. 그냥 두 사람이 걸어갈 때는 왼편에 선 사람의 왼쪽이나 오른편에 선 사람의 왼쪽은 동일하다. 그래서 왼쪽에 우세함을 부여하면 혼란 없이 통용된다. 그런데 이 두 사람이 연장자를 만났을 때는 그 연장자를 기준으로 좌우가 우열로 구분된다. 두 사람이 형성하는 대열의 오른쪽이 마주친 연장자에게는 왼쪽이 된다. 그래서 이 경우에는 대열을 기준으로 보면 오른쪽이 우세한 방향이 된다. 하지만 연장자를 중심으로 생각해보면 항상 왼쪽이 우세한 방향을 차지하는 것을 알 수 있다.

방향을 정하기 위해서는 기준점이 있어야 한다. 늘 절대적으로 우세한 존재를 기준점으로 잡다 보면 번거롭기도 하고 남우세스럽기도 하다. 굳이 기준점을 정할 필요 없이 항상 절대적인 방향이 있다면 우열을 가리기에 좀 더 편리할 것이다. 뿐만 아니라 좀 더 절대적인 느낌을 얻을 수도 있다. 동서남북이 바로 그렇다. 동서남북은 어디서나 동일하다. 물론 동서남북도 지구의 축이라는 기준점을 이용하고 있기 때문에 절대적인 방향은 아니지만, 지구의 자전축은 여타의 다른 어느 기준점보다 오래되었고 앞으로도 계속 유효할 것이다. 그렇기에 동서남북은 적어도 좌우 개념보다는 절대적인 가치와 의미를 획득한다.

건축에서는 이렇게 시선의 방향과 이동 방향 그리고 좌우와 동서남북을 이용해서 우열을 정한다. 시선의 방향과 이동의 방향은 함께 어울리는 경우가 많은데 궁궐의 율선이 대표적인 사례다. 율선은 기준축이라고 보면 된다. 경복궁을 예로 들자면 광화문, 흥례문, 근정문으로 이어지는 축선이 바로 율선이다. 율선은 시선과 이동의 방향이다. 즉 시선의 방향에서 가장 고귀한 장소라고 할 수 있는 최종 목적지에 가까워질수록 우세함을 얻는다.

대체로 우세한 것으로 여겨지는 방향은 왼쪽이다. 좌의정이 우의정보다 높은 직책인 이유는 왼쪽을 더 높은 쪽으로 보기 때문이다. 경복궁을 보면 오른쪽보다 왼쪽을 높게 치는 것을 알 수 있다. 왕이 있는 공간을 중심으로 왼쪽에 세자의 공간을 두고 오른쪽에 신하의 공간을 둔다. 세자의 공간은 동궁이고 신하들의 공간은 궐내각사다. 한편으로 세자의 공간이 신하의 공간에 비해서 우세한 까닭은 왕의 왼쪽이 아니라 동쪽에 있기 때문이라고 말할 수도 있다. 우리나라에서는 전통적으로 동쪽을 서쪽보다 우세한 방향으로 여겨왔다. 그래서 세자의 공간을 동쪽에, 신하의 공간을 서쪽에 두었을 것이다.

또한 왕은 항상 남쪽을 면하도록 자리를 잡는다. 동양의 전통적인 예법에서 왕은 남면하고 신하는 북배하게 되어 있다. 이렇게 왕이 남면하도록 방향을 고정하면 왕의 왼쪽은 항상 동쪽이 된다. 결과적으로 왕의 왼쪽과 동쪽은 동일하다. 좌우 혹은 동서남북이라는 방향을 이용한 우열의 구분은 궁궐 곳곳에서 찾을 수 있다. 앞서 근정문의 동문인 일화문은 문신들이 사용하고, 서문인 월화문은 무신들이 사용하도록 했다는 사실을 이야기한바 있다.

좌우를 따져서 우세한 방향과 그렇지 못한 방향을 구분하는 것은 예나 지금이나 매우 중요하다. 아마도 좌우를 따지는 시시비비로는 병호시비가 가장 유명한 예가 될 수 있을 것이다. 병호시비는 병파와 호파 간에 붙은 시비를 일컫는다. 병파는 병산서원에 속하는 유림의 일파이고, 호파는 호계서원에 속하는 유림의 한 집단이다. 이들의 시시비비는 1620년부터 시작되었다. 그해 퇴계 이황을 종향으로 모시는 호계서원(당시 여강서원, 후에 사액을 받으면서 호계서원으로 명칭이 변경되었다)에 퇴계 밑에서 수학한 서애 유성룡과 학봉 김성일의 위패를 모시게 되었는데 누구의 위패를 퇴계 선생의 왼쪽에 둘 것인가를 두고 논쟁이 붙었다. 퇴계 선생의 왼쪽을 차지하는 쪽이 서열이 높은 제자가 되기 때문에 서애와 학봉의 제자들이 서로 자기 스승이 높은 자리, 즉 퇴계 선생의 왼쪽에 배향되어야 한다고 주장한 것이다. 서애와 학봉 간의 서열 시비가 발생한 이유는 관직은 서애가 높으나 나이는 학봉이 더 많았기 때문이다. 관직으로 보면 서애가 퇴계의 왼쪽을 차지하는 것이 마땅했고, 장유유서를 강조하는 유교적 질서로 보면 나이가 많은 학봉이 서열 높은 자리를 차지하는 것이 마땅했다. 당시에는 관직이 높은 서애가 일단 퇴계의 왼쪽을 차지했지만 시비는 끊이지 않았다. 결국 퇴계와 서애, 학봉의 위패를 서로 다른 서원에 모시는 것으로 시비는 일단락됐다. 그리고 2009년 호계서원 복원과 함께 이분들의 위패 문제로 다시 병호시비가 불거졌다.[*] 우세한 방향을 차지하기 위한 시비가 400년 가까이 이어지고 있는 것이다.

좌우의 문제는 용도와 크기가 비슷한 두 공간을 인접해서 배치할 때 흔히 발생한다. 현대 건축물에서는 대표적인 예로 남녀 화장실이 있다. 큰 건물에서 남녀 화장실은 건물 한편에 붙어 있거나 또는 코어(엘리베이터, 계단, 공조기계실 등이 한곳에 집중되어 있는 부분)를 중심으로 양쪽으로 나뉘는 경우가 대부분이다. 이때 좌우를 결정하기 위해선 기준이 필요하다. 화장실에 들어갈 때와 나올 때의 좌우가 다르기 때문이다. 들어갈 때와 나올 때, 두 가지 경우 중 언제가 더 의미가 있을까? 화장실이 그 건물에서 매우 중요한 요소와 함께 배치되었다면 나올 때의 방향이 더 중요하다. 경복궁에서 근정전에 들어가는 문의 중요도를 판단할 때 근정전이 그 기준이 되었음을 떠올리면 된다.

그런데 화장실은 근정전으로 들어가는 문과는 다르다. 근정전처럼 다른 중요한 공간과 함께 고려되는 대상이 아니라는 뜻이다. 이런 경우라면 들어갈 때 방향이 더 중요하다. 이제 기준이 정해졌다. 들어갈 때를 기준으로 왼쪽에는 남녀 화장실 중 어떤 것을 배치해야 할까? 특별한 기능상의 문제만 없다면 대체로 왼쪽에 남자 화장실이, 오른쪽에 여자 화장실이 있는 것을 발견할 수 있다. 이것은 건축가들이 왼

쪽이 우월한 방향임을 인지하고 의도한 것이 아니다. 지금은 건축설계를 가르치는 어느 학교에서도 좌우를 구분해서 어느 쪽이 우월한지를 가르치지는 않는다. 건축설계는 선례를 참조하는 일이 많은데, 이 과정에서 예전의 방식을 따른 결과라고 추측할 수 있다. 그렇다면 예전에는 왜 남자 화장실을 왼쪽에 두었는가? 짐작건대 남자와 여자의 우열 관계에 민감했던 옛날에는 좌우 구분으로써 남성의 지위를 강조한 듯싶다.

행동 강제 장치

건축 공간은 사람의 필요에 의해 존재한다. 그러니 건축 공간은 사람에게 필요한 행동이 일어날 수 있는 구조와 크기를 갖추고 있다. 그런데 이 반대도 성립한다. 건축 공간의 구조와 크기를 특별하게 함으로써 특정한 행동이 일어나게 할 수 있다. 사람이 눕지 못하게 하려면 가로 세로가 1미터 정도 되는 좁은 방을 만들면 된다. 아무리 눕고 싶어도 이 공간에선 누울 수가 없다. 또 사람을 누워 있게만 하려면 천장 높이를 1미터 남짓하게 만들면 된다. 조금은 억지스러울 수도 있지만 마음만 먹는다면 공간을 조작해서 어떤 행동이든 유발할 수 있다. 하지만 건축은 이렇게 억지스러운 공간을 만들어서 특정한 행동을 강제하지는 않는다. 이보다 은근한 방법으로 행동을 유발하는 것이다. 사람을 누워 있게 하고 싶으면 가로가 길고 세로가 짧은 창을 낮은 높이에 설치하면 된다. 그 창 너머에 좋은 풍경이 펼쳐져 있다면 효과는 더욱 좋다. 그리고 서 있게 하려면 반대로 창을 높은 곳에 설치하고 서 있기에 불편하지 않을 가구를 배치하면 된다.

건축은 사람의 움직임도 제어할 수 있다. 사람이 빠르게 지나가게 하려면 이동 통로의 일부를 좀 어둡고 좁게 만들면 된다. 대개 사람들은 이런 공간에 오래 머물고 싶어 하지 않기 때문에 자연히 움직임이 빨라지게 된다. 천천히 걷게 만드는 건 더 쉽다. 사람들은 볼 게 많으면 천천히 걷게 된다. 장식품을 배치하거나 외부로 보이는 창 너머로 좋은 풍경을 볼 수 있게끔 하면 된다. 그러면 사람들은 자연스레 천천히 걷게 된다.

건축은 공간을 조작함으로써 문화나 예절, 관습에 걸맞은 신체적 행동을 강제하기도 한다. 시스티나성당 벽화에서 미켈란젤로가 후광을 이용해 사람들로 하여금 신을 똑바로 쳐다보지 못하게 만든 것과 같은 원리다. 간단히 말해서 공손한 태도를 강제하는 것이다. 공간을 조작해서 성큼성큼 걷기보다는 천천히 조심스럽게 걷게 만들고, 고개를 바짝 쳐든 당당한 태도보다는 고개를 약간 숙이는 태도를 택하게 한다. 눈을 똑바로 쳐다보지 못하게 만들고, 자유롭게 움직이게 하기보다는 행동거지를 조심스럽게 만든다.

흔히 볼 수 있는 계단보다 약간 더 급한 경사를 만들고 디딤판의 폭이 좁은 계단을 설치하면 천천히 조심스럽게 걷게 할 수 있다. 바로 서원과 향교 내삼문 앞 계단에서 사용되고 있는 방법이다. 고개를 바짝 쳐들고 당당하게 걷지 못하게 하려면 폭이 좁고 높이가 낮은 문을 이용하게 하면 된다. 문의 폭이 좁으면 활개 치고 걷는 것이 불가능해지고, 문의 높이가 낮으면 자연스럽게 고개를 숙이게 된다. 이 방법이 바로 서원과 향교의 내삼문에 적용된다. 언젠가 서원이나 향교에 가면 꼭 확인해보길 바란다.

누워서 밖을 내다보는 창
창밖을 보기 위해서는 눕는
자세를 취할 수밖에 없다.

좁고 어두운 복도
이런 공간에서 대부분의 사람들은
빠르게 지나가려고 한다.

볼거리를 만들어 쉬어가도록 만든 장소
볼거리가 많은 공간은 사람들을 천천히
움직이게 한다.

눈을 똑바로 쳐다보지 못하게 하는 가장 손쉬운 방법은 높이 차이를 두는 것이다. 적당한 높이 차이를 두면 웬만한 무례함을 감수하지 않고서는 높은 위치에 있는 사람을 똑바로 쳐다볼 수 없다. 또 하나 아주 간편한 장치는 발을 치는 것이다. 발을 쳐서 똑바로 쳐다보지 못하게 할 수 있다. 이렇듯 이런저런 방법으로 공손한 태도를 강제할 수 있고, 그런 공간 속에서 오래 살다 보면 공간에 맞는 태도가 저절로 몸에 배지 않을 수 없다. 이런 식으로 아주 자연스럽게 길들여지는 것이다.

문이나 통로가 좀 좁고 불편한 옛날 건물에 들어갔을 때, 옛날 사람의 체구가 작았다고, 혹은 잘못 만든 건물이라고 섣불리 판단하지 않았으면 좋겠다. 옛날 사람의 체구가 지금보다 작을 수는 있지만 현대인과 크게 차이가 날 정도는 아니다. 또한 우리 선조는 문을 잘못 만들 만큼 무능하지도 않았다. 오히려 지금보다 더 정교한 면이 있었다고 해도 무방하다. 전통 한옥에서 불편한 점이 있으면 곰곰이 생각해보자. 문지방은 왜 이리 쓸데없이 높아서 거치적거리게 하는가? 문은 왜 이리 낮은가? 하인방은 왜 이리 높은 것인가? 마당, 토방, 마루, 툇마루 같은 것들은 왜 높이가 이리도 다를까? 불편하기 짝이 없어 보여도 다 이유가 있다. 모두 특별한 행동을 유발하려는 목적이 있는 것이다. 전통 한옥은 이 땅에서 천년 넘게 사용된 장치다. 그 정도 세월이면 아무리 미련한 사람도 필요에 의한 개량을 당연히 시도했을 것이다.

시각적 통제

시각적 통제를 이용해서도 길들이기가 가능하다. 이런 관점에서 특히 궁궐이나 사찰 같은 정치 지배자나 정신적 지도자의 건물이 눈에 띈다. 궁궐은 도시에서 차지하고 있는 자리, 규모, 그리고 형태로 궁궐이 있는 도시에 사는 사람을 특별하게 만들어준다. 대부분의 궁궐은 도시에서 가장 통제력이 강한 곳에 위치한다. 이때 통제력은 시각적 접근과 물리적 접근의 가능성을 아울러 포함한다. 시각적으로 도시 전반을 잘 감시할 수 있는 위치를 점하는 것이다. 즉 궁궐에서는 도시의 곳곳을 속속들이 살펴볼 수 있다. 다른 지역에 살고 있는 사람의 입장에서는 궁궐에 살고 있는 우월한 존재가 언제나 자신들을 감시할 수 있다는 느낌을 받을 수 있다. 즉 궁궐은 시각적 통제력이 뛰어난 장소를 선점함으로써 미셸 푸코가 설명한 원형감옥과 같은 기능을 갖추는 것이다.[*]

건축은 특정 존재의 눈에 잘 띄는 곳을 선택하고, 선택된 장소에서 특정 존재를 잘 살펴볼 수 있도록 공간을 조작한다. 건축에서 시각적 통제는 역시 바닥의 높이를 올리는 일에서 시작된다. 이렇게 해서 더 먼 곳을 바라볼 수 있게 한다. 그다음으로 필요한 것은 시야를 조절하는 일이다. 감시 대상을 용이하게 볼 수 있으면서도, 감시 대상의 시선은 피할 수 있어야 한다. 쉬운 예로 커튼이 있다. 감시가 필요할 때는 커튼을 열고, 그렇지 않은 경우엔 커튼을 닫으면 된다. 커튼

---

[*] 푸코의 원형감옥은 시각적 통제와 권력 간의 관계를 설명하는 유명한 사례다. 미셸 푸코, 『감시와 처벌』, 오생근 옮김, 나남, 2003.

을 조절할 수 있는 권한, 즉 시야 조절의 권한은 감시자에게 있는 셈이다.

차단 장치를 이용한 시야 조절은 차단 장치 양쪽에 동일한 조건을 형성시킨다. 즉 이쪽 편에서 다른 쪽이 보이면 다른 쪽에서도 이쪽 편을 볼 수 있다. A와 B 두 개의 공간이 있다고 하자. A는 감시자의 공간이고 B는 피감시자의 공간이다. A와 B 사이에 시선 차단 장치를 어떻게 설치하든 A에서 B가 보이면 B에서도 A가 보인다. 상호 동등하다. 물론 일방향 유리를 이용하면 A는 B를 볼 수 있지만 B는 A를 보지 못한다. 그런데 이는 그냥 장치를 사용하는 것뿐이다. 건축적인 작업이라 할 수 없다. 건축의 기능을 더 자세히 알아보면 좀 더 교묘한 시야 조절이 가능하다는 것을 알 수 있다. 건축은 장치가 아니라 공간을 조작해서 문제를 해결하는 작업 과정이다. 그러니 일방향 유리나 감시 카메라 같은 것은 일단 잊어버려도 좋다.

건축적 해결은 이렇다. 우선 공간 A를 살펴보자. A에는 작은 공간들이 포함될 수 있다. 거실을 예로 들어 설명하자면 이렇다. 거실은 하나의 공간 A가 될 수 있다. 그런데 그 안에는 소파가 놓인 작은 공간과 텔레비전이 놓인 작은 공간이 포함돼 있다. 이렇게 하나의 공간은 작은 공간 몇 개로 나누어 생각할 수 있다. 특히 머무는 시간이라는 측면에서 보면, 머무는 시간이 긴 공간과 상대적으로 짧은 공간이 있을 수 있다. 이것은 공간 B도 마찬가지다. 공간 B에도 머무는 시간이 긴 공간과 짧은 공간이 있을 수 있다. 이때 공간 A에서 머무르는 시간이 긴 곳에 시선 차단 장치를 설치하고 머무는 시간이 짧은 곳은 시선을 열어두면 된다. 공간 A의 감시자는 머무는 시간이 긴 곳에서는 공간 B의 시선을 피할 수 있고, 머무는 시간이 짧은 공간에서는 공간 B를 감시할 수 있다.

아파트 단지를 떠올리면 쉽게 이해할 수 있다. 우리나라의 아파트는 대부분 남향으로 배치된다. 그리고 당연히 거실처럼 머무는 시간이 긴 공간이 남쪽에 위치한다. 반면 머무는 시간이 상대적으로 짧은 부엌이나 식당은 북향으로 배치되기 마련이다. 이러다 보니 아파트 단지에서 남북으로 놓여 있는 두 동은 자연스레 감시자와 피감시자 관계가 된다. 남쪽 동은 베란다에서 북쪽 동 아파트의 거실을 쉽게 들여다볼 수 있다. 다시 말해 남쪽 동은 생활에 아무 불편이 없지만 북쪽 동은 머무는 시간이 긴 거실에서의 활동이 남쪽 동에 노출되기 때문에 사생활 침해를 받을 가능성이 커진다. 이러한 관계를 적극적으로 조작하면 효과적인 시각적 통제가 가능하다.

양반집에서는 이러한 수평적 차원에서의 시각적 통제가 효과적으로 사용된다. 사랑채는 온돌방과 마루로 구성되는 경우가 대부분이다. 온돌방은 타인의 시각적 감시를 차단할 수 있다. 반면에 마루는 부분적으로는 타인의 시각적 감시에 노출되지만 또한 타인을 적극적으로 감시할 수 있다는 특징이 있다. 즉 온돌방에서는 타인에게서 자신을 감추어야 할 정도의 은밀한 일을 하고, 마루에서는 타인에게 보여도 될 일을 주로 한다고 보면 된다. 만약에 마루에서 타인에게 보이기 꺼려지는 일을 해야 한다면 분합문(分閤門)을 설치하면 된다. 분합문은 일반적인 문과 달리 좌우로 접어서 일부를 열어놓을 수 있고, 필요하다면 문 전체를 위로 들어올려서 전체 면을 개방할 수도 있다. 시각적 개방감을 극대화하고 통풍을 가장 효율적으로 할 수 있는 문이다.

　다수의 공간이 존재할 때 이들 간의 우열 차이는 시각적 통제권이 어디에 있느냐에 따라서 일부 결정된다. 두 개의 공간이 있다고 하면 이 중에서 시각적 통제권을 가지고 있는 공간이 우월하다고 볼 수 있다. 양반집 행랑마당에 서 있는 하인과 사랑채 누마루에 앉아 있는 양반을 생각해보자. 고개를 바짝 치켜들지 않는 한 하인은 양반을 볼 수 없다. 시각적 통제권은 전적으로 양반 주인에게 있다. 이로써 양반 주인은 우월한 위치를 확보하고 보호받을 수 있다. 양반집 사랑채가 시각적 감시권을 독점하고 있는 것도 같은 맥락에서 이해할 수 있다. 사랑채에서는 행랑채도, 안채로 들어가는 중문간도, 그리고 담장 너머까지도 감시가 가능하다. 다른 공간에 비해서 우월한 시야를 확보하고 있는 사랑채 공간은 그곳을 차지하고 있는 사람에게 신분적 우세

분합문(윤증 고택 사랑채)
시각적 개방감과 자연 통풍을 극대화할 수 있는 문이다.

를 제공한다.

시각적 통제와 함께 고려해야 하는 것이 바로 물리적 접근성이다. 물리적 접근을 통제할 수 없다면 시각적 통제의 의미는 사라진다. 그 반대로 시각적 통제가 전제되지 않는다면 물리적 통제 또한 아무런 의미가 없다. 언제 물리적 통제를 시작해야 할지 알 수 없기 때문이다.

영역 꾸미기

특정 공간에 우열을 부여하려면 우선 전체 공간을 몇 개의 작은 공간으로 나눠야 한다. 이렇게 나눠지는 공간은 객관적 관찰 대상이 아니라 누군가의 생활 공간이 된다. 그리고 그 장소의 범위를 좀 더 구체적으로 확정하면 영역이 된다. 즉 전체 공간을 구성하는 개별 영역이 있어야 그들 간의 우열을 가릴 수 있다. 그래서 건축에서 가장 먼저 해야 하는 작업은 전체 공간을 작은 영역으로 쪼개는 일이다.

그다음 단계에서 해야 할 일은 하나의 영역과 또 다른 영역이 특별한 관계를 맺게 하는 것이다. 이때 맺는 관계에 따라서 두 영역 간의 우열이 결정된다. 특히 하나의 영역을 다른 영역보다 우월하게 만들려면 '높이', '거리', '방향', '행동 강제', '시각적 통제'가 필요하다.

앞에서 설명했듯이 높이에 차이를 두면 대개는 높은 쪽에 있는 영역이 낮은 쪽에 있는 영역보다 우월해진다. 또한 두 영역 간의 거리를 멀게 할수록 그 둘의 우열의 차이가 커진다. 물론 이때 거리가 너무 멀면 둘이 아무 관계도 아닌 게 될 우려가 있으므로 주의해야 한다.

좌우의 관계에서는 좌측이 우월하다. 그리고 동서남북의 관계에서는 동쪽이 서쪽보다 우월하고, 남쪽을 보고 앉는 것이 북쪽을 바라보는 것보다 우월하다. 이렇게 우월한 방향에 우월하게 만들고 싶은 공간을 배치하면 된다. 행동 강제는 건축적 공간을 조작해서 그 공간을 사용하는 사람이 공손한 태도를 가지도록 의도하는 것이다. 시각적 통제는 참으로 미묘하면서도 강력한 효과가 있다. 우월하게 만들고 싶은 공간에 시각적 통제권을 부여하면 된다. 감시자와 피감시자의 관계에서는 감시자 쪽이 항상 우월한 위치를 차지하기 때문이다.

두 개 이상의 영역이 모여 있을 때 영역 간에 우열의 차이를 두기 위해서는 우선적으로 영역을 구성할 필요가 있고, 그다음으로 영역 간에 특별한 관계를 설정해줄 필요가 있음을 알았다. 그렇다면 그다음에는 무엇을 할 수 있을까? 다시 미켈란젤로의 시스티나성당 벽화로 돌아가보자. 미켈란젤로는 신을 인간보다 크게 그렸다. 그리고 신에게 좀 더 좋은 옷과 장신구를 제공했다. 이러한 기법은 건축에서도 똑같이 적용된다. 우월함을 부여하려는 영역을 크게 만들고, 그 영역을 장식하는 것이다.

규모

궁궐이 다른 영역보다 특별한 곳임을 알리는 또 하나의 장치는 그 규모다. 크다는 것은 두 가지 의미를 내포하는데, 평면적으로 넓다는 것과 수직적으로 높다는 것이다. 궁궐은 넓이와 높이로 도시의 주변 지역을 단연 압도한다. 사람들은 흔히 큰 것에 대해 경외심을 갖는다. 비록 과학기술의 발달로 오늘날에는 그것이 조금 희석되기는 했지만,

규모를 크게 하는 것은 여전히 우월함을 표현하는 데 매우 효과적인 방법이다. 궁궐의 규모에서 느껴지는 압도감, 그와 더불어 자연스레 우러나는 경외심에 대해선 의심할 여지가 없다.

그런데 21세기 서울에 사는 사람의 입장에서는 경복궁이나 창덕궁 같은 궁궐 건축물이 그다지 커 보이지 않을 수도 있다. 수평적인 넓이에서라면 몰라도 적어도 수직적 높이 측면에서는 이 궁궐들보다 수십 배는 높은 건물들이 부지기수인 까닭이다. 그러니 궁궐의 규모를 실감하려면 눈을 감고 지금 서울에 있는 모든 고층 건물을 머릿속에 잠시 잊어야 한다. 눈을 감고 궁궐 주변에 아주 나지막한 작은 기와집들이 들어차 있는 광경을 떠올려보라. 그러면 궁궐의 규모가 주는 압도감과 경외감의 크기를 조금은 더 느낄 수 있을 것이다.

아래 사진은 1900년경 광화문의 모습이다. 광화문의 규모를 주변 건물 또는 광화문을 지나는 사람의 크기와 비교해보라. 광화문과 경복궁의 규모가 당대 사람들에게 어떻게 비춰졌을지 짐작하기는 그리 어렵지 않을 것이다.

1900년경 광화문의 모습
광화문이 그 당시 사람들에게 어떤
규모로 다가왔을지 짐작할 수 있다.

사실 경복궁의 규모는 어마어마하다. 그러나 요즘에는 경복궁을 대단히 큰 궁궐이라고 생각하는 사람은 별로 없는 것 같다. 어떻게 표현해야 사람들이 경복궁의 규모가 어마어마하게 크다는 사실을 수긍할 수 있을까?

아래 사진은 동일한 축척으로 만들어본 경복궁과 자금성의 평면이다. 이 사진에서 알 수 있듯이 경복궁은 자금성보다 분명히 작다. 경복궁은 가로 세로 길이가 각각 560미터, 870미터 정도다. 반면에 자금성은 가로 세로 길이가 750미터, 960미터 정도가 된다. 경복궁이 자금성에 비해 작기는 하지만 그리 큰 차이가 아니다. 그럼에도

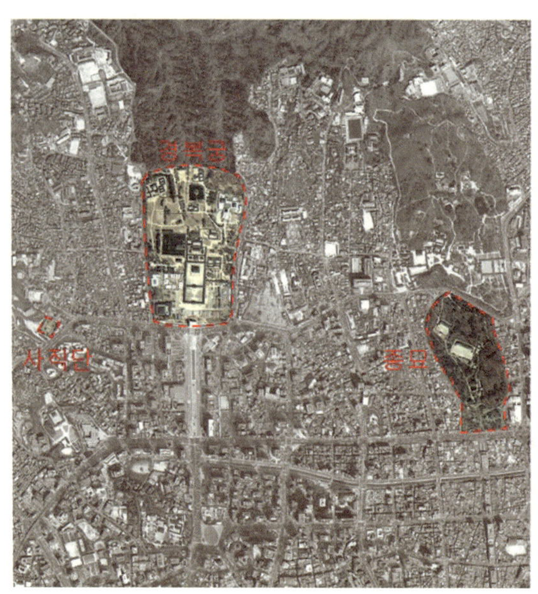

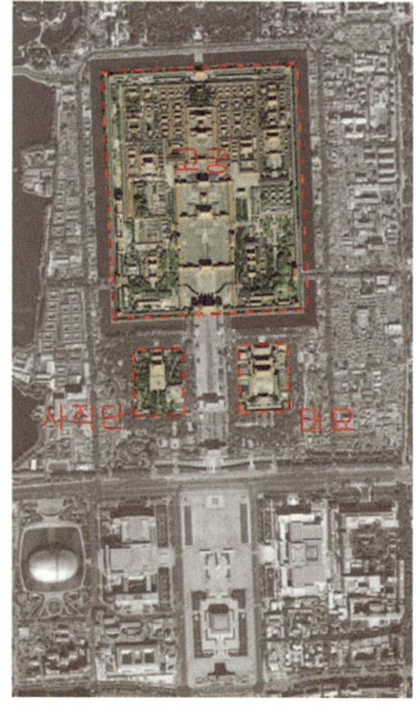

경복궁(왼쪽)과 자금성(오른쪽)의 규모 비교 사진
궁궐의 면적만 보면 자금성이 경복궁보다 꽤 커 보인다. 하지만 경복궁 면적에 종묘와
사직단의 면적을 합하면 자금성과 큰 차이가 나지 않는 것을 알 수 있다.

사람들은 자금성이 경복궁보다 월등하게 크다고 알고 있다. 이런 오해는 경복궁의 정문인 광화문에 해당하는 자금성의 문을 천안문으로 알고 있는 데서 비롯한다. 중국 황제에게 이르는 오문 형식과 조선 왕에게 이르는 삼문 형식의 차이를 고려한다면 분명 광화문에 해당하는 자금성의 문은 오문이다. 그런데도 대부분의 사람들은 자금성이 천안문부터 시작되는 줄 알고 자금성이 경복궁보다 엄청나게 크다고 믿고 있다.

하지만 실상은 다르다. 천안문과 오문 사이에는 궁궐 전각이 아닌 사직단과 태묘가 자리 잡고 있다는 사실에 주목해야 한다. 천안문에서 오문으로 향하는 축의 서편에 자리 잡은 사직단은 가로와 세로 길이가 205미터, 266미터로 면적은 54,530제곱미터다. 오른쪽에 자리 잡은 태묘는 공식 면적이 14만 제곱미터다. 자금성에는 궁궐과 태묘 그리고 사직단이 같이 있지만, 경복궁에는 사직단과 종묘(중국의 태묘에 해당)가 따로 떨어져 있다. 자금성의 규모가 경복궁보다 훨씬 더 크게 느껴지는 데는 이런 이유도 있는 것이다. 그런데 정작 종묘와 사직단의 면적을 합쳐보면 경복궁의 면적은 자금성에 못지않다. 특히 종묘의 규모는 태묘보다 더 크다.[*]

높이는 어떠한가? 일단 이 두 개의 궁궐에는 건물들이 무수히 많다. 어느 건물을 기준으로 비교해야 할까? 궁궐의 첫인상을 결정하

---

[*] 경복궁의 규모는 구글어스에서 계측했고, 자금성의 규모는 바이두바이커(百科)의 자료를 사용하였다.

광화문(왼쪽)과 오문(오른쪽)
오문의 높이를 극대화하는 기단부와 좁은 광장을 고려하면 두 문의 실제 높이 차이는 그리 크지 않다.

는 출입문과 궁궐에서 가장 중요한 전각의 높이를 따져보는 게 좋겠다. 경복궁은 주출입구가 광화문이고, 자금성의 경우엔 오문이다. 광화문은 높이가 19미터 정도이고, 오문은 높이가 38미터 정도다. 오문이 상당히 높다. 이것도 자금성이 경복궁보다 훨씬 더 큰 궁궐이라고 생각하게 만드는 요인 중 하나일 것이다. 그런데 사실 오문은 기단부의 높이가 상당하다. 기단 높이가 12미터에 달하고, 건물 자체의 높이만 보면 26미터다. 결국 오문과 광화문의 높이 또한 그리 크게 차이가 나지 않는 것이다.

오문이 광화문에 비해 더 높아 보이는 데는 두 건물 앞 광장의 넓이와도 관련이 있다. 각 건물 앞의 광장을 비교하면 오문 앞 광장이 광화문 앞 광장(광화문 앞 광장을 건설하기 전에는 세종로)보다 더 좁다. 이렇게 좁은 광장이 오문의 높이를 부각시킨다. 반면에 더 넓은 광장에 자리잡고 있는 광화문은 상대적으로 크기가 작아 보인다. 결국 기단부 높이를 제외하고 전면 광장의 특성을 고려해보면 자금성의 오문이 경복

궁의 광화문보다 그리 크지 않다는 것을 알 수 있다.[*]

이번에는 궐내의 주요 전각 높이를 비교해보자. 경복궁의 주전각은 근정전이고, 자금성의 경우엔 태화전이다. 근정전은 높이가 34미터, 태화전은 36미터가 채 안 된다. 태화전이 근정전보다 아주 조금 높다. 그런데 여기에도 허수가 있다. 태화전은 기단부 높이만 8미터가 넘는다. 물론 근정전도 월대가 있기는 하지만 이 정도로 과장된 기단부는 아니다. 결국 기단부를 제외하고 건물 자체의 높이만 비교하면 오히려 근정전이 더 높다.[**]

경복궁과 자금성의 규모를 비교했을 때, 자금성이 경복궁보다 크다고 할 수 있는 근거는 오문의 높이뿐이다. 그리고 그것조차도 천안문 앞 광장의 크기 덕분이다. 물리적 규모에서 경복궁과 별반 다르지 않은 자금성을 막연히 훨씬 더 클 거라고 지레짐작하는 이유는 우리는 소국이고 중국은 대국이라는 문화적 선입견에서 찾아야 할 듯하다.

규모가 우열 결정에 큰 역할을 하는 좋은 예로 현대자동차 양재동 사옥이 있다. 양재동에 있는 현대자동차 계열 사옥은 두 동으로 이루어져 있다. 그중 하나는 2000년에, 다른 하나는 2006년에 지어진 것이다. 2000년 당시 풍수지리적으로 아주 좋은 명당이라는 평이 있었는데, 실제로 사옥 신축 이후에 현대자동차가 하는 일마다 잘 풀린 모

---

[*] 광화문의 높이는 〈한겨레〉 2006년 2월 16일자 기사에서 인용했고, 자금성 오문의 높이는 바이두 바이커의 자료를 사용하였다.

[**] 근정전의 높이는 〈세계일보〉 2005년 3월 31일자 기사에서 인용했고, 자금성 태화전의 높이는 바이두 바이커의 자료를 사용하였다.

현대자동차 양재동 사옥
똑같은 형태의 건물을 부피만 1.5
배 늘려놓은 모습이 조금은 우스
꽝스러워 보일 수도 있으나 규모
가 우열 결정에 어떤 영향을 미
치는지를 보여주는 단편적인 사
례라 할 수 있다.

양이다. 그러다 보니 정말 자리 덕이라는 말이 돌았다. 이후 2006년에 한 동을 더 추가했는데 재밌게도 기존 건물과 똑같은 형태에 크기만 1.5배쯤 불려놓았다. 기존 건물과의 조화를 위해 형태를 똑같이 한 것까지는 이해가 된다. 그런데 똑같은 형태에 크기, 특히 부피만 늘려놓아 모양새가 좀 우스꽝스러워 보이는 면도 있다. 신축 동을 지을 당시 자칫 이상해 보일 수도 있음을 아예 예상 못하지는 않았을 것이다. 그럼에도 지금과 같은 형태로 건축된 것은 큰 건물을 모기업이라고 할 수 있는 현대자동차에서 사용하고, 작은 건물을 기아자동차에서 사용하기 때문이다. 아무래도 모기업 건물이 조금이라도 커야 된다고 판단했던 모양이다.

건축 규모에 민감하게 반응한 사례는 또 있다. 서울 서초동에 나란히 서 있는 법원과 검찰청 건물이다. 이 두 건물을 설계할 때 법원과 검찰청이 서로 자기편의 건물 크기가 더 작을까봐 예민하게 굴었다고 한다. 법원과 검찰청 간의 서열 다툼이 건물의 크기를 결정하는

서초동 법원과 검찰청(왼쪽)과 목포지방법원과 광주지방검찰청 목포지청(오른쪽)
법원과 검찰의 건물이 크기나 방향 면에서 서로 지지 않으려고 앞다투어 앞으로 나오려는 듯하다.

데로 번진 셈이다. 조금이라도 더 커야 서열이 더 높다고 생각한 까닭이다. 특히 신분이나 관직의 높이에 따라 집의 크기를 규제하던 옛날을 떠올리면 규모가 서열을 반영한다는 것을 알 수 있다.

법원과 검찰청 건물에는 크기뿐만 아니라 방향의 문제도 개입되어 있다. 크기도 상대적으로 작아서는 안 되지만 자기편 건물이 상대 건물에 비해 뒤로 물러나 있어도 안 된다고 강조했다고 한다. 두 개의 건물이 나란히 서 있을 때 상대적으로 뒤로 물러난 건물은 앞에 있는 건물을 뒤따르는 형국이 된다. 결국 서열이 낮은 건물로 보일까 우려했기 때문이다. 그래서 법원과 검찰청 건물은 똑같은 선상에 나란히 서 있다.

지방에 있는 법원과 검찰청도 이와 비슷한 행태를 보인다. 목포지방법원과 광주지방검찰청 목포지청이 그중 하나다. 법원 건물과 검찰청 건물이 서로 지지 않으려는 듯 배치된 모양이 금세 앞으로 튀어나올 태세다. 물론 크기도 비슷하다. 다만 법원과 검찰청의 업무가 서로 다르다는 것을 표현하려 했는지 모양과 재료, 그리고 색상만을 약간 달리했을 뿐이다.

규모가 큰 건축물은 상대적으로 그렇지 못한 것들보다 우월한 존재가 된다. 그리고 규모가 큰 건축물을 차지한 대상은 손쉽게 그만큼 우월한 위치를 확보할 수 있다. 교회나 신전의 주인인 신이 인간보다 훨씬 더 우월한 위치를 차지하는 것과 같다. 건축이 만들어준 우월함을 이용해서 다른 이들을 아주 효과적으로 길들일 수 있는 것이다.

장식

영역을 만들고, 영역 간 특별한 관계를 설정하고, 영역 자체를 크고 웅장하게 만든 다음의 과정이 장식이다. 장식이란 원래의 기능이나 속성에 무엇을 추가하는 일이다. 따라서 장식을 한다고 해서 기능이나 속성이 달라지지는 않는다.

건축에서 장식은 두 가지 방법으로 가능하다. 우선 영역을 구축하는 데 들어간 재료 자체를 활용하는 방법이다. 방법은 아주 간단하다. 비싼 재료를 사용하면 된다. 비싼 재료를 사용하는 것 자체가 우월한 존재임을 강력하게 드러낸다. 건축물이 세워지는 지역에서 나지 않는 돌을 사용한다든지, 심지어는 황금을 입히는 일이 바로 그것이다. 가령 인도의 타지마할은 장식을 위해 세계 각지에서 구한 보석들을 사용했다. 또한 예루살렘의 황금사원은 금칠을 해 비싼 장식을 뽐내고 있다. 이렇게 구하기 힘들고 값비싼 재료만으로도 훌륭한 장식이 가능하다.

또 다른 방법은 형상을 꾸미고 색채를 가미하는 것이다. 복잡한

타지마할(왼쪽)과 황금사원(오른쪽)
비싼 재료를 사용하거나 복잡한 형상, 다양한 색채를 통해 건물의 우월함을 나타낼 수도 있다.

형상일수록 우월한 지위를 상징한다. 복잡한 형상은 기술력과 노동력이 뒷받침돼야 만들 수 있다. 즉 우수한 기술과 노동력을 동원할 수 있다는 사실이 우월한 존재임을 입증한다. 복잡한 형상에 색채를 가미하면 장식은 더욱 화려해진다. 우월함을 드러내는 게 목적이라면 다양한 색을 쓸수록 더 유리하다. 색을 내는 안료도 비쌀수록 좋다. 이때 건축물이 지어지는 도시에서 구할 수 없는 안료를 쓰면 더 효과적이다. 이것 또한 경제적 능력과 권력을 보여주는 방법이다. 반론이 있을 수도 있지만, 대체로 복잡한 형상과 현란한 색채가 장식의 가치를 결정한다고 볼 수 있다.

하지만 값비싼 재료와 지나치게 복잡한 형상, 과도한 색채 사용은 조화롭지 않다거나 품격이 없다는 혹평을 받기도 한다. 조화와 품격을 강조하는 입장에서는 때로 아주 절제된 장식, 즉 단순하지만 격이 있고 조화가 잘 이뤄지는 장식을 선호한다. 건축에서 이런 태도는 특

히 근대 이후에 두드러진다.[*]

로코코양식[**]의 가구와 근대 양식의 가구를 비교하면 금방 알 수 있다. 로코코양식은 형태도 복잡하고 다양한 색채를 사용한다. 물론 가구의 베이스를 구축하는 재료도 비싸다. 거기에 덧입혀지는 색채도 마찬가지다. 반면에 근대 양식의 가구는 형태가 단순하고, 색채도 매우 단조롭다. 근대 양식을 추구하는 사람들은 로코코양식을 너무 과하고 조화롭지 못하다고 비난한다. 과도한 장식을 배격하고 단순한 장식의 아름다움에 처음 눈을 뜬 사람들은 지식인 계층이었다. 대부분 비평가들이 나서서 주장한 것이라고 봐도 무방하다. 그리고 지식인 계층의 선호가 점차 일반 사람들에게 널리 퍼져나가게 된다. 결국 단순한 것의 아름다움이 복잡한 형상과 색채의 장식을 누르고 우위의 자리를 차지하게 된다.

그런데 정말로 단순한 것이 복잡한 것보다 아름다운 것일까? 혹시 강요된 미적 취향은 아닐까? 화려함이 돋보이는 다보탑과 단순미가 돋보이는 석가탑을 예로 들어보자. 흔히 복잡한 형태의 장식을 지닌 다보탑보다 단순하면서 균형 잡힌 석가탑이 더 아름다운 것으로 알려져 있다. 이는 다음과 같은 상황을 불러오기도 한다. 즉 다보탑을 선호하는 사람은 취향이 세련되지 못하거나 교양이 부족한 사람으로 취

---

[*] 근대 건축에서는 기능에 충실하고 장식을 배제한 건축이 건강하고 아름다운 것으로 받아들여졌다. 윤재희, 『국제양식의 건축』, 세진사, 1995.

[**] 로코코양식은 바로크양식과 신고전주의양식 사이에 나타난 장식 스타일이다. 바로크 장식의 정교함과 풍부함이 한층 강화된 양상을 보인다. 화려한 곡선 장식이 애용되었다. 자세한 내용은 아르놀트 하우저 참고. 아르놀트 하우저, 『문학과 예술의 사회사 3』, 반성완 · 백낙청 · 염무웅 옮김, 창작과비평사, 1999.

급받을 수 있다. 석가탑의 아름다움은 그냥 알거나 쉽게 느낄 수 있는 것이 아니기 때문이다. 석가탑의 아름다움을 느끼기 위해서는 세련된 취향이 필요하다. 즉 어느 정도 교양이 있어야 한다. 그러니 석가탑이 다보탑보다 아름답다고 진심으로 느낄 수 있는 사람은 세련되고 교양 있는 사람으로 인정받는다. 아름다움을 느낄 수 있는가의 여부가 곧 그 사람의 교양을 드러내는 기준이 되는 것이다. 짐작건대 다보탑보다 석가탑이 더 아름답다는 쪽으로 대세가 기울어진 데는 이런 과정이 있지 않았을까 싶다.

아무래도 일반인들로서는 만들기 어려운 복잡한 형상이나 눈길을 한번에 사로잡는 화려한 장식이 더 끌릴 것이다. 단순한 장식의 의미를 이해하거나 즐기기 위해서는 어느 정도의 배경지식이 필요하다. 그렇지만 즉각적으로 즐기는 데는 역시 화려한 장식이 더 효과적이다. 자신의 부와 권력을 자랑하기 위해 장식을 선택한다고 해보자. 선택 가능한 한 가지는 화려한 장식이다. 누가 봐도 비싼 물건이라는 것을 금방 알 수 있기 때문이다. 선택할 수 있는 다른 한 가지는 아주 세련된 단순한 근대 양식의 장식이다. 이건 쉽게 보아서는 비싼 것인지

로코코 가구와 모던 가구
아름다움의 판단 기준은 어떤 과정을
통해 형성되는가?

덕봉서원 명륜당

장식은 영역 간 우열을 표시하는 수단으로 사용될 수 있다. 교육 공간인
명륜당에서 발견되는 단청은 색채가 수수하고, 목구조 또한 보와 도리가
직교하여 직접 결구되는 구조인 단순한 민도리 형식을 취하였다.

덕봉서원 대성전

제사 공간인 대성전은 명륜당에 비해 화
려한 장식이 눈에 띈다. 명륜당에 비해
단청에 사용된 색채와 문양이 다채롭고,
부재로 익공을 활용하여 형태적으로 보
다 정교한 모습이다.

양주 백수현 가옥

하인들이 기거했던 행랑채는 단순한 민도리로 장식되었다. 양반집 내에서도 장식의 차이가 확연하게 나타남을 알 수 있다.

강릉 해운정

심언광(沈彦光)이 강원도관찰사를 지낼 때 지은 별당이다. 부재로 익공을 사용하였으며, 익공이 하나만 쓰인 초익공식이다.

값어치가 얼마나 나가는 물건인지 알 길이 없다. 단순하지만 세련된 아름다움을 쉽게 알아보지 못하는 것은 비단 일반인뿐이 아니다. 전문가 연하는 사람들도 마찬가지다. 그러므로 특정 영역의 우월한 지위를 강조하기 위해 장식을 한다면 단순한 것보다 복잡하고 화려하게 하는 것이 더 효과적이라 하겠다.

장식이 영역의 우월을 표시하는 데 효과적으로 사용된 예는 서원과 향교에서도 찾아볼 수 있다. 대체로 공부하는 건물(명륜당)은 수수한 단청과 간략한 목구조(민도리)로 장식하고, 제사를 지내는 공간(대성전)은 비교적 화려한 단청과 복잡한 목구조(익공)로 장식한다. 양반집에서도 역시 장식의 차이가 나타난다. 행랑채는 단순한 형태의 민도리 집으로 만든 반면에, 사랑채는 익공을 사용한 복잡한 형태의 집으로 만든다. 안채도 마찬가지로 익공을 사용해서 장식을 한다. 조선시대에는 궁궐이나 사찰 등을 제외한 개인 건물에는 단청을 하지 못하도록 금했다. 아마도 이런 금지 규정이 없었다면 사랑채나 안채에도 당연히 단청 장식이 되어 있을 것이다. 단청이라는 장식이 곧 영역과 그 영역을 차지한 사람의 우월함을 표시하는 장치인 까닭이다.

장식으로 영역의 우월함을 강조하는 방법은 역시 궁궐에서 절정을 보인다. 다포(기둥머리에 짜 맞추어 댄 나무쪽)를 이용해서 아주 복잡한 형상을 만들고, 여러 빛깔의 단청으로 화려함을 더했다. 근정전 옥좌 위의 닫집(옥좌 위에 만들어 다는 집 모형)의 화려함도 극에 달한다. 정교한 조각과 채색 역시 위엄과 웅장함을 잘 표현하고 있다. 규모 있고 화려한 장식을 통해 왕의 공간과 그의 권위를 효과적으로 드러내는 것이다.

건축이 인간을 길들이기 위한 도구로 사용되었다면,
한편에선 그 길들이기로부터
벗어나고자 하는 노력을 꾸준히 해왔다.
양반집에서부터 콘서트홀에 이르는 건축물은 물론이고,
도시 공간 구조에까지 길들여지지 않기 위한
변화의 노력이 계속되었다.

건축으로 길들여지지 않기

건축으로 길들여지지 않기

건축은 누군가를 길들이는 데 충실하게 봉사한다. 권력을 많이 가진 자의 건축일수록 길들이기를 더욱 강하게, 노골적으로 수행한다. 공권력의 정점을 찍는 궁궐 건축이 그렇고, 신분제 사회에서 최상위 계급을 구성하는 양반의 집이 그렇다. 이런 공간에 살다 보면 자신이 해야 할 일이 무엇이며 그것을 어떤 자세로 해야 하는지 자연스레 알게 된다.

인간이 건축의 속성인 '길들이기'에 주목한 시기는 아마 기록된 역사보다 더 오래되었을 것이다. 인간은 아주 오래전부터 집을 크게 짓거나 앉는 자리를 높임으로써 우월함을 강조해왔다. 또한 어떤 것을 알리고 가르치는 수단으로도 사용해왔다. 이 효과는 오래 지속되며, 그렇기 때문에 건축을 통한 길들이기가 이루어지는 것이다. 하지만 그것이 길들여지는 사람에게는 위험할 수 있다. 그래서 사람들은 아주 오래전부터 건축을 길들이기의 도구로 사용해온 한편, 건축의 길들이기의 의도로부터 벗어나려는 노력을 꾸준히 계속해왔다.

대표적인 예가 아서왕의 원탁이다. 아서왕은 기사들과 함께 원탁에 둘러앉았다. 이로써 기사와 왕의 관계가 일방적인 주종 관계가 아님을 주장한 것이다. 다수의 사람이 원탁이 아닌 긴 탁자에 둘러앉았다고 생각해보자. 탁자에는 방향, 긴 변, 짧은 변이 존재한다. 대체로 긴 변을 따라 형성되는 축선의 양 끝이 우월한 위치가 되고, 그중에서도 입구에서 먼 쪽이 높은 자리가 된다. 〈최후의 만찬〉을 보면 예수가 탁자의 긴 변 중앙에 앉아 있다. 이는 그 자리가 많은 사람의 말을 잘 들을 수 있고, 또한 말을 가장 잘 전달할 수 있는 위치이기 때문이다. 긴 변의 가운데 자리가 목적에 부응하는 가장 좋은 자리인 것이다. 시각적 상징성으로는 긴 탁자의 짧은 변이 가장 높은 자리다. 하지만 말을 잘 전달하고 들을 수 있는 편리성이 중요시되는 위치를 찾는다면 탁자의 긴 변 중앙이 가장 높은 자리가 된다. 긴 직사각형 탁자에서 가장 높은 자리는 긴 탁자의 양쪽 끝, 또는 긴 변의 중앙으로 상황에 따라 달라진다. 어쨌든 직사각형의 탁자는 높고 낮음의 우열이 분명하게 드러난다.

하지만 원탁에서는 우월한 위치를 찾을 수 없다. 그래서 아서왕의 원탁은 '불평등한 관계를 길들이는 건축'을 부정하고 '평등한 관계를 길들이는 건축'적 장치를 고안한 좋은 사례가 된다. 이렇듯 불평등한 관계를 길들이는 건축이 있는가 하면, 새로운 장치를 고안함으로써 불평등한 관계의 길들이기에 저항한 건축도 있다.

양반집에서 숨 쉬기

숨겨놓은 해학과 자연스러운 빈틈

양반집은 불평등한 신분 질서를 길들이는 데 아주 효과적인 역할을 한다. 양반집의 배치와 건물의 형태, 심지어 댓돌이나 툇마루까지도 길들이기를 위한 장치로 활용됐다. 양반집에 사는 사람은 자신도 모르는 사이에 양반집에서 살기 위해 필요한 행동을 익히게 된다. 몸만이 아니다. 마음까지도 그것에 길들여진다. 그런데 과연 양반집에는 불평등을 조장하는 집주인의 의도만 반영된 것일까? 집을 짓는 일에는 대목뿐 아니라 석공, 소목도 참여한다. 때때로 여인네와 하인 들의 편의와 요구가 알게 모르게 반영될 수도 있다. 그러니 집주인의 의도에 부합하는 장치만 있지는 않았을 것이다. 게다가 아무리 의도가 분명하다고 해도 이러저러한 이유로 원래 의도와 다른, 또는 그것과 크게 상관없는 장치들이 우연히 혹은 비밀스럽게 끼어들었을 수도 있는 일이다.

이러한 사례로 경복궁 영제교 천록상이 있다. 이 천록상들은 혹시라도 금천의 물길을 타고 잠입할지도 모르는 사악한 것들을 물리쳐 궁궐과 왕을 수호하는 임무를 수행하는 의미를 가진다고 한다. 그런데 이 천록상 중 하나는 궁궐의 위엄과 어울리지 않게 익살스러운 표정을 짓고 있다. 설마 왕이 시켜서 그리했겠는가. 아마도 이 석조물들이 지어질 당시에 이를 눈치챈 사람이 있었다면 그 석공은 크게 혼이 났을지도 모를 일이다. 근엄하기 짝이 없는 궁궐에 능청스럽게 자리 잡고 있는 익살스러운 동물 조각상은 해학이라는 방식을 통해 길들이기에서 슬그머니 빠져나가는 자그마한 탈출구를 제공한다.

영제교 천록상(영제교 북서, 북동, 남동, 남서)
영제교를 중심으로 네 방향에 있는 천록상들 중에서 혀를 내밀고 있는 것은 영제교의 북서쪽에 있다. 나머지 세 천록상은 궁궐의 엄숙함에 어울리는 표정을 하고 있다.

신분 질서 유지에 충실하게 작동했던 양반집은 어떨까? 분명 양반집에도 의도하지 않은 장치가 숨어 있다. 양반집은 궁궐에 비해 빈틈이 많다. 궁궐을 짓는 장인보다 좀 허술한 사람들이 집을 짓다 보니 빈틈이 생기기 마련이다. 그런데 길들이는 사람도 나름대로 이 빈틈을 막겠지만, 더 절실하게 이 빈틈을 찾아 자신을 위한 공간으로 만들려는 사람이 있다. 숨이 막힐 정도로 교묘하고 강력하게 작동하는 길들이기에서 벗어날 방법을 찾는, 바로 길들여지는 사람들이다. 이들 또한 의도하지는 않았지만 자신들을 위한 해학과 숨 쉬는 공간을 자연스럽게 만들어놓았다.

안채 옆 골목 마당에서는 무슨 일이 일어나는가

궁궐과 현대 건축물에는 아주 흥미로운 유사점이 있다. 궁궐이든 현대 건축물이든 건물 어느 한 군데 장인의 손이 닿지 않은 곳이 없다는 것이다. 모서리 한 귀퉁이라도 그냥 내버려두는 법이 없다. 현대 건축은 특별한 용도가 없는 공간을 더욱더 허용하지 않고 있다. 평면도를 통해 건물 전체를 손바닥 들여다보듯이 샅샅이 관찰하고 분석함으로써 이러한 공간에도 기능을 부여하는 것이다.[*]

현대 건축설계에서는 특별한 용도가 없는 공간을 '데드 스페이스(dead space)'라고 부른다. 용도가 분명하지 않거나 별 쓸모가 없어 죽은 공간이라는 뜻이다. 건축 교육의 설계 비평에서 주로 지적받는 부분 또한 이 죽은 공간이다. 뭔가 용도나 기능이 뚜렷해 보이지 않으면 교수는 당연히 의문을 제기한다. 그래서 특별한 용도가 없으면 죽은 공간으로 규정하고 잘못된 설계의 예로 지적받는다. 이렇다 보니 현대 건축에서는 모든 공간에 이름이 붙는다. 이름은 공간의 기능에 따라 붙여지는 것이 일반적이다. 잠을 잘 수 있는 방이라면 잠잔다는 뜻으로 '침실'이라는 이름이 붙고, 밥을 먹는 방이라면 밥을 먹는다는 뜻으로 '식당'이라는 이름이 붙는 식이다. 이 외에 이름 없는 또는 이름 붙일 수 없는 공간은 전부 죽은 공간이 되고, 죽은 공간이 있는 설계는 좋지 않은 설계가 된다. 궁궐에는 장인의 관심에서 벗어나서 방치되는 공간이 없지만, 양반집에서는 별 기능이 없는 공간, 언뜻 보기에 죽은 공간이 적잖이 발견된다. 그곳에서는 무슨 일이 벌어졌을까? 정말 아무런 기능도 없었을까? 기능이 없다는 것은 어느 누구도 의도적으로 찾지 않는다는 것이고, 누구든 일정 시간 동안 머물면서 행동하는 일이 없다는 것을 뜻한다.

양반집에서 이런 공간을 찾아보자. 우선 건물 내부 공간에는 모두 이름이 붙어 있다. 이제 건물 밖으로 눈을 돌려보자. 먼저 큰 마당이 눈에 띄는데 여기에는 사랑마당이니 행랑마당이니 안마당 같은 이름이 붙어 있다. 또한 안채 뒤뜰에도 마찬가지로 뒷마당이라는 이름이 있다. 이렇게 이름 붙여진 곳을 빼고 나면 행랑채 주변과 사랑채

---

* 건축설계에서 평면도는 중요한 의미를 지닌다. 구체적인 평면도를 가지고 건물을 지은 것은 비교적 최근의 일이다. 20세기 이전에는 건축가의 머릿속에만 평면도가 있었다고 봐야 한다. 이와 관련된 자세한 내용은 스피로 코스토프 참고. 스피로 코스토프, 『아키텍트-인류의 가장 오래된 직업, 건축가 5천 년의 이야기』, 우동선 옮김, 효형출판, 2011.

주변, 그리고 안채 주변이 남는다. 그런데 행랑채에는 주변이라 부를 만한 공간이 없다. 대체로 대문을 따라서 길게 늘어서 있는 행랑은 한쪽은 외부와 면하고 다른 한쪽은 행랑마당으로 바로 이어지기 때문이다. 반면 사랑채 주변에서는 좀 수상한 골목이 발견된다. 사랑채 앞 쪽은 행랑마당과 접하지만 뒤쪽은 안채와 마주 보고 있는데, 대개 이곳에 좁은 골목 같은 길이 나 있는 것이다. 이름도 없고 용도도 쉽게 알 수 없다.

사랑채와 안채 사이에 있는 골목의 용도를 짐작하려면, 누가 그 길에 접근할 수 있었는지 알아보면 된다. 양반집의 구조상 의심받지 않고 드나들 수 있는 사람은 사랑채 주인뿐이다. 행랑채에 기거하는 하인이 갈 일도 없고, 안채 사람들이 갈 일은 더더욱 없다. 그렇다면 사랑채 주인은 무엇을 하러 그곳에 갔을까? 대개 그 골목길은 안채로 들어가는 쪽문과 연결되거나 중문으로 들어설 수 있게 되어 있다. 그러니까 이 골목길은 사랑채 주인이 남의 눈을 피해 안채로 들어가는 비밀스러운 통로다.

현대인의 시각으로는 왜 사랑채 주인이 비밀스럽게 안채를 드나들었는지 이해할 수가 없다. 이를 이해하려면 그 시대로 거슬러 올라가야 한다. 특히 조선시대 남편과 아내의 관계에 대해 알아야 한다. 현대인들은 남편과 아내가 늘 붙어 산다. 거실에서 같이 텔레비전을 보고, 식당에서 같이 밥을 먹고, 침실에서 같이 잔다. 이게 전혀 이상하지 않다. 텔레비전도 따로 보고, 밥도 따로 먹고, 잠도 따로 잔다면 그게 더 이상할 것이다. 그런데 조선시대 양반집 주인들은 그렇게 했다. 따로 책을 읽고, 친구를 불러 담소도 하고, 술도 먹고 하면서 부인과

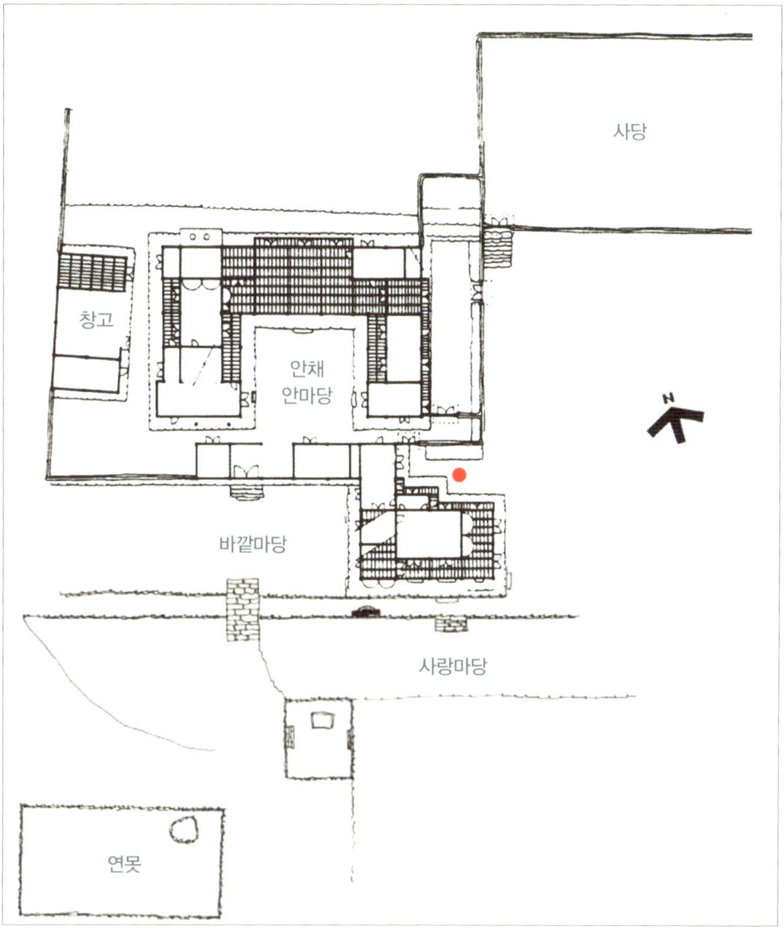

윤증 고택의 사랑채와 안채 사이(위)
사랑채와 안채 사이에 빈 공간이 있다.

윤증 고택의 사랑채와 안채 사이(왼쪽)
사랑채 주인은 비밀스러운 통로를 통해 안채에 드나들었다.

따로 생활했다. 식사도 따로 했다. 안채에서 부인, 자식들과 같이 먹을 때도 있었지만, 보통 사랑채에서 따로 먹는 경우가 많았다. 잠은 말할 것도 없다. 양반집 주인은 필요할 때만 안채에 가 잤다.[*] 이런 상황이라면 안채 들어가는 일이 좀 남우세스러울 수도 있다. 그래서 양반집 주인이 은밀하게 안채에 출입할 수 있도록 만들어놓은 장치가 사랑채 뒤편 골목이다. 그러니 이름은 붙이지 않았더라도 분명한 기능이 있는 곳이다. '양반집 주인이 은밀하게 안채로 들어가는 길'이라고 이름을 붙여놓지 않았을 뿐이다.

사랑채에서 안채로 통하는 은밀한 길로 가장 유명한 집은 아마 '김동수 가옥'일 것이다. 이 집에는 아예 사랑채에서 안채로 통하는 길이 없다. 이 집도 다른 양반집과 마찬가지로 안채 앞쪽으로 사랑채가 자리 잡고 있으니 당연히 사랑채 뒤쪽으로 골목길이 나 있어야 한다. 그런데 이 골목길이 막다른 길처럼 뚝 끊겨 있다. 골목길이 막혀 있으니 할 수 없이 중문간으로 돌아가서 안채로 들어가야 할까? 그런데 그건 아니다. 골목길을 담장이 아니라 노적가리로 막아놓은 것이다. 노적가리가 쌓여 있어서 길이 없는 것처럼 보이지만 이걸 치우면 안채로 들어가는 길이 나타난다. 사랑채 주인이 안채에 갈 때는 노적가리를 치우고 들어가면 된다. 그리고 다시 노적가리를 쌓아놓으면 감쪽같이 길이 없어진다. 아주 은밀하게 안채로 드나들 수 있도록 한 것이다.[**]

---

[*] 윤일이, 『한국의 사랑채』, 산지니, 2010.

[**] 김광언, 『한국의 주거 민속지』, 민음사, 1988.

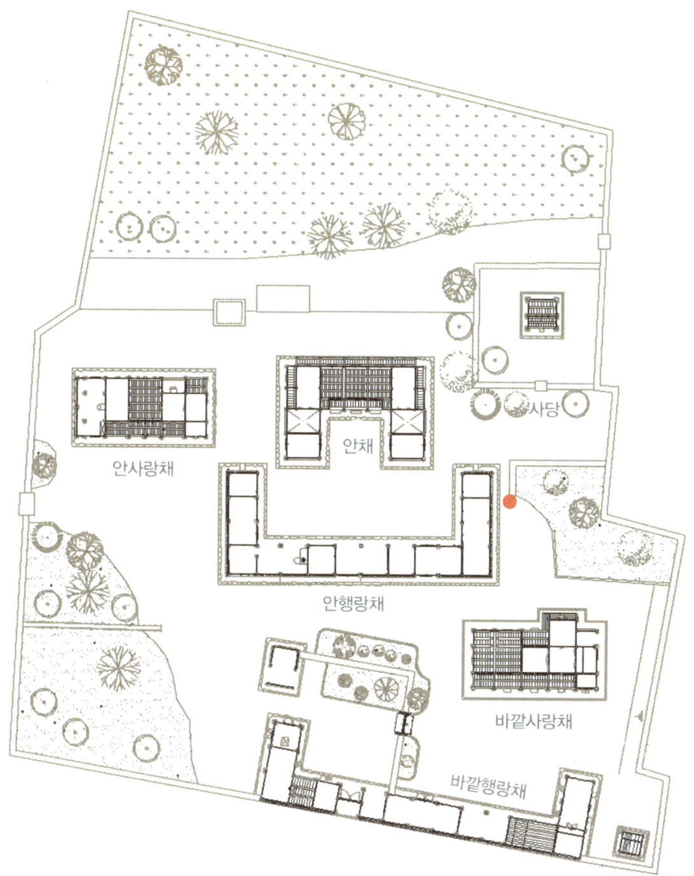

김동수 가옥 배치도(위)

사랑채와 안채 사이에 뚫려 있는 공간이 있음을 확인할 수 있다.

김동수 가옥 사랑채에서 안채 가는 길(아래)

사진에서는 보이지 않지만, 김동수 가옥에서는 사랑채에서 안채로 통하는 골목길에 출입 시 들어 옮길 수 있는 노적가리를 쌓아놓음으로써 양반집 주인이 은밀하게 안채로 들어갈 수 있도록 했다.

양반집의 구조를 한번 생각해보자. 행랑채에서는 하인들이 기거하고, 사랑채에서는 바깥주인이 그리고 안채에서는 안주인과 자녀들이 기거한다. 그리고 행랑마당에서는 주로 농사와 관련된 일들이 벌어진다. 때로 바깥주인에게 명령을 듣거나 꾸지람을 듣는 일이 일어나기도 한다. 안마당에서는 하인들이 안주인에게 무언가를 고하기도 하고 안주인과 자녀들이 세수를 하거나 가볍게 산책을 하기도 한다. 지금까지 언급한 공간들에는 모두 분명한 기능이 있다. 좀 수상해 보였던 사랑채 뒷골목에도 기능이 있다. 이제 남은 것은 안채 주변뿐이다. 안채 앞쪽은 안마당이고 뒤쪽은 뒷마당이니 남은 것은 양옆에 있는 빈 공간이다. 안채와 안채 양옆 담장 사이의 공간, 그곳에 마당이라고 하기에는 좁고, 골목길이라고 하기에는 좀 넓은 공간이 있다. 이 공간 중 안채 대청마루에서 대문을 바라볼 때 왼쪽인 공간부터 한번 살펴보자.

이곳에서는 무슨 일이 벌어질까? 왼쪽 공간이 오른쪽 공간에 비해 폭이 대부분 좀 넓다. 마당이라고 부를 만하다. 그리고 왼쪽 공간과 접해 있는 방에는 툇마루가 달려 있다. 이 툇마루를 보면 이 공간이 좁은 공간과 접하고 있는 방들의 외부 공간으로 기능한다는 것을 추측할 수 있다. 게다가 이 좁은 공간에는 화단이 있는 경우가 많다. 사람들이 방에서 나와 툇마루에 걸터앉기도 하고, 화단을 감상할 수도 있도록 꾸며져 있다. 화단은 안채 마당에도 있지만 그건 어디까지나 주인마님 전용이다. 안채에서 같이 생활하는 자녀들을 위한 공간은 아니라는 얘기다. 그래서 왼쪽 공간은 안주인이 아닌 사람들을 위한 외부 공간이라고 보면 된다. 이렇게 왼쪽 공간은 나름의 기능을 수행한다. 그렇다면 오른쪽 공간에서는 어떤 일이 벌어질까?

오른쪽 공간은 왼쪽보다 더 폭이 좁아 마당이라 부르기에도 어색한 느낌이 있다. 화단도 없다. 대신 이 공간은 부엌으로 통하면서 동시에 창고로 연결되는 경우가 많다. 그저 통로로만 기능하는 듯하다. 하지만 통로라고 하기에는 폭이 너무 넓다. 도대체 안채 오른쪽 공간에서는 무슨 일이 벌어지는 것일까? 이 질문에 대답하기 전에 잠시 오늘날의 주거 건축인 아파트의 구조를 살펴보자.

아파트 내부는 아주 세밀하게 설계되어 있다. 어디 하나 기능이 없는 공간이 없다. 다른 말로 하자면 어디 하나 이름이 붙지 않은 곳이 없다. 이름은 그 공간의 기능을 나타낸다. 또한 특정 행동이 일어날 수 있도록 배려한 공간이라는 뜻도 된다. 그런데 주택 안에서는 꼭 이렇게 이름에 부합하는 행동들만 일어나는가? 현대 주택의 경우 특정 공간에 들어갔다는 것은 특정한 행동을 한다는 것인데, 사람이 살다 보면 남의 눈을 피해서, 아무리 가족이라 하더라도 다른 식구들의 눈을 피해서 하고 싶은 일들이 있기 마련이다. 청소년기의 자녀들이라면 더욱 그럴 수 있다. 그들이 당연히 겪어야 할 과정 중의 하나로 남의 눈을 피해가면서 할 수밖에 없는 행동들이 있지만 현대 건축에서는 그런 공간을 공식적으로는 인정하지 않는다.

예전 일반 주택에는 이런 행동들을 수용할 공간이 아파트에 비해 상대적으로 많았다. 한 울타리에 있긴 하지만 주거용 건물과 별도로 지어진 창고라든가 '뒤꼍'이라고 불렸던 울타리 밑 으슥한 곳, 그리고 다락방도 있었다. 그러면 아파트에서는 이런 행위들을 어떻게 수용해야 할 것인가? 특별한 행동을 수용하는 공간을 따로 만들어준다? 이

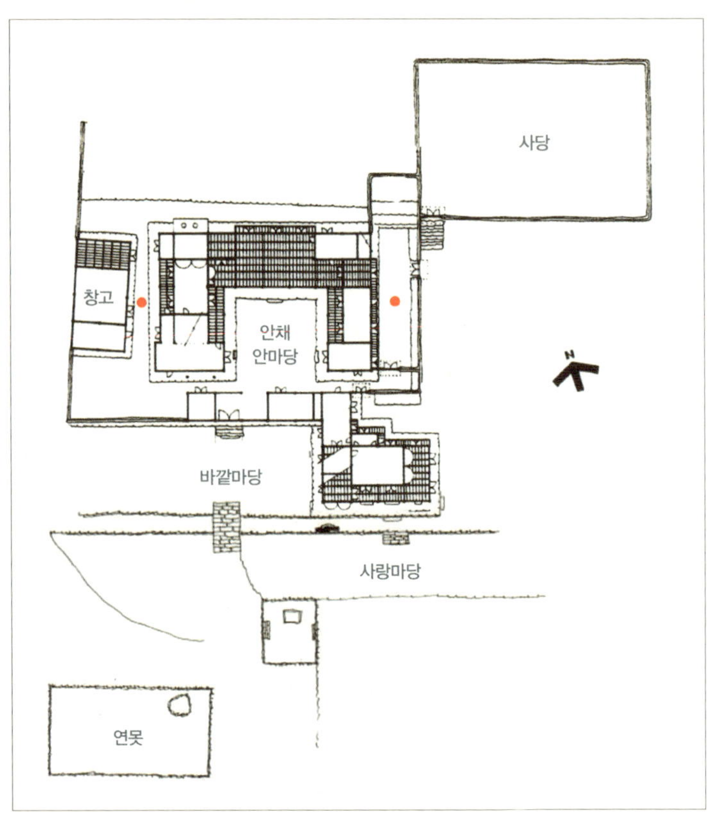

윤증 고택의 안채와 양옆 담장 사이의 공간(위)
안채 양옆으로 마당이라고 하기에는 좁고 골목길이라고 하기에는 넓은 공간이 있다.

윤증 고택의 안채 왼쪽 공간과 툇마루(아래 왼쪽)
안주인이 아닌 사람들을 위한 외부 공간으로 쓰였다.

윤증 고택의 안채 오른쪽 공간(아래 오른쪽)
공식적으로 인정되지는 않지만 현실적으로 일어날 수밖에 없는 행동을 위한 공간이다.

것처럼 어리석은 일이 없다. 공간이 있더라도, 그곳에 들어가는 순간 내가 이제부터 이런저런 짓을 할 거라고 광고하는 격이 되고 만다. 공식적으로 인정할 수 없는 행위를 수용하는 공간을 공식적으로 따로 만든다는 것은 바보 같은 일이다.

이처럼 공식적으로 인정할 수는 없지만 불가피하게 일어날 수밖에 없는 행동들을 수용하기 위해서는 용도를 정하지 않은, 내버려두는 공간이 필요하다. 데드 스페이스, 즉 죽은 공간이 필요하다는 것이다. 좀 더 정확하게 표현하자면 데드 스페이스인 척하는 공간. 죽은 공간처럼 보이는 공간이 필요하다. 이런 경우에는 정녕 실수로 혹은 아이디어가 떠오르지 않아 정말 아무 기능도 부여되지 않은 쓸모없는 공간을 남겨두어야 한다. 즉 공간을 설계하는 것이 아니고 남겨두는 것이다. 장자가 이야기한 무용지용(無用之用)이 바로 이런 것 아닐까.

양반집 안채 오른쪽 마당이 이런 역할을 한다. 공식적으로 인정되지는 않지만, 현실적으로 일어날 수밖에 없는 기능을 수용하는 것이다. 아마도 여기서 며느리들이 모여 시어머니 험담을 하지 않았나 싶다. 때로는 시어머니에게 혼이 난 며느리가 눈물을 짜던 공간이었을 수도 있다. 이런 곳을 뭐라고 불러야 할까? 대개 공간의 기능에 따라서 이름을 붙인다고 했으니 '시어머니 욕하는 공간'쯤 될 것이다. 아니면 '혼나고 눈물 빼는 공간'. 며느리들이 이곳에 들어선다는 것은 지금부터 시어머니를 원망하고 욕을 하겠다는 뜻이 된다. 시어머니에게 "나 어머니 욕해요" 하고 광고하는 격이다. 이래서는 원래 의도된 기능을 제대로 수용하지 못할 것이 불 보듯 뻔하다. 다행히 양반집 오른쪽 마당에는 아무런 이름이 없다. 또 어떤 특정한 기능을 부여받지도 않았다. 이로써 양반집 안채 오른편 마당은 시어머니 험담을 하는 것과 같은 행동, 즉 공식적으로는 인정할 수는 없으나 사람 사는 사회에서 일어날 수밖에 없는 행동을 하는 공간으로 활용할 수 있다.

신분 질서 유지를 위해 아주 교묘하고 강력하게 길들이기를 수행하는 양반집에도 이렇게 가혹한 길들여지기를 피해 갈 수 있는 공간이 마련되어 있다. 어느 장인이 의도한 것도 아니고, 교활한 주인이 하인을 더욱 통제하기 위해 만든 것도 아니다. 피곤하게 길들여지는 삶을 사는 사람들이 궁여지책으로 빈틈을 활용한 예다.

베를린필하모닉 콘서트홀

베를린필하모닉 콘서트홀이 일반적인 공연장과 다른 점

독일의 건축가 한스 샤로운(Hans Scharoun, 1893~1972)이 설계한 베를린필하모닉 콘서트홀은 주목받기 좋은 건축물이다.[*] 우선 외관이 우리가 흔히 볼 수 있는 대형 공연장의 이미지와 사뭇 다르다. 이는 매스의 외곽선 차이에서 비롯된 것이기도 하다. 보통 다른 대형 공연장은 일반적인 건물보다는 훨씬 더 크고(때로는 의도적으로 커 보이게 하고) 대칭적인 형태를 선호하기 마련이다. 이때 대칭은 여러 가지 방법

[*] 한스 샤로운의 건축 전반에 대해서는 주범과 황보봉의 연구를 참고할 만하다. 주범 외 1명, 「베를린 필하모니 콘서트홀에 나타난 한스 샤룬의 건축적 특성 연구」, 『한국실내디자인학회논문집』 16권 2호, 2007. 황보봉, 「한스 셔로운의 초기 스케치에 나타난 건축적 특성」, 『대한건축학회지』 25권 5호, 2009. 황보봉, 「한스 셔로운 건축의 비대칭성과 불규칙성에 관한 연구」, 『대한건축학회지』 20권 7호, 2004.

으로 얻어질 수 있다. 예를 들어 단순한 직사각형의 매스가 있다면 가운데를 옴폭 판 요(凹) 자 모양으로 대칭을 형성할 수 있다. 다양한 형식의 가능한 대칭들 중에서는 일반적으로 주조가 있는 대칭이 선호된다. 주조라는 것은 매스의 전체적인 형태에서 중앙부에 가장 크고 높고 묵직해 보이는 부분을 만들어서 이것을 중심으로 좌우의 시각적 무게를 비슷하게 하는 것을 말한다.

예술의전당도 솥뚜껑(또는 갓) 모양의 오페라극장 지붕이 주조의 역할을 확실히 하고 있다. 크거나 높거나 혹은 묵직하게 함으로써, 때로는 이 세 가지를 함께 강조해서 중요성을 부각하는 것이 주조를 확

베를린필하모닉 콘서트홀
베를린필하모닉 콘서트홀의 외관은 일반적인 대형 공연장과 매우 다르다. 여느 공연장에서 쉽게 볼 수 있는 기단도 없고, 주조도 사용하지 않았다. 또한 건물을 여러 영역으로 나눔으로써 건물의 규모가 과장되지 않도록 하고 있다

예술의전당 오페라극장
예술의전당은 주조를 확보하기 위해 사람들이 이미 알고 있는 역사적 이미지를 차용하는 방식을 취한다.

실히 하는 방법이다. 그런데 예술의전당은 여기에 한 가지 테크닉을 더하고 있다. 전통적으로 주조를 확보하기 위해 형태와 그 형태에서 비롯한 시각적 효과를 이용해왔다면, 예술의전당은 사람들이 이미 알고 있는 역사적 이미지를 차용하는 방식을 취했다. 바로 갓 또는 솥뚜껑의 이미지를 건물의 가장 우월한 부분(머리)에 올려놓은 것이다.

주조의 이미지를 확보한다는 것은 여러모로 의미가 있다. 우선 이른바 시각적 안정감을 준다. 그리고 대칭을 형성함으로써 흔히 말하는 양식미를 철저히 갖추게 된다. 이뿐만 아니라 주조는 그 건물 또는 건물군에 드나드는 사람들에게 방향성도 제공한다. 즉 어디로 가야 하는지를 알려준다. 주조를 형성하는 부분이 이 건물군에서 가장 중요한 곳이며 결국은 그곳으로 가야 한다는 것을 알려준다. 때로 건물군의 규모가 너무 커서 길을 잃을 정도라면 주조가 되는 부분이 길을 찾는 랜드마크 역할을 하기도 한다. 이렇게 주조는 시각적으로 기능적으로 중요한 역할을 한다.

그런데 베를린필하모닉 콘서트홀에는 주조가 드러나지 않는다. 앞서 말했듯 주조가 명확한 매스를 택할 경우에 얻을 수 있는 여러 가지 이점이 있는데도 말이다. 베를린필하모닉 콘서트홀은 마치 작은 왕관 여러 개가 옹기종기 모여 있는 듯한 느낌을 준다. 거기에서 뚜렷한 대칭은 찾아보기 힘들다. 다른 대형 공연장과 분명하게 다른 점이다.

대체로 건축가들은 건물을 지을 때, 왕궁이면 왕궁처럼, 교회면 교회처럼, 놀이동산이면 놀이동산처럼 설계를 한다. 이는 전문 건축가가 아니더라도 마찬가지다. 특정 기능을 목적으로 한 건축물을 지을 때면 꼭 그런 기능을 할 것처럼 보이는 집을 짓는다. 하지만 베를린필하모닉 콘서트홀은 그렇지가 않다. 전혀 콘서트홀처럼 생기지 않았다. 여기에는 이유가 있을 것 같다.

베를린필하모닉 콘서트홀의 외관에서 드러나는 또 하나의 특징은 건물이 좀 낮아 보인다는 점이다. 이는 대칭이나 주조를 형성하지 않고 건물의 전체 매스를 구성한 것과 맥이 통한다. 대칭이나 주조는 커 보이게 만들어서 근엄하고 권위적인 분위기를 연출하고자 할 때 주로 사용하는 방법이다. 그러니 대칭과 주조를 사용해 건물을 높아 보이게 만드는 것이 일반적이다. 그런데 베를린필하모닉 콘서트홀은 의도적으로 낮아 보이게 만들었다.

건물이 낮아 보이게 하는 방법은 많다. 가장 직접적인 방법이 건물 전체 매스를 구성하는 부분 매스들을 납작하게 보이도록 하는 것이다. 예를 들어 30미터 길이에 10미터 높이의 직사각형 매스가 있다고 가정해보자. 이걸 5미터 길이와 10미터 높이를 갖는 여섯 개의 직사각형 매스로 전체 매스를 구성할 수 있다. 또는 10미터 길이에 10미터 높이를 갖는 세 개의 정사각형 매스로 구성할 수도 있다. 이 두 개를 나란히 놓고 비교하면 첫 번째가 좀 더 높아 보인다. 이것이 매스 분절이라는 방법이다. 매스의 전체 외곽선이 같더라도 내부 매스를

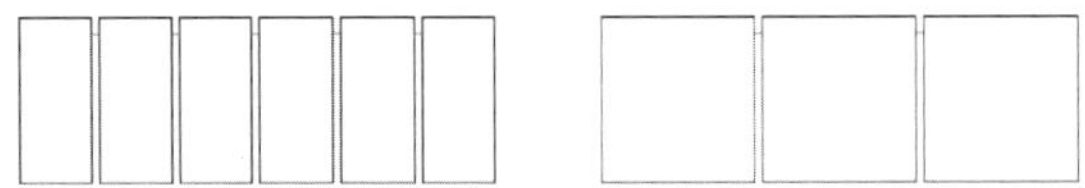

직사각형 조합으로 표현된 입면
매스의 전체 외곽선이 같더라도 내부 매스를 어떻게 쪼개느냐에 따라서
높아 보이게 할 수도, 낮아 보이게 할 수도 있다.

어떻게 쪼개느냐에 따라서 높아 보이게 할 수도, 낮아 보이게 할 수도 있는 것이다. 베를린필하모닉 콘서트홀은 높이가 낮아 보이게 하는 매스 분절 방식을 사용했다.

건물을 낮아 보이게 만드는 또 하나의 방법은 기단부의 높이를 조정하는 것이다. 이때 기단은 마치 키높이 구두처럼 작용한다. 높은 굽을 신으면 키가 커 보이고, 낮은 굽을 신으면 작아 보인다. 건물도 어떤 기단을 깔고 있느냐에 따라 높이감이 달라진다. 기단 사용에 따른 높이의 시각적 차이는 경복궁 광화문과 자금성 천안문의 비교를 참조하면 더욱 분명하게 알 수 있다. 베를린필하모닉 콘서트홀도 의도적으로 이러한 차이를 이용하고 있다. 이 건물의 정면 사진을 보면 기단부가 거의 없다시피 한 것을 알 수 있다. 아주 낮은 굽을 신어서 일부러 건물의 키가 작아 보이게 한 것이다.

국립극장 해오름극장과 비교해도 그 차이를 분명하게 느낄 수 있다. 해오름극장이 신고 있는 굽의 높이를 보라. 베를린필하모닉 콘서트홀과는 확연한 차이가 있다. 예술의전당은 어떨까? 예술의전당에서 가장 중요한 건물이라고 할 수 있는, 즉 시각적으로 주조를 형성하고 있는 오페라극장 자체는 그리 높은 굽이 아니다. 하지만 이 건물을 양재대로에서 바라보면 아주 높직한 기단 위에 올라가 있음을 알 수 있다. 예술의전당은 이미 전체 건물이 굽 높은 신발을 신고 있기 때문에 굳이 오페라극장에까지 기단을 설치하기가 부담스러웠을 수 있다. 그리고 실제로 주 극장인 오페라극장에 들어가는 사람들에게 시각적인 부담감을 줄 수도 있다. 오페라극장의 기단을 높게 만들었다면 키높이 구두에 두툼한 깔창을 깐 격이 되지 않았을까.

광화문(왼쪽)과 천안문(오른쪽)

높은 굽을 신으면 키가 커 보이고, 낮은 굽을 신으면 작아 보인다.
건물도 어떤 기단을 깔고 있느냐에 따라 높이의 시각적 차이를 보인다.

해오름국립극장

기단부를 높임으로써 건물이 높아 보이도록
의도하고 있다. 베를린필하모닉 콘서트홀과
는 확연한 차이가 있다.

예술의전당 기단부

예술의전당은 이미 전체 건물이 굽 높은 신발
을 신었기 때문에 굳이 오페라극장에까지 기
단을 설치하기가 부담스러웠을 수 있다.

기단부를 아주 낮게 할 때는 나름의 이유가 있기 마련이다. 가령 너무 뾰족한 형상의 건물은 건물 매스가 지나치게 뾰족해 보이는 것을 피하기 위해 기단을 낮게 할 수 있다. 하지만 베를린필하모닉 콘서트홀은 건물 매스가 뾰족하다고 할 수 없다. 그보다는 키 작은 사람이 굽 없는 단화를 신은 모양새에 가깝다.

베를린필하모닉 콘서트홀이 범상치 않은 이유는 비단 외관상의 차이 때문만이 아니다. 베를린필하모닉 콘서트홀을 특이하게 만드는 요소는 다른 데 있다. 콘서트홀 내부 객석으로 들어가는 방법을 살펴보면 그 까닭을 알 수 있다.

대부분의 대형 공연장은 건물 정중앙부에 주출입구를 둔다. 주출입구를 통해 내부의 큰 로비로 들어가고, 그다음 로비에서 공연장 내부로 통하는 여러 개의 문을 거쳐 객석에 입장한다. 로비는 많은 사람이 한번에 공연장 내부로 입장하면서 생길 수 있는 혼란을 방지하기 위해 설치된 공간이기도 하다. 땅에 내린 비가 일시에 강으로 몰려들지 않도록 시간을 벌어주는 유수지 기능을 하는 것이다. 사람들은 로비에서 잠시 대기하면서 공연장 입장 시 불가피하게 생길 수 있는 혼

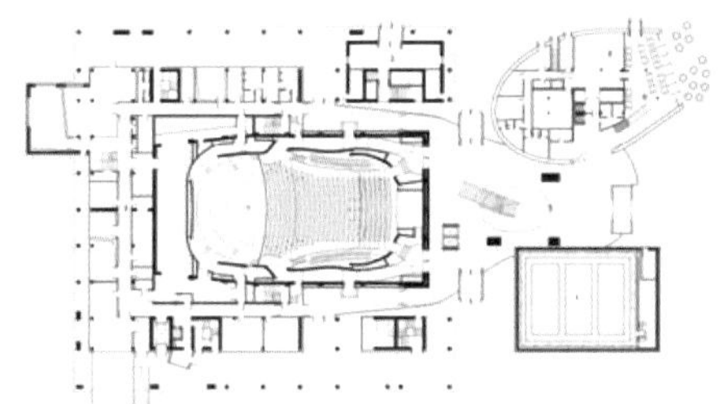

일반적인 대형 공연장의 평면도
대부분의 대형 공연장은 건물 중앙부에 주출입구를 둔다. 주출입구를 통해 내부의 큰 로비로 들어가고, 그다음 로비에서 공연장 내부로 통하는 여러 개의 문을 거쳐 객석에 입장한다.

란을 피할 수 있다. 이 밖에도 사람들은 로비에서 다른 사람들을 만나거나 담소를 나눌 수도 있다. 그리고 너무 일찍 도착했다면 로비에서 기다릴 수도 있다. 로비는 사람들에게 공연장 내부에서만큼이나 즐거운 경험을 선사한다.

그런데 베를린필하모닉 콘서트홀은 조금 다르다. 주출입구를 통해 건물 내부에 들어서면 하나의 메인 로비가 아니라 여러 개의 작은 로비가 흩어져 배치되어 있다. 주출입구를 통해서 건물 내부로 들어간 사람들이 하나의 로비에서 모일 수가 없다. 이것이 동선 구성에서 나타나는 베를린필하모닉 콘서트홀의 특징이다.

여러 군데의 작은 로비는 각각 지정된 공연장 내부와 연결돼 있다. 다른 로비에서 입장한 사람과는 부딪힐 일이 없게 되는 것이다. 이렇게 나뉜 작은 구역은 백여 명 남짓한 사람들만의 공간이다. 일반적인 대형 공연장처럼 천여 명에 가까운 사람들이 하나의 공간에 모두 같이 들어가 앉는 것과는 사뭇 대조적이다.

이뿐만이 아니다. 객석에 앉아보면 베를린필하모닉 콘서트홀의 특징을 또 하나 찾아낼 수 있다. 객석의 수평 방향과 기울기를 교묘하게 조절해서 하나의 구역 안에선 다른 구역을 잘 볼 수 없도록 했다. 다른 구역에 배치된 사람들은 서로의 존재를 쉽게 인지할 수 없다. 다른 사람들과의 만남이 통제된 객석에서 공연을 관람하게 되는 것이다. 물론 이는 공연 관람이라는 기능에 충실하기 위한 건축적 장치의 결과다.

공연이 끝나고 나가는 과정 또한 일반적인 대형 공연장과 다르다. 대부분 공연이 끝나면 사람들은 다시 로비로 몰려든다. 들어올 때와

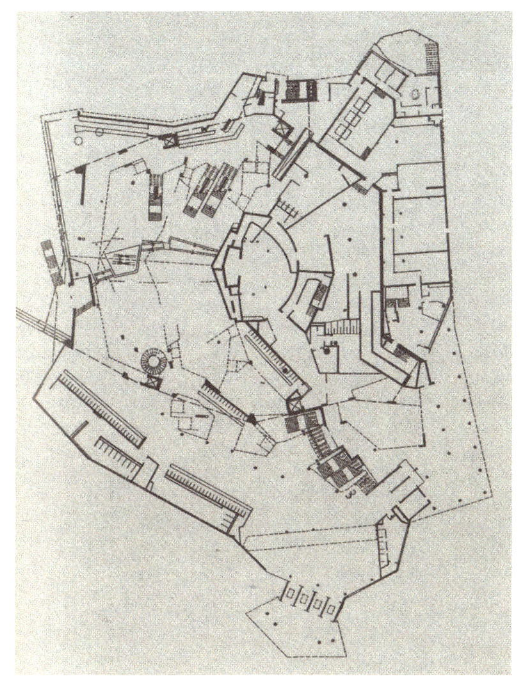

베를린필하모닉 콘서트홀 평면도
베를린필하모닉 콘서트홀의 평면도를 보면 자기 자리를 무사히 찾아갈 수 있을까 걱정이 앞선다. 일반적인 공연장과 달리 주출입구가 중앙이 아닌 한쪽 구석에 치우쳐 있다. 게다가 개별 객석으로 가는 통로도 어지럽게 얽혀 있어서 질서정연한 체계를 찾기가 어렵다

베를린필하모닉 콘서트홀 내부(로비 전경)
베를린필하모닉 콘서트홀은 메인 로비의 규모를 작게 하고 로비 역할을 하는 작은 공간들을 여기저기에 배치했다.

베를린필하모닉 콘서트홀 내부(객석 전경)
베를린필하모닉 콘서트홀의 객석에 앉으면 자기 그룹 외의 사람들은 잘 보이지 않는다. 그로 인해 대형 공연장에서 소규모의 사람들이 모여 공연을 감상하는 듯한 느낌을 받게 된다.

다르게 나갈 때는 동시에 사람들이 몰리기 때문에 로비는 더욱 혼잡해진다. 천여 명의 사람들이 같이 몰려다니는 형국이 연출된다. 이 많은 사람이 하나뿐인 주출입구를 향해 몰려가면서 겨우 겨우 건물을 빠져나간다. 하지만 베를린필하모닉 콘서트홀에서는 조금 다른 풍경이 연출된다. 같은 구역에서 공연을 관람한 사람들은 그들만의 작은 로비를 통해 여유 있게 건물 밖으로 나온다.

언뜻 베를린필하모닉 콘서트홀의 동선 구성이 아주 훌륭하다고 생각할 수도 있겠다. 하지만 이 콘서트홀의 동선 설계는 생각처럼 그리 훌륭하지만은 않다. 출입 과정이 다른 대형 공연장들에 비해 빠르고 편하긴 하지만, 이는 또 다른 부분에서의 희생이 있었기에 가능한 것이다. 베를린필하모닉 콘서트홀의 동선 구성은 단지 부분적 효율성만을 높였을 뿐이다. 사람들은 로비 외부에서 자기만의 전용 출입구를 찾아가느라 멀리 돌아가야 하는 불편을 감수해야 한다. 게다가 자기만의 출입구가 어디에 있는지 확인하는 데 어려움을 겪기도 한다.

야구장이나 축구장을 떠올려보자. 출입구가 하나뿐인 축구장은 없다. 야구장도 마찬가지다. 경기장 주변에 여러 개의 출입구를 만들어놓고, 심지어 관람석 자체도 출입구별로 구분해놓는다. 특정 출입구로 들어가면 특정 구역의 관람석에 앉게 되어 있다. 이런 까닭에 축구장이나 야구장에서는 출입 시 번잡함이나 넓디넓은 관람석에서 자기 자리를 찾는 어려움을 덜 수 있다. 그런데 정작 자기 자리로 가기 위한 출입구를 찾는 일이 보통 어려운 게 아니다.

그러니 단지 공연장 내부 출입이 수월하다고 해서 베를린필하모닉 콘서트홀의 동선 설계가 다른 대형 공연장에 비해 절대적으로 훌륭하다고 말할 수는 없다. 이것은 선택의 문제일 뿐이다. 문제를 홀 내부에서 처리하느냐 아니면 홀 외부에서 처리하느냐에 따른 선택의 결과인 것이다.

지금까지 베를린필하모닉 콘서트홀의 특징에 대해 알아보았다. 이를 다시 간추려보면, 일단 베를린필하모닉 콘서트홀은 형태적으로 대칭이나 주조를 피했다. 따라서 대칭이나 주조를 사용해 얻을 수 있는 효과를 의도적으로 포기하고 있다. 게다가 아주 낮은 기단을 사용함으로써 대칭이나 주조를 통해 얻을 수 있는 효과를 더 적극적으로 부정한다. 대칭이나 주조가 가져다주는 권위주의적이고 전체주의적인 분위기를 철저하게 배제한 것이다.

또한 베를린필하모닉 콘서트홀은 공연장 내부로 통하는 여러 개의 출입구를 분산해서 배치했다. 그에 따라 당연히 여러 개의 작은 로비가 만들어져 함께 분산 배치되었다. 심지어 내부 객석까지도 여러 개의 구역으로 분산 배치하고, 이들 구역 간의 물리적 이동이나 시각적 소통을 제한하고 있다. 이러한 고안을 통해 얻을 수 있는 것은 하나뿐이다. 많은 사람이 한자리에 모여서 공연에 집중하는 동안 가능하면 사람들과의 부딪힘을 최소화하는 것이다. 결과적으로 많은 사람이 몰려 있었음에도 번잡함을 느끼지 않게 하는 효과를 얻었다.

공연 관람에는 본질적으로 공연 외적인 경험도 포함된다. 즉 공연 감상 외에 많은 사람이 모였다는 것, 그리고 거기서 발생하는 분위기 자체가 공연 관람에 동반되는 즐거움일 수도 있다. 그런데 베를린필하모닉 콘서트홀은 공연 감상에 있어서는 최고의 질을 제공하지만, 많은 사람이 함께함으로써 느낄 수 있는 즐거움은 철저하게 배제한다.

정리하자면 베를린필하모닉 콘서트홀의 특이한 형태와 동선, 객석 구성은 각각 권위주의를 부정하고, 많은 사람이 한자리에 모여서 하나의 주제에 집중하면서 발생하는 집단적 흥분을 아주 철저하게 배제하기 위한 것이다. 그렇다면 이제는 이유가 궁금하다. 왜 그렇게 했을까?

한스 샤로운은 왜 공연장 같지 않은 공연장을 설계하려고 했을까

베를린필하모닉 콘서트홀의 설계자 한스 샤로운은 왜 공연장 같지 않은 공연장을 설계하려고 했을까? 이 질문에 대한 답을 구하기 위해선 먼저 독일의 건축가 알베르트 슈페어(Albert Speer, 1905~1981)에 대해 알아볼 필요가 있다. 베를린필하모닉 콘서트홀은 독일의 전후 상황과 밀접한 관련이 있는데, 알베르트 슈페어를 통해 2차 대전 후 독일의 상황을 좀 더 자세히 이해할 수 있기 때문이다.

알베르트 슈페어는 히틀러의 제3제국에서 건설부 장관을 지낸 인물로, 그전에는 건축가로 활동하면서 다수의 작품을 설계했다. 현재 평면도나 실물로 남아 있는 그의 작품은 한결같은 성향을 보여준다. 즉 그의 작품에서는 웅장함이 가장 눈에 띈다. 높은 기단, 수평으로 긴 형태 그리고 주조가 나타난다. 한마디로 좌우가 길고, 위아래는 높고, 가운데 높은 위치에 중심이 되는 주조를 배치함으로써 웅장함을 드러내는 식이다. 그는 수평면상에서 긴 느낌을 주기 위해 열주랑(列柱廊)을 자주 사용한다. 기둥이 줄지어 서 있도록 하는 것이다. 이 기둥들은 건물 벽면 안쪽으로 충분히 숨길 수 있는 위치에 있다. 기둥의 구조적 역할만을 생각한다면 이렇게 전면으로 도드라질 필요는 없다. 그럼에도 기둥을 전면에 드러내고 줄지어 서 있게 했다. 이것은 이로 인해 얻을 수 있는 특별한 효과가 있기 때문이다.

열주랑은 원래 의식이 거행되는 데 필요한 통로를 만들기 위해 쓰였다. 통로를 따라서 지붕을 덮어야 했을 것이고 필요에 따라서는 벽을 설치해야 했을 테니, 이런 이유로 기둥을 줄지어 배치할 필요가 있었다. 그런데 이렇게 배치된 열주랑이 주는 독특한 시각적 경험이 있다. 죽 늘어선 열주랑이 반복되면서 창출하는 형식미가 있고, 열주랑을 따라서 만들어진 통로 안에서 일어나는 행동이 부각되는 특징이 있다. 즉 사람이 무리를 지어 이동할 때 멋있고 위엄 있게 보이게 하는 역할을 한다. 줄지어 늘어선 기둥을 종적 방향으로 따라가면 의식의 의미를 강화하는 기능을 하고, 이 대열을 횡적 방향에서 쳐다보면 일정 간격을 두고 반복적으로 나타나는 기둥의 무리가 수평적 방향성을 강화한다.

기둥을 배치한 직사각형과 기둥을 배치하지 않은 직사각형을 비교해보자. 이 둘은 수평 길이와 수직 높이가 같다. 그럼에도 우리 눈은 기둥을 배치한 직사각형에서 더 강력한 수평적 방향성을 느낀다. 마찬가지로 열주랑으로 인해 그 안에서 일어나는 행위가 더욱 그럴듯하게 보이고, 행위가 일어나는 공간은 좀 더 크게 보인다. 특히 수평 방향으로 더 길어 보인다. 특정한 행위가 일어나는 공간에 의미를 부여하고 더욱 과장되게 보임으로써 건물에 권위를 부여하는 것이다. 알베르트 슈페어의 건축에서는 이런 의도의 열주랑이 아주 빈번하게 나

알베르트 슈페어와 히틀러
알베르트 슈페어는 나치의 체제를 공고
히 하는 건축물을 설계했다.

알베르트 슈페어의 작품
높은 기단, 열주랑, 주조의 배치가 대칭과 균형
을 이루어 건물에 권위를 부여했다. 현 체제가
영원히 변하지 않을 것임을 상징적으로 나타
낸 것이다.

타난다.

열주랑이 수평적 방향성을 강화한다면, 기단은 수직적 느낌을 강화하는 역할을 한다. 기단을 이용해서 수직적 느낌을 강화하는 것은 기단부를 적극적으로 사용하지 않고 건물 몸통을 높게 하는 것과는 다른 느낌을 만들어낸다.

전체적인 윤곽선이 동일한 두 개의 건물 입면을 비교해보자. 두 입면은 전체적인 윤곽선만 놓고 볼 때 길이와 높이가 동일한 직사각형이다. 그런데 이 중에서 어떤 것이 더 길어 보이는가? 기단을 이용하는 입면이 더 길어 보일 것이다. 하지만 기단을 제외한 부분만 보면 하나는 같은 길이이기는 하지만 좀 낮은 직사각형이 되고, 나머지 하나는 상대적으로 조금 높은 직사각형이 된다. 이 경우에는 낮은 직사각형이 더 길어 보인다. 자동차 옆면에 붙이는 기다란 띠(사이드몰딩)를 살펴보면 이러한 효과를 더욱 잘 이해할 수 있다.

자동차 옆면의 긴 띠가 자동차를 더 길어 보이게 만든다. 기단 역시 이런 효과를 만들어낸다. 그런데 기단부의 효과는 수평면상의 길이를 더욱 길게 보이게 하는 것만이 아니다. 기단을 설치함으로써 건물의 수직적 크기도 강화된다. 건물에 열주랑을 도입하고 기단부를

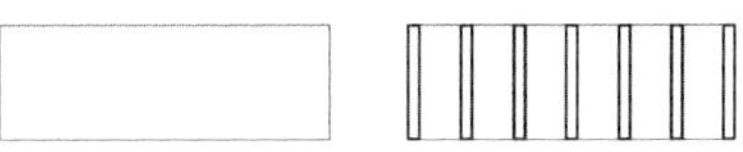

기둥을 배치한 긴 직사각형과 기둥이 없는 단순한 형태의 직사각형

이 둘은 수평 길이와 수직 높이가 같다. 그럼에도 우리 눈은 기둥을 배치한 직사각형에서 더 강력한 수평적 방향성을 느낀다.

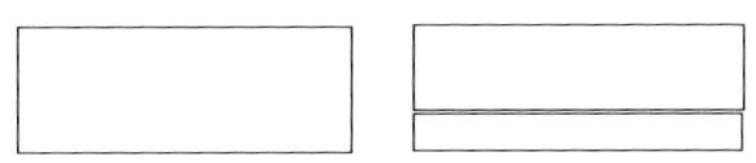

기단이 있는 건물 입면과 기단이 없는 건물 입면

두 입면의 전체적인 윤곽선만 놓고 볼 때 길이와 높이가 동일하다. 하지만 기단을 제외하고 보면 느낌이 달라진다

자동차 옆면에 띠가 있는 경우와 없는 경우
옆면에 띠가 있는 자동차가 더 길어 보인다.
기단 역시 이런 효과를 만들어낸다.

적극적으로 사용함으로써 건물이 더 높고 더 길게, 즉 더 크게 느껴지게 할 수 있다. 알베르트 슈페어는 대부분의 건축물에서 이런 효과를 적극적으로 추구했다.

열주랑과 기단, 그리고 가운데에 중심이 되는 주조를 배치하는 것이 알베르트 슈페어 건축의 형태적 특징이다. 크기가 같은 두 개의 직사각형이 있다. 두 직사각형은 길이와 높이가 같다. 그런데 하나의 직사각형에만 가운데에 상대적으로 높이 솟은 형상을 배치했다고 치자. 이 둘 사이에는 어떠한 차이가 생겨날까? 가운데에 높은 형상을 배치한 쪽이 훨씬 더 안정적으로 보인다. 그리고 중앙에 솟은 형태가 시각적으로 집중시키는 효과를 발생시킨다. 중앙부에 높은 형상을 배치한 쪽이 왜 더 안정적으로 보이는지를 설명하기 위해 대칭이라는 개념을 가져올 수 있다. 대칭은 기준점 또는 기준선을 중심으로 양쪽에 같은 시각적 무게감을 준다. 그래서 대칭을 이루면 더 안정적인 느낌이 드는 것이다.

대칭 효과는 사진을 찍을 때 실감할 수 있다. 단체 사진 찍을 때를 떠올려보자. 사람들이 한쪽으로 몰려 있으면 사진이 기울어진 느낌이 든다. 그런 경우 촬영자는 중앙의 선을 기준으로 양쪽에 비슷한 수의 사람들을 배치하기 마련이다. 그러고 나면 비로소 사진 구도에 안정감이 생긴다. 물론 안정감이 항상 좋은 것은 아니다. 때로는 중앙의 선을 기준으로 양쪽에 아주 다른 수의 사람을 배치함으로서 불균형감

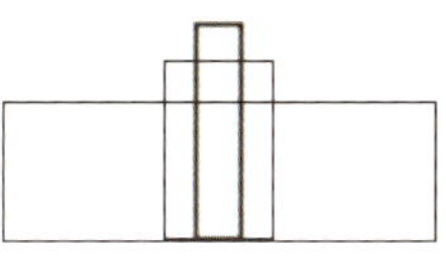

동일한 길이의 직사각형. 주조가 없는 것(왼쪽)과 주조가 있는 것(오른쪽)
주조가 있는 편이 시각적 집중과 안정감을 가져온다.

대칭형 군집과 비대칭형 군집
대칭 효과는 안정감이 있지만 역동적이진 않다. 반면 비대칭 효과는
불균형감은 있지만 그 역동성으로 인해 변화의 가능성을 시사한다.

을 강조할 수도 있다. 이때의 불균형감은 다르게 표현하면 역동감이다. 역동감은 변화의 가능성을 준다. 반면 대칭을 통한 균형감은 변화의 가능성을 느끼기 힘들다. 변화를 허용하지 않는다고도 할 수 있다. 변화가 일어나지 못하게 묶어두는 것이다.

알베르트 슈페어는 전체 매스의 중앙부에 주조를 배치함으로써 대칭을 이루고, 그로부터 균형과 안정을 만들어낸다. 영원히 변하지 않도록 작은 변화도 허락하지 않는 것이다. 이런 이미지는 히틀러의 제3제국이 원하던 것일 수 있다. 히틀러는 제3제국이 천년은 지속되길 원했으니 말이다.

주조는 대칭 효과를 통해 균형과 안정을 이끌어낸다. 또한 사람들의 시선을 잡아끄는 시각적 초점을 형성하면서 주조가 다른 자리보다 중요한 위치임을, 즉 우월한 위치임을 나타낸다. 그리고 사람들의 시선을 집중시키는 위치를 차지하는 사람은 상대적으로 중요한 인물이 되고 자연스레 우월한 위치를 차지한다. 알베르트 슈페어는 주조를 이용해서 그 누구보다 강한 힘을 가질 수 있는 공간을 만들어냈다. 그리고 그것은 어느 한 사람을 위해서 바쳐졌다.[*]

베를린 올림픽을 기념하고 대중에게 알리기 위해 제작된 다큐멘터리영화 〈의지의 승리(Triumph des Willens, 1934)〉에는 공간과 형태 조작을 통한 전체주의 정권의 의도가 잘 나타나 있다.[**] 1차 대전 이후 패전국으로서 어려운 날들을 보내던 독일은 세계에, 그리고 국민에게 독일의 건재함을 선전하기 위해서 올림픽을 개최한다. 이를 알리기 위해 영화를 찍은 것이다. 이 영화는 주로 독일이 경제적, 사회적, 군사적으로 발전한 모습을 보여준다. 이와 동시에 독일 부흥에 견인차 역할을 한 당사자로서 나치 정권과 그 정권의 총통인 히틀러를 찬양하는 내용도 담고 있다. 바로 이 114분짜리 다큐멘터리영화에서 독일 국민을 포함해 많은 세계인이 오늘날까지도 인상적으로 기억하는 유명한 장면들이 탄생했다.

---

[*] 알베르트 슈페어의 건축에서 항상 나타나는 열주랑, 기단, 주조의 역할에 대해서는 조형론 관련 서적에서 쉽게 찾아볼 수 있다. 이와 관련해서는 헤셀그렌 참고. 헤셀그렌, 스벤., 『조형론』, 박규현 옮김, 기문당, 1998. 아른하임도 참고할 만하다. 루돌프 아른하임, 『미술과 시지각』, 김춘일 옮김, 기린원, 1988.

[**] 랄프 게오르크 로이트, 『괴벨스, 대중선동의 심리학』, 김태희 옮김, 교양인, 2006.

그중 나치의 전당 대회 장면이 대표적이다. 백만 명에 가까운 사람들이 자로 잰 듯 줄을 맞춰 도열해 있고, 그들의 시선이 오로지 한 곳으로 향하고 있는 나치의 집회 장면을 보고 사람들은 경악하지 않을 수 없었다. 그런데 이 장면을 자세히 보면 사람들의 시선이 집중되고 있는 곳에 높은 기단이 설치되어 있다. 그리고 그 단 위로 수직으로 긴 형태의 깃발들이 마치 열주랑처럼 늘어서 있다. 물론 그 깃발의 열주랑 가운데에는 나치의 표식인 하켄크로이츠(Haken Kreuz)가 자리 잡고 있다. 대중 집회 무대라는 점이 다를 뿐, 알베르트 슈페어가 공간과 형태를 조작했던 기법과 별반 다르지 않다.

알베르트 슈페어가 사용했던 기단이 이 무대에서도 똑같이 나타난다. 약간의 차이가 있다면 무대의 기단이 훨씬 더 수직적인 강조를 보인다는 점이다. 또한 알베르트 슈페어의 열주랑은 깃발의 열주랑으로 재현되고 있다. 그리고 대칭을 형성함으로써 균형감과 안정감을 확보하고 있고, 주조는 이 전체주의 정권의 상징으로서 나치의 표식으로 구현되고 있다. 이 모든 장치가 합쳐짐으로써 나치 전당 대회는 훌륭하게 그 기능을 수행하게 된다. 즉 이 공간이 만들어내는 가장 중요

나치의 1934년 뉘른베르크 전당 대회 장면
알베르트 슈페어가 사용했던 기단이 이 무대에서도 똑같이 나타난다. 차이가 있다면 무대의 기단이 훨씬 더 수직적인 강조를 보인다는 점이다.

한 자리를 가장 우월한 자리로 만들고, 그 우월한 자리를 차지하는 사람에게 가장 우월한 지위를 부여한다.

다시 영화 속 나치 전당 대회를 조금 더 들여다보자. 전면에 있는 무대를 중심으로 백만 명에 가까운 나치당원들이 도열해 있다. 이렇게 많은 사람이 모여 있음에도 불구하고 이 전체 공간에 한순간 정적이 흐른다. 그리고 그 정적을 뚫고 검은색 리무진 한 대가 도열해 있는 사람들과 무대 사이를 빠르게 가로지른다. 리무진은 곧 무대 측면에 멈춰 서고, 리무진에서 누군가가 내린다. 그 사람이 단상의 후면에서 앞으로 모습을 드러내자, 단상 중앙의 나치 표식을 감싸며 성화에서 불이 피어오른다. 도열하고 있던 군중은 참고 있던 숨을 내뱉고 환호를 터뜨리며 열광한다. 이렇게 교묘하게 꾸며진 무대 위에 나타난 사람은 다름 아닌 히틀러다. 알베르트 슈페어의 건축을 혐오한 전후 독일인들에게 이 장면은 공포 그 자체다. 기단과 열주랑, 그리고 주조로부터 나타나는 전체주의, 여기에 많은 사람이 한자리에 모여서 한곳을 바라보는 공간 구조에서 독일인들은 나치와 그들이 자행한 무참한 살육과 폭력 행위를 떠올린다.

나치와 히틀러는 건축을 통해서 독일인을 길들였다. 다시 말해 건축을 이용해 히틀러를 신격화했고, 히틀러와 나치를 따르는 것이 당연하도록 독일 국민을 길들였다. 건축을 동원한 길들이기는 피해 가기가 쉽지 않다. 도시라는 공간에 거주하는 이상 길들임의 구조에서 자유로울 수 없다. 쳐다보지 않을 수 없고, 시시때때로 건물을 사용하지 않을 수 없기 때문이다.

건물을 이용해 지배 계층의 권위를 높이는 것은 어제오늘의 일이 아니다. 동서고금을 막론하고 언제나 건축은 누군가를 길들이고 있었다고 해도 틀리지 않을 것이다. 또한 지배 계층의 붕괴는 항상 지배 계층이 사용하던 건축물의 파괴로 이어지곤 했다. 지배를 당하는 입장에서는 지배 계층과 그들이 만들어놓은 건축물을 동일시하게 되어 있다. 어찌 보면 화는 나는데 별달리 풀 길이 없어서 그렇다고 볼 수도 있겠지만, 이는 건축물이 그것의 사용자를 대변하기 때문일 것이다.

이제 다시 한스 샤로운의 베를린필하모닉 콘서트로홀 이야기로 돌아가보자. 왜 베를린필하모닉 콘서트홀에는 기단이 없을까? 왜 수평성을 강조하는 도구, 즉 열주랑 같은 장치가 없을까? 또 왜 주조의 형태도 사용하지 않았을까? 이유는 나치의 선전 도구로 쓰인 건축에서 이런 장치들을 사용했기 때문이다. 많은 사람들이 모일 수밖에 없는 공연장을 나치 때의 불쾌한 기억이 떠오르는 형태로 만들지 않기 위함이었다.

이번에는 공간 구조에 대해 생각해보자. 왜 출입구와 로비를 분산시키고 객석을 여러 개의 작은 구역으로 나누었을까? 또 공연장 안에선 왜 다른 구역에 있는 사람들의 존재를 인지하기 어렵게 만들었을까? 이는 많은 사람들이 한자리에 모여 질서 정연하게 한곳을 바라보는 공간 구조 또한 나치에 대한 끔찍한 기억을 되살린다고 판단했기 때문이다. 즉 베를린필하모닉 콘서트홀의 건축 형태와 공간 구조에는 나치 식 길들이기를 되풀이하지 않으려는 의도가 담겨 있다.

나치는 대중이 이용하는 시설의 형태와 공간 구조를 조작해서 사람들을 특정한 방향으로 길들였다. 즉 제3제국이 지향하는 가치와 정당성에 길들였다. 나치가 활용한 건축 기법의 쓸모가 반드시 제3제국이 지향했던 가치 구현에만 한정되는 것은 아니다. 그렇지만 아무리 다른 의도를 가졌다 한들 나치 식 건축 기법은 여차하면 그들의 가치관과 방법에 동조하는 느낌을 줄 수도 있다. 최소한 나치 식 건축 형태와 공간 구조가 나치를 연상시킬 것은 분명하다. 이에 대해 베를린 필하모닉 콘서트홀은 나치의 가치관과 방법에 동조하거나 또는 그것을 연상시키는 건축적 조작을 거부함으로써 나치 식 길들이기를 거부하는 것이다.

또한 베를린필하모닉 콘서트홀의 건축적 의의는 길들이기를 거부하는 데서 끝나지 않는다. 동일한 기능, 즉 많은 사람들이 모여서 한 곳을 바라보는 기능을 수행하면서도 나치와는 다른 건축 형태와 공간 형식을 제안했다. 이로써 더 이상 나치 식 길들이기가 지속되지 않도록 할 뿐 아니라, 나치 식 길들이기가 우리를 어떻게 길들이고 있었던가를 깨닫게 해준다. 그리고 다시는 그 혐오스럽고, 끔찍한 길들이기의 시대로 되돌아가지 않도록 한다.[*]

하지만 어찌 보면 베를린필하모닉 콘서트홀 역시 또 다른 길들이기의 시작일 뿐이다. 권위주의와 전체주의를 부정하는 길들이기인 것이다. 베를린필하모닉 콘서트홀을 이용하는 사람들은 당연히 권위주의와 전체주의를 부정하는 방향으로 길들여진다. 베를린필하모닉 콘

---

* 출입 동선의 구성, 객석의 형태와 관련한 분석으로는 Wilfried Wang의 저서를 참고할 만하다. Wilfried Wang(ed.), "The Lightness of Democracy" in *O'Neil Ford Monograph 5: Philharmonie, Hans Scharoun* , Tübingen–Berlin, 2013.

서트홀의 건축 형태는 전후 독일의 상황에서는 매우 타당해 보인다. 하지만 좀 더 많은 시간이 흐른 뒤, 권위와 전체주의가 새로운 모습으로 진화해 우리 사회에서 지극히 필요한 체제가 될 수도 있다. 그때가 되면, 우리 중 적지 않은 사람이 이 체제를 원하게 되었을 때, 어쩌면 베를린필하모닉 콘서트홀은 또 다른 목적을 위한 길들이기의 도구였다고 비판받을지 모른다. 그리고 또 다른 새로운 길들임의 방식이 뒤를 잇게 될 것이다.

월트디즈니 콘서트홀

길들여진 자의 분노 앞에서 건축가는 무엇을 할 수 있을까

사람이 어떤 도구에 길들여지면 아주 편해진다. 그런데 하나의 도구가 길들여지고, 쓰는 사람 또한 길들여지면 다른 도구를 쓰는 게 쉽지 않다. 새로운 도구에 익숙해지는 데는 불편함이 따른다. 사용법이 다르니 그 방법을 익히는 것이 귀찮아 짜증이 나기도 한다. 게다가 도구의 성능이 그전 것보다 못하다면 더더욱 그렇다.

집도 도구의 일종이다. 내 집에서 살 때는 특별히 편한 것도 불편한 것도 못 느끼고 산다. 길들여져 있기 때문이다. 그런데 멀리 여행이라도 가서 다른 집에서 며칠 지내다 보면 불편한 것이 하나둘 눈에 띄기 시작한다. 하다못해 샤워기 사용법이 달라서 곤혹스러운 일을 겪기도 한다. 국내에서는 샤워기 꼭지가 다 비슷하니 사용법을 몰라도 이리저리 만지다 보면 얼마 안 가 사용법을 터득할 수 있다. 하지만 외국에 나가면 상황이 좀 달라진다. 아무리 궁리해봐도 샤워기 꼭지 트는 법조차 알 수 없는 상황이 발생하기도 한다. 말이라도 통하면 물어보기라도 할 텐데, 이럴 땐 짜증이 안 날 수가 없다. 어찌어찌 해서 샤워기 꼭지를 틀고 샤워를 하기 시작했다고 치자. 그런데 물이 쫄쫄쫄 흘러나온다. 집에 있는 샤워기만큼 물살이 힘차지 못하다. 아무리 비눗물을 닦아내도 개운하지가 않다. 집 샤워기 물살에 길들여져 있기 때문이다.

길들여진다는 것은 참 무서운 일이다. 샤워기 물살이 집에서 사용할 때보다 더 셀 경우를 상상해보자. 물살이 세긴 하지만 그렇다고 더 불편할 것 같진 않다. 오히려 더 성능이 좋은 것일 수도 있다. 그런데도 불만이 스멀스멀 터져나온다. 이미 집에 있는 샤워기에 길들여진 탓이다. 한번 길들여지면 길들여진 방식 이외에 모든 것을 꺼리게 된다.

사람과 사물 사이에서 일어나는 길들이기는 사람이 행동을 취하기 전까지는 항상 그대로 유지된다. 사람의 마음이나 상황이 변하지 않는 한 사물이 변덕을 부리거나 배신을 할 리는 없다. 매일 사용하는 우리 집 샤워기가 트랜스포머처럼 변해서 황당하게 할 일은 없다. 하지만 사람의 생각과 마음은 변하기 마련이다. 외국에서 사용한 샤워기가 처음에 불편하고 물살 세기도 안 맞아 기분이 상했지만, 나중에는 더 편하게 느껴질 수도 있다.

보통 때는 자신이 길들여져 있다는 것을 자각하지 못하지만, 특별한 일을 계기로 그 사실을 깨닫기도 한다. 그러고 나면 이미 길들여져서 편한지 불편한지, 좋은지 안 좋은지 생각하지 않았던 대상을 다시 살피게 된다. 즉 나를 길들이고 있었던 대상에 대한 새로운 탐구가 시작된다. 습관적 사고가 아닌 관리적 사고가 눈을 뜨는 순간이다.[*] 이때가 되면 길들여지기 전, 처음 선택의 순간으로 돌아가서 선택 가능했던 대안들에 대해 곰곰이 따져보게 된다.

길들여짐에서 깨어났을 때 사람들은 무엇을 느낄까? 어떤 물건에 길들여져 그 물건이 최고인 줄 알고 쓰다가 더 좋은 물건을 찾게 되면 어떤 일이 벌어질까? 아마 경제력이 받쳐준다면 새로 더 좋은 물건을 사서 쓸 것이다. 예전에 쓰던 물건에 화를 내는 법은 없다. 기껏해야 '왜 이런 좋은 물건이 있는 걸 몰랐을까' 자책하는 정도일 것이다. 길들이고 길들여지는 관계가 사람과 사물의 관계인 경우에는 대략 이정도로 마무리가 된다. 새로운 길들여짐이 이전의 길들여짐을 자연스럽게 대신한다.

문제는 길들이고 길들여지는 관계가 사람과 사람 사이에서 일어나는 경우다. 누군가가 부당한 목적으로 길들이기를 했다가 그 관계가 무너졌다. 길들여진 동안에는 느끼지 못했지만, 일단 관계가 깨지고 나면 길들여짐을 당한 사람은 자신을 길들인 사람에게 분노를 느낀다. 아마 보복하고 싶어질 것이다. 이제 이야기하려는 프랭크 게리의 건축은 이렇게 길들여졌던 자의 보복과 관계가 있다.

프랭크 게리(Frank Gehry, 1929~)는 오늘날 세계에서 가장 유명한 건

---

* 닐 마틴, 『해빗』, 홍성태 · 박지혜 옮김, 위즈덤하우스, 2008.

** 라파엘 모네오, 『라파엘 모네오가 말하는 8인의 현대건축가』, 이영범 외 3명 옮김, 공간사, 2008.

축가 중 한 명이다. 많은 사람들이 텔레비전에서 그의 건축물을 접해본 적이 있을 것이다. 그의 건축물 월트디즈니 콘서트홀이 우리나라 유명 자동차 광고의 배경으로 나온 적이 있기 때문이다.

온통 곡면으로 감싼 이 건물은 프랭크 게리 건축의 특징을 아주 잘 보여준다. 프랭크 게리가 평생 곡면 건축만 추구해온 것은 아니지만, 그것이 그를 세계적으로 유명하게 만든 건축 언어임에는 틀림없다. 사람들은 게리의 곡면 건축에 열광한다. 이미 향후 수년 분량의 건축설계 주문을 받아놓은 상태인데, 이 고객들이 하나같이 곡면 건축을 요구했다고 한다. 사실 근년 들어 프랭크 게리는 곡면 건축 이외의 것을 시도하기도 했다. 대표적인 예가 독일에 지은 비트라 디자인 무제움(Vitra Design Museum)이다. 이 건물에는 이전에 게리의 작품에서 늘 볼 수 있었던 곡면이 없다. 그리고 이 작품에 대해 라파엘 비뇰리(Rafael Viñoly, 1944~)는 찬사를 아끼지 않는다.** 사실 대가의 새로운 시도가 제대로 평가받는 데는 어느 정도의 시간과 유사한 경향의 작품이 추가적으로 필요하다. 프랭크 게리의 새로운 건축적 시도는 놀랍지만, 현재로서는 그것이 아직 진행 중이기 때문에 적절한 평가를 하기 어려운 상황이다. 어쩌면 그래서 더 라파엘 비뇰리 같은 전문 비평가의 호평에 귀를 기울이게 되는지도 모르겠다.

건축가의 작품 경향이 하나의 발전 선상에서 연속되는 것이라면, 게리는 곡면 이외의 것을 시도했다기보다 더 발전된 무엇을 시도했다고 불 수 있다. 하지만 정작 건물을 지어달라고 요구하는 고객들은 그런 것에는 관심도 없다. 무조건 곡면을 많이 사용한 건축을 요구한다고 한다. 대체 왜 사람들은 더 발전한 작품을 마다하고 곡면 건축만

프랭크 게리의 월트디즈니 콘서트홀
온통 곡면으로 감싼 이 건물은 흡사
예술 조형물처럼 보이기도 한다. 프
랭크 게리 건축의 특징이 잘 드러난
작품이다

비트라 디자인무제움
비트라 디자인무제움에서는 계단 이
외에는 별다른 곡면이 사용되지 않
았다. 비뇰리는 이 건물이 게리의 이
전 곡면 건축과는 다른 특질을 지니
며, 여기에서 또 다른 독창성이 움트
고 있다고 평가한다

찾는 것일까? 사람들은 게리의 곡면 건축에 담긴 의미를 이해하고 좋아하는 것일까? 물론 굳이 의미를 몰라도, 보기에 좋으면 그만일 수도 있다. 하지만 지금부터는 프랭크 게리의 건축에 담긴 의미가 무엇인지, 그리고 사람들이 왜 그토록 곡면 건축에 열광하는지 알아보려고 한다.

우선 결론의 일부를 먼저 말하면 프랭크 게리의 건축은 길들이기의 반대 입장과 깊은 관련이 있다. 게리의 곡면 건축은 길들여진 사람들에게 길들여서 미안하다는 반성과 길들여지지 않아도 좋다는 메시지를 전한다.

첫 번째 시도 – 은밀한 방식으로 부를 표현하는 건축은 어떠한가

프랭크 게리가 처음부터 세계적인 명성을 얻었던 것은 아니다. 하버드대학교 건축대학원을 졸업하고 로스앤젤레스에서 설계 사무소를 개업한 그는 상당 기간 사무소 운영에 어려움을 겪었다. 그러던 차에 그에게도 기회가 찾아왔다. 프랭크 게리가 자신의 집을 특별한 형태로 설계한 것이 계기가 되었다.

캘리포니아 로스앤젤레스 변두리에 있는 작은 집을 산 게리가 부인의 요구와 본인의 취향에 맞게 집을 개조한 것인데, 이때부터 그는 승승장구하기 시작한다.

게리는 방 두 개짜리 별 볼 것 없는 집을 호사스럽거나 고급스럽게 하지 않고, 더욱 소박하게 보이는 쪽으로 개조한다. 식구 수에 비해 방이 부족하니 방을 하나 더 만들고 부엌과 거실 공간을 좀 더 넓혔다. 그러고 나서 특이하게도 집에 담장을 둘러치고 주택 건물 곳곳에 철망을 씌웠다. 그리하여 처음 구입한 집이 소박한 집이었다면 개조한 집은 더더욱 너절하게 소박한 집처럼 보인다.

그는 특히 밖에서 볼 때 처음 눈에 띄는 담장을 싸구려 골철판으로 설치했다. 한 60년대쯤 우리나라에서 가장 값싸게 담장을 치기 위해서 사용했던 골철판을 떠올리면 된다. 이런 골철판을 사용했으니 그저 임시방편으로밖에 보이지 않는다. 또 그런 재료로 담장을 두른 탓에 소박한 집이 너저분해 보이는 것도 당연하다.

이 집을 너절하게 보이게 만든 또 하나의 장치는 집 여기저기에 갖다 붙인 철망이었다. 이 철망은 안이 들여다보이는 펜스 역할을 한다. 사람이나 동물의 출입은 제한하지만, 내부는 들여다볼 수 있게 한 것이다. 또 집 안에서 보자면 외부로의 시야를 열어놓으면서 심리적으로 가리개 역할을 한다. 이 철망은 캘리포니아 해변가에서 주워 온 철망

게리 하우스 개조 전(왼쪽)과 개조 후(오른쪽)
게리는 방 두 개짜리 별 볼 것 없는 집을 호사스럽거나 고급스럽게 하지 않고, 더욱 소박하게 보이는 쪽으로 개조했다.

을 활용한 것이다. 그러니 여러모로 새로 개조한 집이 오히려 더 너저분해 보이는 게 당연하다.

작은 집을 하나 사서 방이 모자라니 방을 더 만들고, 기존에 있던 부엌이나 거실이 너무 비좁으니 조금 더 확장하고, 담장이나 가리개로는 싸구려 재료를 사용하거나 고물상에서 얻어다가 집을 개조했다고 보면 된다. 사진에서도 확인할 수 있듯이 별로 좋아 보이는 집이 아니다. 오히려 개조 전의 집은 단정하기라도 한데, 개조 후에는 그런 맛도 찾기 힘들다. 그런데 이 집이 큰 관심을 불러일으킨다. 로스앤젤레스의 돈 많은 귀부인들이 당신의 집처럼 설계해달라며 프랭크 게리에게 몰려왔다. 눈을 의심하지 않을 수 없다. 너저분한 게리의 집이 무엇이 좋아서 그 집처럼 설계해달라고 한 것일까?

일명 '게리 하우스'의 특징은 소박하다 못해 너저분해 보이는 외관에 있다. 게리 하우스가 이런 외관을 가지게 된 이유는 먼저 내부 공간을 확장하다 보니 일반적인 외관과 달라질 수밖에 없었기 때문이다. 그다음 요인은 가리개를 아주 값싸 보이는 재료로 꾸몄기 때문이다. 그리고 자연히 임시방편처럼 보이도록 그에 걸맞은 시공법을 선택했다. 싼 재료에 돈이 많이 들어가는 시공법을 할 필요는 없는 것이다.

그런데 여기에 반전이 있다. 게리 하우스는 값싼 재료, 저렴한 시공, 그리고 필요에 따라 마구잡이로 공간을 개조한 집이 아니라는 사실이다. 게리 하우스의 담장, 가리개로 사용한 철망 모두 아주 비싼 재료다. 그리고 그 재료를 임시방편으로 보이게 얼기설기 엮어놓은 시공법 또한 품이 많이 든다. 내부 공간의 확장도 마찬가지다. 즉 게리 하우스는 앞에서 설명한 것처럼 값싸고 소박한 집이 아니다. 그렇게 보이려고 엄청나게 노력했을 뿐이다. 결론적으로 게리 하우스는 돈을 무지하게 들여서 값싸게 보이도록 지어졌고, 이런 의도를 안 로스앤젤레스의 귀부인들은 앞다퉈 자신들의 '게리 하우스'를 지어달라고 찾아온 것이다. 그런데 왜, 그들은 굳이 비싼 돈을 들여서까지 값싸 보이는 집을 지으려고 했을까?

이는 이 집을 지음으로써 은밀하게 재력을 자랑할 수 있기 때문이다. 싼 집처럼 보이게 해서 일반 사람들의 시선은 피하면서도, 속사정을 아는 사람들 사이에서는 비싼 집을 가지고 있다고 자랑할 만한 집을 원한 것이다. 상식적으로 이해가 안 될 수도 있다. 하지만 비슷한 일이 우리나라에도 있었다. 수년 전 국내 가구 시장에서 몽고 풍 가구가 유행한 적이 있다. 몽고 풍이라고 하니까 뭔가 그럴싸해 보이지만, 실제로는 소박한 정도가 아니라 남루해 보이기까지 한 가구였다. 그런데 이런 남루해 보이는 가구들이 아주 비싼 돈에 거래가 됐다. 그리고 그 가구를 이용한 실내 장식이 유행했다. 일반 사람들이야 그렇게 장식해놓은 집에 갈 일도 별로 없을 테고, 그런 집에 가본들 남루해 보이는 가구들이 사실 엄청나게 비쌀 거라고는 상상도 못할 것이다. 하지만 부자들은 금세 알아본다. 남루해 보여도 그것이 얼마나 고가의 가구들인지 바로 알아채는 것이다. 게리 하우스는 우리나라에서 한때 유행했던 몽고 풍 가구의 미국판이라고 생각하면 된다. 돈 있는 사람들끼리만 알아보는 코드로 꾸며진 집이다. 게리 하우스에 사는 사람이나 그 집의 실제 가치를 알아보는 사람 모두 재력가로 인정받을 수 있다. 즉 게리 하우스는 가진 자들만의 표식인 셈이다. 이것이 로스앤젤레스의 돈 많은 귀부인들이 앞다퉈 게리 하우스를 찾은 이유다.

그런데 이런 의문이 뒤를 잇는다. 왜 하필 돈 많은 사람들끼리만 알아보길 원했을까? 많은 사람들이 자신의 재력을 알아주면 좋지 않을까? 하지만 우리가 잊은 게 있다. 부자는 굳이 가난한 사람에게 자신의 부를 자랑할 필요가 없다는 것이다. 예를 들어보자. 세계 어디서든 비슷하겠지만 특히 우리나라에서는 공부를 잘하면 본인에게는 영광이고 부모에게는 효도하는 것으로 여겨진다. 그런데 공부를 못하던 아이가 공부를 잘하게 되었다고 치자. 그 집 부모는 어디 가서 자랑을 할 것인가? 여전히 성적이 그저 그런 아들을 둔 옆집 아줌마한테? 그보다는 공부 잘하는 자식을 두었다고 으스대던 아줌마에게 찾아갈 것이다. 이제 같이 공부 못하던 자식을 둔 집안은 안중에도 없다. 돈도 마찬가지다. 있는 사람한테 더 자랑하고 싶은 것이 인지상정이다. 그런 면에서 게리 하우스는 로스앤젤레스의 귀부인들에게 제격이다. 없는 사람들은 못 알아본다. 있는 사람만 그 집의 가치를 알아볼 수 있다.

그런데 게리 하우스가 선풍적인 인기를 끌었던 이유는 이뿐만이 아니다. 두 번째 이유는 로스앤젤레스라는 도시의 특징과 관련이 깊다. 로스앤젤레스에는 백여 개 이상의 민족이 살고 있는데, 이들은 각기 다른 언어를 사용한다. 그리고 로스앤젤레스의 초기 이주자들은 금광을 찾아온 사람들이었다. 금광 개발 덕에 커지기 시작한 로스앤젤레스에 언제부터인가 미국 전역과 세계 각지에서 사람들이 몰려와 살기 시작한 것이다. 그러다 보니 로스앤젤레스에는 경제적으로 부유하거나 좋은 직업을 가진 사람들보다는 정치적 핍박을 받거나 가난한 사람들이 기회를 찾아 떠나온 경우가 많다. 노예제도의 영향이 늦게까지 남아 있던 미국 남부에서 주인집에 해를 가하고 도망 온 사람, 미국 동부에서 사기를 치다 경찰을 피해 숨어든 사람, 또는 어느 독재 국가로부터 망명한 사람 들이 모여 살게 된 것이다. 당연히 이들은 각자가 살아온 문화적 배경과 서로 다른 언어 차이를 극복하지 못했다. 같은 장소에 모여 살기는 하지만, 서로를 이해하거나 도울 수 있는 처지가 아니었다.

이들에게 로스앤젤레스는 이전에 살던 곳만큼이나 팍팍한 도시였을 것이다. 이렇게 어려움이 계속되는 상황에서 예전에 자신을 노예처럼 부려먹던 주인이 살던 집을 보면, 또는 동부 금융가의 고전주의 양식의 집을 보면, 아니면 독재자의 공관 같은 집을 보면 과거의 불쾌한 기억이 되살아나기 마련이다. 그래서 그들에게 분노를 표출하기도 한다. 화염병을 던지고 차를 부수고 총을 쏜다. 로스앤젤레스 폭동도 이런 배경에서 발생했다. 그러니 로스앤젤레스에서는 눈에 띄면 오히려 위험하다. 돈 자랑하다가 재산도 다 날아갈 수 있고, 목숨을 잃을 수도 있다. 그러니 돈이 있어도 돈 없는 사람에게 자랑을 할 수 없다. 오직 가진 자들끼리만 서로 자랑하고 살아야 한다. 게리 하우스는 이런 로스앤젤레스에서 돈 자랑하기에 딱 적당한 수단이었다. 이런 이유로 게리 하우스가 선풍적인 인기를 끌었고, 게리는 건축가로서 명성을 얻기 시작했다.[*]

게리 하우스에서 선보인 전략은 '고안된 즉흥주의(Improvised

---

[*] Jencks, Charles., *Heteropolis* , St Martins Press, 1993.

Adhocism)'로 일컬어지기도 한다. 즉흥주의의 매력은 사람들에게 신선함을 줄 수 있다는 것이다. 즉흥주의는 뭐가 나올지 모르는 상황에서 기대감을 고조시킬 수 있다. 경주 포석정에서 귀족들이 순배를 돌리며 시를 지었던 것도 재밌는 즉흥주의의 예다. 순배가 도는 짧은 시간에 즉흥적으로 시를 짓는 것이다. 시를 짓는 사람이나 지켜보는 사람 모두 어느새 그 재미에 빠져들게 된다. 또한 사람들이 즉흥주의에 매력을 느끼는 이유는 여러 가지가 있겠지만, 그중에서도 우연이 주는 재미가 꽤 큰 이유를 차지하지 않을까 싶다. 짧은 시간에 모든 것을 다 고려할 수는 없다. 정말 필요한 것들만 취하고 나머지는 우연에 맡겨야 한다. 즉흥주의는 우리에게 신선함과 우연이 만들어내는 재미를 제공하는 것이다.

즉흥주의는 행하는 사람 입장에서 보면 결과에 심각하게 연연하지 않아도 된다는 이점이 있다. 결과가 좋으면 다행이지만 결과가 나쁘더라도 "어차피 즉흥인데"라고 얼버무릴 수 있다. 우연이 강하게 개입될 수밖에 없는 즉흥주의는 보는 사람에게는 신선함을, 하는 사람에게는 핑계를 댈 수 있는 기회를 준다. 예상할 수 없는 결과를 부담 없이 즐길 수 있는 것이다. 이런 매력을 그냥 즉흥적으로만 사용할 필요는 없다. 즉흥주의를 의도적으로 사용하기도 한다. 즉흥적인 것처럼 보이게 하기 위해 아주 세심한 배려를 한다. 그 한 예가 넥타이 매듭법이다. 넥타이는 일반적으로 왼쪽, 오른쪽으로 두 번을 돌려서 맨다. 그런데 왼쪽이든 오른쪽이든 한 번만 돌려서 매는 경우도 있다. 이 매듭법은 케네디가 주로 썼던 방법이라서 케네디 스타일이라고 부르기도 한다.

한 번만 돌려서 맨 넥타이는 정면에서 볼 때 삐뚜름하게 보인다. 원래 똑바로 매야 할 넥타이가 이렇게 삐뚤어져 있으면 그걸 보는 사람은 두 번 돌려야 하는 것을 깜빡하고 한 번만 돌려 맸을 거라고 생각한다. 물론 케네디 스타일이 유행하기 전이라면 말이다.

비뚤어진 넥타이는 여러 가지 생각지 못한 반응을 불러일으킨다. "저 사람은 참 바쁜 사람이구나." "일 많이 하는 대단한 사람인가봐." "자기 일에 너무 충실하다 보니 넥타이를 잘못 맨 줄도 모르는구나." 넥타이 한번 잘못 매는 바람에 자기 일에 열심인 사람이 된 것이다. 물론 또 다른 한편으로는 완벽하지 않고, 꼼꼼하지 않다는 느낌을 줄 수도 있다. 자기 일에는 열심이지만 좀 덜 중요한 일에서는 느슨할 수 있다는 인상을 심어주는 것이다. 보통 사람들이 너무 완벽해 보이는 사람에게 거부감을 느끼는 경우를 떠올려보면, 가끔은 좀 느슨한 모습을 보일 필요도 있어 보인다.

존 F. 케네디
그의 넥타이는 고안된 즉흥주의가 어떤 효과를 발휘하는지 보여준다.

나랏일에 너무 바쁜 나머지 케네디가 넥타이를 한 번만 돌려 맨 순간이 있었을 텐데, 그게 바로 즉흥이다. 사람들은 그의 즉흥적인 행동에 이렇게 반응했다. "우리 대통령은 국민을 위해 정말 열심히 일하는 사람이야. 넥타이를 잘못 맨 줄도 모를 정도로." 그리고 반응은 여기서 한 단계 더 나아간다. "좀 느슨해 보이는 것이 더 편하고 친근하게 느껴지는걸." 그의 즉흥이 인기를 끌자 케네디는 항상 넥타이를 한 번만 돌려서 매기 시작한다. 이제부터는 의도적이고 계획적이다. 사람들이 자신을 열심히 사는 성실한 사람으로 보게 하고, 다른 한편으로는 좀 더 친근한 사람으로 느끼게 하려는 의도다.

게리 하우스 또한 고안된 즉흥주의에 가깝다. 필요와 상황에 따라 방 개수를 늘리고 부엌과 거실의 면적을 늘렸다. 그리고 가장 저렴한 재료를 이용해서 임시방편으로 가리개를 설치했다. 여 기까지는 즉흥이다. 하지만 철저하게 의도된 것이다. 게리는 아주 치밀한 계산을 통해 보통 사람의 집처럼 보이게 했다. 그러나 진짜 보통 사람 집이라면 보통 사람 집처럼 보이는 게리 하우스의 분위기를 만들어낼 수 없다. 게리 하우스처럼 특수한 장치와 고안이 있어야만 한다. 진짜 보통 사람의 집이 게리 하우스와 똑같다고 생각하면 곤란하다.

일견 즉흥적으로 보이지만 평면도와 입면 및 매스 구성을 비교해보면 게리 하우스가 얼마나 철저한 계산의 결과물인지 실감할 수 있다. 평면은 일반적인 주택 평면과 별반 다를 바가 없어 보인다. 기존 주택의 세 면을 벽으로 둘러싸고 그 사이에 필요한 방을 추가했을 뿐이다. 그런데 입면과 매스 구성을 보면 일반적인 수평, 수직에 어긋나는 이상한 매스들이 끼어들어 있다. 마치 비좁은 공간에 억지로 방을 끼워넣은 것처럼 보인다. 무엇을 의도한 것일까?

이 의도를 쉽게 설명하면, 한 남자가 재킷을 샀는데 멋 내려고 소매를 걷어올리면서 절대로 그런 의도가 아니라고 강변하는 상황과 비슷하다. 멋 내고 싶으면서 사람들에게는 더워서 혹은 활동량이 많아서 그렇다고 우기는 것이다. 사람들이 이 말을 믿는다면 이때 고안된 즉흥주의는 성공한 것이다. 그런데 사람들이 "에이 아닌 것 같은데.

멋 부린 거 다 티나"라고 말하면 고안된 즉흥주의는 실패한 것이다. 고안된 즉흥주의는 끝까지 티가 나지 않아야 비로소 완성되었다고 볼 수 있다. 의심할 수는 있어도 확신할 수는 없게 해야 한다.

게리 하우스의 입면과 매스는 보통 사람의 집처럼 꾸민 것이 아니고, 정말 필요에 의해 고안된 것이라고 우기기 위한 도구다. 누가 봐도 비좁아 보이는 공간에 방을 끼워넣은 것을 보면 사람들은 정말 필요에 의한 것이라고 인정할 수 있다. 조금 미심쩍긴 하겠지만 말이다. 이처럼 게리의 고안된 즉흥주의는 길들여진 자의 분노가 분출하는 로

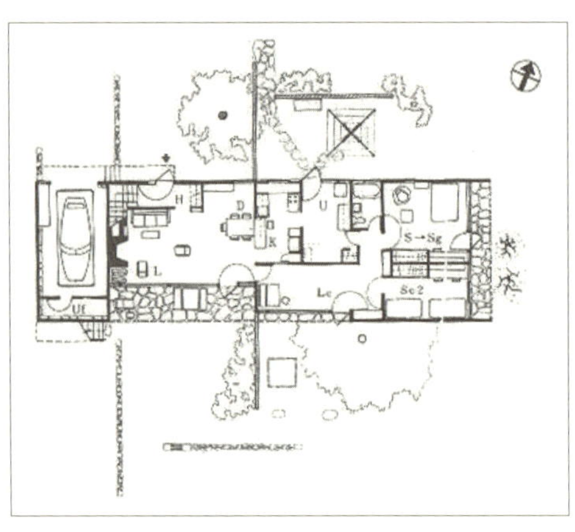

일반적인 주택 평면도(왼쪽)
게리 하우스 평면도와 개념 모델(아래)
평면도만 봐서는 일반 주택과 게리 하우스의 차이점을 쉽게 알 수 없다. 그러나 개념 모델의 불규칙한 매스들을 보면 게리 하우스가 고안된 즉흥주의를 성공적으로 수행하고 있음을 알 수 있다.

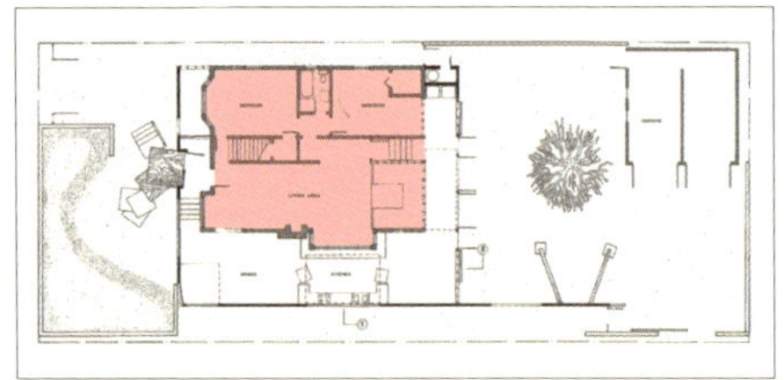

스앤젤레스에서 안전하게 부를 표출하는 방법으로 아주 잘 작동했다. 길들여진 자의 분노는 누그러뜨리면서 길들이는 자의 부는 안전하게 표출할 수 있게 했다. 어느 쪽으로 보나 게리의 건축은 성공한 셈이다. 그렇지만 건축가의 입장에서는 씁쓸한 기분을 지울 수가 없다.

두 번째 시도–월트디즈니 콘서트홀의 생김새를 말로 설명할 수 있을까

게리 하우스로 미국에서 명성을 얻은 프랭크 게리는 월트디즈니 콘서트홀을 설계함으로써 세계적인 건축가로 성장하는 계기를 맞는다. 월트디즈니 콘서트홀 이후 게리는 자유 곡면이라는 자신의 건축적 특징을 잘 보여주는 건축물을 세계 곳곳에 세운다. 체코 프라하의 댄싱 하우스(Dancing House), 스페인 바스크지방의 마르케스 데 리스칼 와이너리(Marques de Riscal Winery)와 구겐하임 빌바오 뮤지엄(Guggenheim Bilbao Museum) 등이 그것이다. 그중 구겐하임 빌바오 뮤지엄은 곡면 건축의 대표작으로 평가될 만큼 유명하다. 형태적인 아름다움뿐 아니라 빌바오라는 도시의 경제적 부흥에도 효과적으로 공헌한 특별한 사례로 꼽힌다. 이 건축물로써 게리는 누구도 부인할 수 없는 세계적인 건축가로 발돋움했다고 해도 과언이 아니다. 하지만 건축이 지니는 사회적 의미, 특히 그의 곡면이 지니는 사회적 의미를 함께 생각한다면 역시 프랭크 게리의 가장 중요한 건축물은 월트디즈니 콘서트홀이다.

댄싱 하우스

마르케스 데 리스칼 와이너리

구겐하임 빌바오 뮤지엄

프랭크 게리가 설계한 건축물은 정형화되어 있지 않다. 그는 자신의 건축적 특징인 곡면 건축에 머물지 않고, 현재도 새로운 시도를 계속하고 있다.

프랭크 게리의 대표적 건축물 월트디즈니 콘서트홀
프랭크 게리는 월트디즈니 콘서트홀의 형태적 특징을 통해 기존의 그 무엇과도 닮지 않은 새로운 건축 형상을 구현해냈다.

월트디즈니 콘서트홀의 대표적인 특징은 두 가지다. 하나는 그 형태다. 월트디즈니 콘서트홀은 여러 개의 매스를 무작위로 쌓아놓은 듯한 형상을 하고 있다. 그리고 무작위로 쌓아올린 매스들을 곡면을 사용해 만들었다. 이 형태의 특징을, 그리고 월트디즈니 콘서트홀의 생김새를 말로 표현하는 것은 불가능해 보인다.

지금 월트디즈니 콘서트홀을 마주 보고 있다고 가정해보자. 그리고 여기에 같이 오지 못한 친구에게 전화로 이 건물의 생김새를 설명해보자. 어떻게 설명할 수 있을까? 이 형태를 만드는 일반적인 규칙과 조건을 과연 말로 전달할 수 있을까? 또는 이 건물이 예전의 무슨 건물을 닮았다거나 어떤 동물이나 식물, 어떤 아주 유명한 자연 경관을 닮았다고 말할 수 있을까? 모두 불가능하다. 불규칙하게 쌓아올린 매스와 특히 그 매스의 표면을 덮고 있는 곡면을 설명하기에 모두 불충분하다. 게리는 곡면이 주는 신기함과 역동성을 적극적으로 활용하고 있다. 당연히 건축물 앞에 선 사람도 신기함과 형태적 역동성을 별다른 저항 없이 느낄 수 있다. 그런데 게리가 이런 의도에서 곡면 형태를 활용한 것은 아니다.

월트디즈니 콘서트홀의 형태적 특징은 이것이 무엇이냐 혹은 무엇 같이 생겼냐고 물어봤을 때 마땅히 대답할 길이 없다는 것이다. 그냥 월트디즈니 콘서트홀의 형태일 뿐이다. 바로 이것이 게리의 의도다. 그는 기존의 그 무엇과도 닮지 않은 새로운 건축 형상이 필요했던 것이다. 게리는 그 어느 누구도 월트디즈니 콘서트홀을 보고 과거의 무언가를 떠올리지 않기를 바랐다. 혹시 유쾌하지 못한 기억을 떠올렸을 때 벌어질 수도 있는 일을 피하려는 의도였다. 흔히 대중이 사용하는 대규모 건물은 건물의 형태적 특징으로 건물의 용도를 알 수 있게 하는 경우가 많다. 예를 들어서 학교 건물은 학교처럼 짓고, 대기업 본사 건물은 대기업 본사 건물답게 짓는다. 반대의 예로 구글 본사가 본사답지 않은 외관으로 인해 인구에 회자되는 것도 이런 주장을 뒷받침한다.

일반적인 관점에서 볼 때 건물의 용도를 숨길 이유는 없다. 오히려 용도가 드러나도록 해야 한다. 그래야 건물의 정체성을 높이고 인지도를 올리는 데도 효과적이기 때문이다. 하지만 월트디즈니 콘서트홀이 지어질 당시 로스앤젤레스의 상황을 고려하면 생각은 달라진다. 월트디즈니 콘서트홀은 로스앤젤레스 폭동 이후 어수선한 사회 분위기를 순화할 목적으로 지어진 건축물이다. 많은 사람들이 모여서 같이 음악을 즐기면서 서로 화합할 수 있는 공동의 공간을 마련하자는 취지로 지어졌다. 그러니 이 건물은 누구라도 환영할 수 있는 건물이어야 한다. 그런데 앞서 말했다시피 로스앤젤레스는 여기저기에서 유쾌하지 못한 기억을 가지고 몰려든 사람들이 사는 도시다. 가령 월트디즈니 콘서트홀을 미국 남부 콜로니얼양식의 대저택처럼 지었다고 생각해보자. 누군가가 미국 남부에서 그런 저택에 살던 사람한테 핍

박을 받은 적이 있다면 월트디즈니 콘서트홀을 보자마자 당시의 불쾌한 감정과 기억이 되살아날 것이다. 그러므로 이 공동의 공간이 그 많은 사람의 불쾌한 과거와 기억 들을 건들지 않으려면 그들이 과거에 보았을 그 무엇과도 비슷해서는 안 된다.

어쩌면 게리는 대부분의 사람들이 다 좋아할 것 같은 형상을 쓸 수도 있었을 것이다. 예를 들어 예쁜 강아지 모양 같은 것 말이다. 그런데 주인집 강아지에게 뭘 잘못 먹었다가 혼쭐이 나고, 그래서 참지 못해 주인집에 방화를 하고 로스앤젤레스로 도망 온 사람이 있을 수 있다. 이런 사람에게 강아지 모양이 결코 반가울 리가 없다. 로스앤젤레스는 백여 개가 넘는 다양한 민족이 각자의 언어를 사용하면서 살아가는 정말 짐작할 수 없는 곳이다. 이런 경우 모두가 다 좋아할 만한 형태를 찾는다는 것은 불가능하다. 그보다는 아무도 전에 본 적이 없는, 그래서 아무것도 생각이 나지 않은 형태를 찾는 것이 더 쉽다. 게리는 그것을 생각해냈다. 바로 곡면이다.

정도의 차이는 있겠지만 누구나 과거의 건물 형태에 길들여지기 마련이다. 그런데 게리는 아무리 쳐다보고 골똘히 생각해봐도 과거의

영화 〈바람과 함께 사라지다〉의 무대가 된 콜로니얼양식의 대저택
월트디즈니 콘서트홀이 콜로니얼양식으로 지어졌다면 지금의 유명세를 얻지는 못했을 것이다.

어떤 길들여짐과도 상관없는 형태를 고안해내는 데 성공했다. 길들여짐의 속박으로부터 사람들을 자유롭게 해준 것이다.

물고기의 곡선을 보고 신기함과 역동성을 느꼈던 게리는 월트디즈니 콘서트홀 이전에 작업했던 많은 건축물에도 곡면을 적용했었다. 하지만 월트디즈니 콘서트홀을 지으면서 게리는 그 누구도 알아채지 못한 곡면의 가치를 발견한다. 그가 새로이 찾아낸 곡면은 그 무엇과도 관계되지 않는 가치중립적인 형태다. 그리고 그것은 우리가 눈치채지 못하고 있던 길들여짐으로부터 우리를 깨어나게 해준다.

하지만 게리는 동시에 아주 교묘한 방법으로 우리를 길들였다. 건축 형태와 이 세상 가치 사이의 연결을 끊어놓는 방법으로 말이다. 이 길들임은 그냥 모른 채 길들여져 있는 것이 더 좋은 일일지도 모른다. 어쩌면 나는 게리의 이 교묘한 수법을 설명함으로써 그것이 가지고 있던 자연스러운 길들이기의 힘을 물화(物化)시키고, 그 마력 같은 힘을 빼앗아버리는 어리석은 일을 하고 있는지도 모르겠다. 게리의 마법이 어떻게 실행되는지 알려주지 않는 편이 더 나을 수 있다는 말이다. 마법은 그 마법의 비밀을 아는 순간 풀려버리기 때문이다.

월트디즈니 콘서트홀의 또 하나의 특징은 동선 체계에 있다. 동네 어딘가에서 딱히 어딜 가겠다고 방향을 잡은 것도 아닌데 어슬렁거리다 보면 월트디즈니 콘서트홀로 향하는 자신을 발견하게 되고, 또 밖에서 월트디즈니 콘서트홀을 바라보고 있었던 것 같은데 어느 순간 그곳의 내부에 들어와 있는 자신을 발견하게 된다. 이것이 바로 월트디즈니 콘서트홀의 동선 체계상의 특징이다.

대체로 건물은 입구를 분명하게 가지고 있다. 그 덕에 멀리서도 그 위치를 알 수 있다. 입구에 들어서는 순간 사람들은 건물의 내부로 들어가고 있음을 인지한다. 그러면서 당연히 입구의 외부와 내부는 다른 공간이라고 생각한다. 이렇게 입구는 건물의 안팎을 분명하게 구분한다. 그런데 월트디즈니 콘서트홀은 그렇지 않다. 동네 골목 어딘가에서 구렁이 담 넘듯 콘서트홀 근처로 이동하고, 거기에서 자신도 모르는 사이 콘서트홀 내부로 흘러들어가도록 설계돼 있다.*

이런 동선 체계 특징은 이 건물이 지향하는 최선의 목표와 잘 맞아떨어진다. 다른 유형의 많은 사람들이 자연스럽게 섞일 수 있는 기회를 제공하기 때문이다. 대개 건물은 건물과 관계가 있는 사람, 즉 건물 사용자와 그렇지 않은 사람을 차별적으로 구분한다. 건물 사용자에게는 아주 친절하지만 비사용자에게는 대단히 불친절하다. 특히 건물 사용자가 돈을 지불해야 하는 건물이라면 더더욱 그렇다.

한여름에 계곡에 놀러가본 사람이라면 누구나 이런 경험을 해봤을 것이다. 계곡에 버젓이 자리를 차지하고 맘 편히 시원한 계곡물에 발이라도 담그려면 가까운 음식점에서 뭐라도 사먹어야 하거나 아니면 자릿세를 따로 내야 한다. 사실 음식점에서 뭘 사먹지 않아도, 자릿세를 따로 내지 않더라도 계곡을 사용할 권리는 있다. 그런데 계곡에 있는 음식점의 주인들은 아주 은근하고 교묘한 방법으로 공짜로 계곡을 즐길 수 있는 방법을 막아놓고 있다. 자신들에게 경제적 대가를 지불한 사람과 그렇지 않은 사람을 교묘하고도 노골적인 방법으로 차별

---

* *El Croquis 74/75(1995–IV)* , El Croquis Editorial, 1995, pp.158~159.

한다. 그래서 돈을 내고 사먹거나 자리를 빌리지 않으면 안 되게끔 상황을 유도한다. 이런 경험들이 우리를 얼마나 불편하고 불쾌하게 했던가. 이런 예는 건물 사용에서도 찾아볼 수 있다. 건물이 크고 고급스러울수록 사정은 심해진다. 사람을 가려서 입장시키는 건물 앞에서 우리는 쉽게 불쾌해진다. 하지만 게리의 월트디즈니 콘서트홀은 건물 사용자가 이런 유의 불쾌감을 느끼지 않도록 배려한다. 나도 모르는 사이에 아무런 부담 없이 접근할 수 있다. 월트디즈니 콘서트홀 근처는 물론이고 그 내부까지도 말이다.

게리의 월트디즈니 콘서트홀은 건축물이 할 수 있는 최고의 역할을 수행한다. 즉 사회통합의 기능을 한다. 다양한 사람들이 모여 사는 세상은 언제나 분열되고 서로 미워하기 십상이다. 경제적인 이유로, 때로는 인종차별을 이유로 갈등이 생길 수 있는 가능성은 너무나 다양하다. 역사를 돌아보면 인간사회에서 갈등은 언제나 끊임없이 계속돼왔다. 그래서인지 시대와 장소를 막론하고 사회통합은 아주 중요한 가치로서 추구되고 있다. 건축이 사회통합 기능을 수행한다는 것이 건축 하는 사람으로서는 대단히 영광스러운 일이 아닐 수 없다. 월트디즈니 콘서트홀은 두 가지 측면에서 이 기능을 수행하고 있다.

하나는 어느 누구도 불쾌한 기억을 떠올리지 않게 하는 형태를 만들어냈다는 점이다. 이로써 과거의 불편한 기억 없이 누구나 새로운 형태가 주는 아름다움에 취할 수 있다. 다른 하나는 누구든 환영받는 느낌을 받는 동선 체계를 고안했다는 점이다. 일반적인 건물이 사용자와 비사용자를 구분한 것과는 다르다. 대개의 건물은 사용자에게는 편리하고 유쾌하게 건물을 드나들며 사용할 수 있게 배려하는 반면,

건물을 그저 바라보면서 지나칠 수 있는 비사용자들에게는 매우 배타적이다. 그러나 월트디즈니 콘서트홀은 건물을 직접 사용하는 사람이 아니더라도 누구나 자유롭게 들렀다 갈 수 있게 하고 있다.

월트디즈니 콘서트홀에 상을 준다면 건축계 최고의 상으로 꼽히는 프리츠커 상이 아니고 노벨 평화상을 주는 게 더 맞을 수도 있겠다는 생각이 든다.* 정치가나 인문학자만이 공헌할 수 있을 것 같은 역할, 즉 사람 사는 세상의 평화를 만들어내는 역할을 건축을 통해서도 할 수 있는 것이다. 건축은 가진 자들의 편에 서서 그들을 위해 덜 가진 자들을 길들이는 방편으로 아주 오랫동안 봉사해왔다. 그리고 그것은 앞으로도 계속될 것이다. 심지어 한스 샤로운의 베를린필하모닉 콘서트홀 같은 건축물도 일정 기간 동안은 길들여짐을 깨우는 역할을 하겠지만, 곧 또 다른 길들이기로 변질될 수밖에 없는 한계가 있다.

하지만 월트디즈니 콘서트홀은 다르다. 월트디즈니 콘서트홀은 아무것도 떠올리게 하지 않는다. 이것은 또 다른 길들이기로 변질될 여지를 없애준다. 새로운 방향을 제시하면서 과거의 길들여짐으로부터 벗어나는 것이 아니고, 아무런 방향도 지향하지 않음으로써 길들여짐에서 벗어날 수 있음을 보여주는 것이다.

---

* 프리츠커 상은 건축계의 노벨 상으로 불린다. 1979년 프리츠커 가문이 소유한 호텔 그룹 하얏트 재단이 주는 상으로, 건축 예술을 통해 인류와 환경에 중요한 공헌을 한 뛰어난 건축가를 표창하기 위해 제정되었다. 안도 다다오, 자하 하디드, 노먼 포스터 등이 수상했다.

도시로 길들여짐을 깨운다

도시 공간 구조의 결정 요소가 돈이라면?

도시 공간에서는 어떤 지역을 점유하느냐에 따라 사회적 지위가 결정되기도 한다. 힘 있고 돈 있는 사람들이 모여 사는 지역에 살면 그 지역에 걸맞은 사회적 지위를 획득할 수 있다. 도시 내 특정 지역이 다른 지역에 비해 우월한 위치를 확보하게 되는 데는 두 가지 차원이 존재한다. 하나는 도시 공간 구조다. 조선시대로 치자면 궁궐과 가까운 정도에 따라서 특정 지역의 우월성이 결정되고, 오늘날에는 도시의 중심부에 가까울수록 더 우월해진다. 한번 우월한 지위를 점한 지역은 천재지변이나 전쟁이 일어나서 도시가 파괴되지 않는 한 그 우월성이 지속된다. 다른 하나는 상대적으로 열세인 지역이 우월한 지역으로 성장하는 경우다. 때때로 우연한 역사적 사건을 계기로 열세 지역은 우세 지역으로 발전하기도 한다. 이는 또다시 두 가지 측면에서 그 원인을 찾아볼 수 있다.

첫 번째 요인은 도시의 위계를 결정하는 주요인이 변화했을 때다. 즉 조선시대에는 왕과 가까운 거리일수록 우세 지역이었지만, 왕조가 없어지고 민주주의사회가 들어서면서부터는 그 기준이 무의미해졌다. 현재 서울 북촌이 우세 지역에서 열세 지역으로 돌아선 것이 그 예다. 최근 들어 다시 우세 지역으로 돌아서는 양상을 보이기도 하지만 적잖은 기간 동안 열세 지역이었던 건 분명한 사실이다. 반면 장충동 같은 곳은 상대적으로 왕과 먼 거리로 인해 열세 지역이었다가 우세 지역으로 발전한 경우다. 장충동은 왕의 공간으로부터는 멀었던 지역이지만, 자본주의사회에서는 중요한 지대 생산력 측면에서 우월성을 갖는 지역이다. 이런 측면에서 본다면 역시 가장 큰 변화를 겪은 지역은 명동이다. 명동은 조선시대의 궁궐을 대신할 만한 현대사회의 가장 우세한 지역이라 할 수 있다.

두 번째 요인은 특정 집단이 특정 지역에 몰려들어 살게 되면서부터다. 청담동이 가장 대표적인 사례다. 원래 서울 강남 지역의 전통적인 부촌은 압구정동이다. 이 지역은 강남 지역 중에서도 초기에 개발된 쪽에 속하고, 재력가들만이 살 수 있는 주택 유형 위주로 개발되기도 했다. 그런데 청담동 지역에 이른바 연예인 계층이 집단적으로 모여 살게 되면서 이 지역은 단연 우세한 지역으로 성장한다.

이처럼 열세 지역이 우세 지역으로 변화하는 첫 번째 요인은 도시 공간 구조와 관련돼 있고, 두 번째 요인은 그것과는 관련이 없다. 첫 번째는 앞서 말했듯 다시 열세 지역으로 퇴락하는 일이 쉽게 일어나지 않는다. 그도 그럴 것이 도시 공간 구조의 변화가 함께 수반되어야 하기 때문이다. 그러나 두 번째 요인으로 우세 지역이 된 지역은 퇴락할 가능성이 첫 번째 지역에 비해서 상대적으로 크다. 예를 들어 그 지역에 살고 있는 연예인들이나 주변에 영향력이 있는 돈 많은 거주자들이 다른 곳으로 이주할 경우, 그 지역은 순식간에 열세 지역으로 돌아설 수 있다.

이렇게 보면 여전히, 그리고 언제나 중요한 요인은 도시 공간 구조다. 특정한 도시 공간 구조는 특정한 신분 질서를 만들어낸다고 볼 수 있다. 그렇다면 도시 공간 구조를 결정짓는 것은 무엇일까? 다양한 형태의 도시 공간 구조가 있을 수 있을 텐데, A 구조보다 B 구조가 더 낫다고 판단하는 근거는 어디에서 찾을 수 있을까. 앞서 현대 도시 계획에서는 동선의 효율성을 최고의 가치로 본다고 했다. 동선의 효율성은 특정 장소에서 또 다른 장소로 이동할 때 소요되는 비용에 의해 결정된다. 여기서의 비용은 매우 복합적인 개념이다. 버스비나 전철비 같은 경제적 조건만을 말하는 것이 아니다. 이동하는 데 걸리는 시간과 이동 시 관련되는 심리적 조건도 포함된다. 예를 들어 경치가 아주 좋은 곳을 이동하는 것과 혐오시설로 가득 찬 지역을 이동할 때 지불하는 비용은 다르다. 이처럼 이동 시에 소요되는 비용은 확정하기가 쉽지 않다. 하지만 그럼에도 현대 도시계획에서는 특정 장소에서 또 다른 장소로 가장 적은 비용으로 이동할 수 있는 구조를 동선의 효율성으로 채택한다.

그러나 앞서 얘기한 바와 같이 동선의 효율성만이 도시 공간 구조의 좋고 나쁨을 판단하는 유일한 기준은 아니다. 그럼에도 현대 도시 계획에서 동선의 효율성을 채택한 까닭은 그것 말고는 정량화해서 누구라도 공감할 수 있는 기준을 만들어내기가 쉽지 않았기 때문이다. 물론 그보다 큰 이유가 있다. 이 사회가 자본주의사회이기 때문이다. 자본주의사회에서 땅의 가치는 곧 지대 생산력으로 평가된다. 사실 이는 꼭 땅만 해당되는 것도 아니다. 현대사회에 존재하는 대부분이 해당된다. 돈을 많이 벌어줄 수 있는 땅은 좋은 땅이고, 그렇지 못한 땅은 상대적으로 나쁜 땅이 된다. 사람도 마찬가지다. 돈을 많이 버는 사람은 좋은 사람, 적게 버는 사람은 상대적이기는 하지만 나쁜 사람이 된다. 어떤 땅이 돈을 많이 벌어줄 수 있고 없고는 대체로 접근성에 의해서 결정된다. 도시에 사는 사람들이 쉽게 접근할 수 있는 땅이 돈을 많이 벌어준다. 이때 접근의 용이성을 결정하는 것이 바로 도시 공간 구조다. 이런 이유로 A, B 두 가지 채택 가능한 도시 공간 구조가 있을 때 그중 어느 것이 나을지를 결정하는 것은 동선의 효율성이다.

하지만 땅의 가치를 지대 생산력을 기준으로 평가하지 않으면, 당연히 우리가 채택할 수 있는 도시 공간 구조도 달라진다. 우리는 이미 가치의 기준을 어디에 두느냐에 따라서 도시 공간 구조가 달라질 수 있다는 것을 확인했다. 조선시대의 한양이 바로 그 예다. 조선시대에는 지대 생산력보다 왕의 권위를 분명히 하고 신분 질서를 공고히 하는 것이 더욱 중요했다. 그러니 당시의 도시 공간 구조가 왕을 중심으로 왕과 가까운 순서대로 배치된 것이다.

도시 공간 구조의 결정 요소가 감시라면?

21세기 대한민국에 사는 우리는 대부분 자본주의사회에 태어나서 그 속에서 자랐다. 그러다 보니 자본주의에 자연스럽게 길들여져 있다. 자본주의적 방식 이외의 것은 너무나 어색할 수밖에 없다. 사실 다른 방식이 존재한다 해도 인지하지 못할 정도다. 이는 우리가 이름 붙여놓은 색깔 이외의 색은 인지하지 못하는 것과 같다. 도시 공간 구조도 마찬가지다. 돈이 아닌 다른 어떤 것이 중요한 요소로 작동하는 경우도 있기는 하다. 다만 우리가 인지하지 못할 뿐이다.

영화 〈이끼〉의 배경이 된 마을이 좋은 예다. 이 영화의 배경이 되는 마을의 집들의 위치는 아주 독특하다. 일반적인 도시의 공간 구조가 강조하는 동선의 효율성은 아예 고려하지 않은 듯하다. 또한 누군가의 권위를 중심으로 하는 위계 질서도 보이지 않는다. 이 마을의 공간 구조를 결정짓는 가장 중요한 요소는 오직 감시의 용이성이다. 마을에서 가장 신분이 높은 사람에서부터 낮은 사람으로 내려가면서 각 단계별로 감시가 용이하도록 집이 배치되어 있다.

이렇게 보면 된다. 마을 수장이 있고, 그 아래 단계에 조장이 있고, 그 밑에 조원이 있다고 하자. 이들이 각자 집을 짓고 사는데 마을 수장의 집은 조장의 집을 쉽게 감시할 수 있는 위치와 구조를 가진다. 그리고 그다음 단계에서 조장의 집 역시 조원들의 집을 쉽게 감시할 수 있는 위치와 구조를 갖는 것이다. 이 마을의 공간 구조가 감시의 용이성을 중심으로 형성되어 있다는 사실은 영화의 마지막 장면에서 잘 드러난다. 영화의 중심이 되었던 수장이 바뀌는데, 새로운 수장이

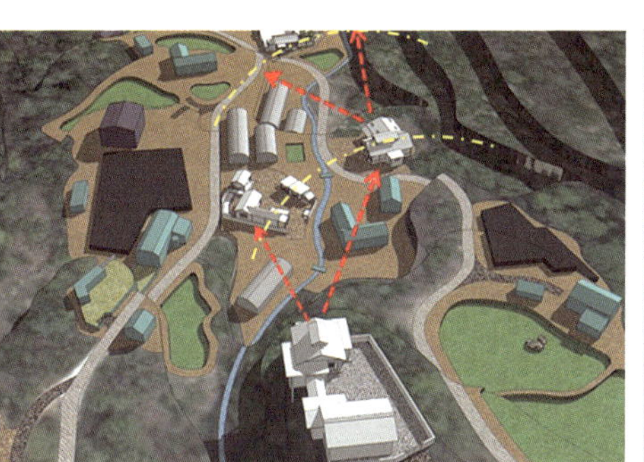

영화 〈이끼〉에서 보이는 마을 구조(왼쪽)

〈이끼〉의 마을은 가장 높은 곳에 위치한 마을 수장의 집에서 마을 간부의 집을, 그리고 마을 간부의 집에서 다시 일반 주민의 집을 감시할 수 있는 구조로 되어 있다. 감시의 효율성이 마을의 공간 구조를 결정하는 셈이다.

〈이끼〉의 마지막 장면(오른쪽)

새롭게 마을의 수장이 된 인물이 마을의 가장 높은 곳에 위치한 전임 수장의 집에서 마을의 신축 공사 현장을 내려다보며 영화는 막을 내린다. 악인이었던 전임 수장과 다르게 신임 수장에게는 선한 의지가 있음을 영화 내내 강조하고 있었지만, 전임 수장과 다를 바 없이 또 다시 마을의 일거수일투족을 감시하는 신임 수장의 모습을 마지막 장면으로 보여준다. 이것은 감시는 선이나 악과는 별개로 존재하고, 앞으로도 그러할 것임을 암시한다.

자신의 집에서 마을 전체를 내려다보면서 영화는 끝이 난다. 이 마지막 장면은 상당히 잘 연출됐다고 본다. 관객들은 마지막 장면이 나오기 전까지 마을이 서로 중첩된 감시 체계에 놓여 있다고만 생각한다. 영화 내내 감시의 전체적 구조를 조망할 수 있는, 혹은 인지할 수 있는 장면을 보여주지 않은 것이다. 감시의 구조 체계를 드러내지 않음으로써 언제 어디서 어떤 식의 감시가 이뤄지는지 숨겨놓았다. 이 마을은 미셸 푸코의 원형감옥과 비교할 수 있다. 원형감옥의 중심점에서도 감시가 발생한다. 그런데 그곳을 주변부의 수감자들이 보지 못하도록 하면 그곳에 감시자가 있건 없건 수감자들은 항상 감시당한다는 생각을 가지고 살게 된다.

이 영화에서는 개별적인 감시가 발생하는 상황을 반복적으로 보여준다. 이로써 항상 감시가 이루어지고 있다는 생각을 하게 된다. 이때, 관객이 감시의 빈도와 강도를 더욱 강하게 느끼는 이유는 전체적인 감시 체계를 드러내지 않기 때문이다. 그러다가 마지막 장면에서야 감시의 전체적인 구조를 적나라하게 보여준다. 관객의 추측과 느낌에 부합하는 사실을 공개함으로써 관객에게 카타르시스를 제공한다.

조선시대 한양에서는 신분 질서가, 현대 도시에서는 땅의 생산성이, 그리고 〈이끼〉의 마을에서는 감시가 도시 공간 구조를 결정짓는 가장 중요한 요인이 된다. 무엇을 가장 중요한 가치로 삼느냐에 따라서 도시의 공간 구조가 달라진다. 그리고 그런 과정을 거쳐서 탄생한 도시 공간 구조는 구조를 낳게 한 가치를 공고히 하는 역할을 충실하게 수행한다. 그 결과는 바로 길들여짐이다. 이런 맥락에서 보면 특정 도시 구조를 선택한다는 것은 특정한 가치를 선택한다는 것이고, 또한 그 가치를 사람에게 길들인다는 의미가 된다. 한양에 살면 신분 질서에, 현대 도시에 살면 돈에, 그리고 〈이끼〉 속 마을에 살면 감시에 길들여지게 된다.

평등과 균형 발전이 도시 공간 구조의 결정 요소가 될 수 있을까

이제부터 세종시 초기 원안에 대해서 살펴보자. 원안이라고 부르는 이유는 이 안이 실행 단계에서 수정될 가능성이 상당 부분 존재하기 때문이다.

참여정부는 행정수도 이전을 결정하고 이를 위한 도시계획을 수립한다. 이 도시계획은 국제 공모를 통해 작성하도록 했다. 세계 각국에서 제안된 여러 안을 종합적으로 고려하여 도시 중심부를 비워두고 주변에 시설을 배치하는 벨트 형 안이 확정되었다.[*]

세종시 원안에서 가장 눈에 띄는 특징은 도시의 한가운데가 비어 있다는 것이다. 앞서 설명했던 것처럼 현대 도시계획에서 도시의 중심부는 접근성이 가장 좋은 곳이고 따라서 지대 생산성이 가장 높은 용도로 배치된다. 그래서 보통의 현대 도시계획에서는 도시 한가운데

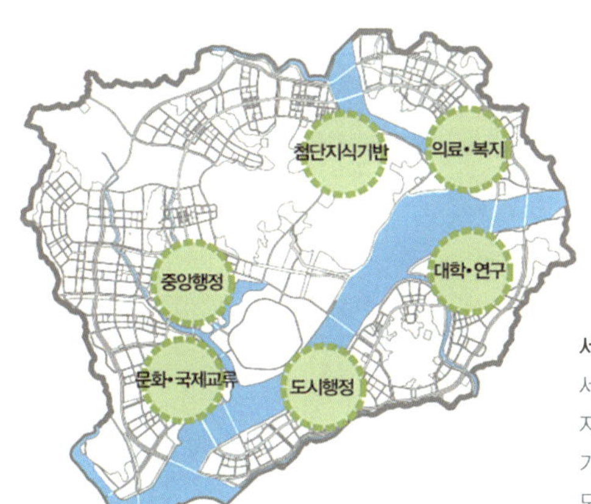

세종시 원안

세종시 원안을 보면 도시의 중심부에 공원이 자리 잡고 있다. 일반적으로 현대 도시에서 가장 중요한 자리로 여겨지는 도시 중심부를 도시민 전체가 공유한다는 점이 특징이다.

---

[*] 「행정중심복합도시 통합이미지 형성방안」, 한국토지공사 행정중심복합도시건설개발처, 2007.

에 업무시설이 자리를 잡는 것이 일반적이다. 그간 우리나라에서 만들어진 모든 신도시는 하나같이 도시 중심부에 업무시설을 배치해왔다. 그런데 세종시 원안을 보면 도시의 중심부에 공원이 자리 잡고 있다. 어느 특정 사용자가 아닌 도시민 모두가 소유하는 공원이 자리 잡고 있는 것이다. 일반적으로 현대 도시에서 가장 중요한 자리라고 여겨지는 도시 중심부를 어떤 특정한 개인이나 집단이 차지하는 것이 아니라 도시민 전체가 공동으로 점유한다는 점이 중요하다.

도시 한가운데에 도시민 모두가 공평하게 사용할 수 있는 공원을 배치하고, 그것을 둘러싸면서 업무시설이 배치된다. 이 업무시설에는 행정수도 기능을 수행하기 위한 국가기관이 포함된다. 행정도시가 수용해야 할 업무시설을 성격에 따라서 몇 개의 그룹으로 나누고, 그것을 중심부 공원 둘레로 배치한다. 몇 개의 그룹으로 분리된 업무시설은 고속으로 이동할 수 있는 순환형 교통 체계로 연결된다. 업무시설이 도시의 중심부에 밀집해 있는 경우와 달리 순환형 벨트를 따라서 산포되어 있는 도시 공간 구조에서는, 특정 주거 지역을 기준으로 보았을 때 일부 업무시설군은 가까이에 배치되는 반면, 또 다른 일부 업무시설군은 멀리 배치될 수밖에 없다. 특정한 위치의 주거 지역에서 업무시설군까지의 평균 거리는 도시 중심부에 업무시설을 배치하는 경우와 동일하다. 하지만 일부 시설은 더 가까울 수 있지만 일부 시설은 더 멀어질 수도 있다.

업무시설을 한가운데에 집중시키지 않고 순환형 도로망을 따라서 산포시킨 도시 공간 구조는, 업무시설 이외의 지역에서 업무시설에 도달하는 평균 거리가 도시 한가운데에 업무시설을 집중시킨 경우와 동일하다. 즉 동선의 평균적 효율성 측면에서 볼 때 같다는 말이다. 뿐만 아니라 도시 한가운데에 업무시설이 집중됐을 때 발생하는 교통 체증을 감소시키는 이점도 있다. 이것이 업무시설을 집중시키는 구조에 비해 산포시키는 구조가 갖는 장점이다. 그런데 산포시킨 도시 공간 구조는 '원스톱 서비스'가 불가능하다는 문제가 있다. 집중시켰을 경우 한 장소에서 필요한 모든 업무를 처리할 수 있지만, 산포시켜놓은 경우에는 그것이 불가능하다.

세종시 원안에서는 주거시설을 업무시설 벨트 바깥쪽으로 배치하고 있다. 주거시설 또한 순환 도로로 연결되어 또 하나의 벨트를 형성한다. 주거시설 간의 이동도 순환형 도로망을 따라서 발생한다. 순환형 도로망을 따라서 벨트 형식으로 배치되는 주거시설은 지역별로 다른 점이 없다. 즉 어느 곳에는 대형 평형을 배치한다거나 또는 특정 지역을 고밀도로, 나머지 지역들은 저밀도로 개발한다거나 하지 않았다. 주거시설은 주택 양식과 밀도 측면에서 볼 때 대체로 동일하게 배치되어 있다.

세종시 원안은 도시에서 가장 중요한 지점에 공원이 배치되어 있어 일반적인 현대 도시계획안과는 확연하게 구별된다. 도시에서 가장 접근성이 좋은 위치에 돈을 가장 많이 벌어다줄 수 있는 업무시설을 배치하지 않았다. 자본의 재생산과는 별로 관계가 없는 공원시설을 배치함으로써, 이 도시가 중요하게 생각하는 가치가 지대 생산성과 같은 자본주의적 논리가 아니라는 점을 분명히 한다. 도시가 추구하는 제일의 가치가 신분 차별적 질서가 아니라 신분이나 지위에 있어 평등한 질서임을 보여주는 것이다. 한편 도시 중심부 공원을 둘러싸는 업무시설 벨트의 공간 구조는 집중형 개발이 아닌 지역적 특성을 살리는 균형적 개발을 중요한 가치로 인정한다는 것을 보여준다. 벨트상의 특정 지역에 해당 위치의 장점을 살린 업무 기능을 부여하고, 개별 특정 지역을 순환형 도로망으로 연결함으로써 모든 지역이 동등하게 발전하는 정신을 주요한 가치로 인정하는 것이다.

세종시 원안은 가운데를 비워두고(실제로는 공원을 배치) 업무 벨트를 순환형으로 배치함으로써 두 가지 가치를 분명하게 강조한다. 하나는 도시민 간의 평등을 구현하고, 다른 하나는 지역 간 역할의 차이를 인정하는 것이다. 과거 조선시대 한양은 왕을 중심으로 하는 공간 구조를 채택함으로써 신분 질서 유지를 최고의 가치로 삼았다. 현대 도시는 지대 생산성을 중심으로 한 공간 구조를 채택함으로써 자본 재생산을 최고의 가치로 삼는다. 이들과 비교하면 세종시 원안의 특징을 더욱 잘 이해할 수 있다. 도시 공간 구조를 통해서 추구해야 할 가치를 표명하고, 그 구조 속에서 지속적으로 생활할수록, 사람들은 도시가 추구하는 가치 체계에 길들여진다고 이미 언급한바 있다. 세종시 원안은 도시 공간 구조를 통해서 평등과 지역 균형의 가치를 표명하고 있다. 도시의 운영을 통해 사람들이 평등과 지역 균형의 가치에 새롭게 길들여지길 의도한 것이다.

평등과 지역 균형의 가치는 사실 참여정부가 내건 슬로건과 일치한다. 특별한 사람들의 제한된 참여가 아닌 일반 사람들의 평등한 참여, 그리고 지역 균형 발전이라는 가치가 세종시 원안을 통해서 표명되었다고 보아도 좋다. 이것이 이 안이 세종시 원안으로 결정된 이유다. 도시의 건설로 가치를 표명하고, 더 나아가서 그 가치를 사람들의 몸에 배게 하려는 의도가 다분하다. 이런 면에서 세종시 원안은 현대 도시에 길들여진 사람들을 깨우고, 새로운 가치를 제시하는 역할을 한다. 집중에 의한 경제적 가치보다 인간의 평등과 지역 균형에 의한 삶의 가치가 진정 우리가 추구해야 할 가치임을 명백하게 표명한다.

세종시 원안을 보면 도시의 가장 중요한 위치를 특정 사람이 배타적으로 소유하지 않는다. 모든 사람이 공평하게 공유함으로써 달성되는 인간 평등의 가치를 실현하기 위해서다. 그리고 업무 기능을 분산 배치함으로써 달성되는 지역 균형 발전의 가치도 찾아볼 수 있다. 그런데 안타깝게도 이런 세종시 계획안 중 어느 것도 실현될 가능성이 없어 보인다. 현재 세종시 건설이 진행되면서 가운데를 비워두는 원안 계획의 실현이 불투명해졌기 때문이다. 가장 큰 이유는 행정중심복합도시로 이전하는 기관들의 규모에 변동이 생겼기 때문이고, 또 다른 이유는 원스톱 서비스가 제공되지 못해 업무 기능상 비효율성이 발생하기 때문이다.

세종시 원안에서 원스톱 서비스가 불가능하다는 것은 분명하다. 또한 원스톱 서비스를 전제로 한 경우라면 이동량이 상대적으로 많아진다는 것도 분명하다. 이제 중요한 것은 원스톱 서비스 및 이동량 대 평등과 지역 균형 발전이라는 가치의 비교다. 궁극적으로 이 둘 중에서 어느 것이 우리에게 더 큰 이득을 가져다줄 것인가를 판단해야 하는 것이다. 이 둘을 동일한 단위로 환산하여 무엇이 더 큰 이득인지 알 수 있다면 쉽게 판단할 수 있겠지만 그게 불가능하다. 전자는 정량화할 수 있지만 후자는 정량화할 수 없다. 이런 경우 우리는 흔히 정량화할 수 있는 가치의 손을 들어준다. 마치 도시 공간 구조의 가치를 평가할 수 있는 수많은 요인이 있었음에도 동선의 효율성만 따져 손을 들어준 것처럼 말이다. 사실 이득을 계산해 비교하기보다는 둘 중 무엇이 우리에게 더 중요한 문제인가라는 측면으로 접근해야 한다. 이득의 크기보다 이득의 방향이 중요하다. 이득의 방향으로 반대 입장을 설득하지 못한다면 언제나 결정은 이득이 큰 쪽으로 기울어지기 마련이다.

세종시 원안은 도시계획을 통해서 우리가 무엇에 길들여져 있는가를 알게 해준다. 그리고 기존의 길들이고 길들여지는 관계에서 벗어나 새롭게 추구할 수 있는 가치가 무엇인지를 제시한다. 세종시가 원안대로 건설되었더라면 새롭게 추구되는 가치는 도시라는 물리적 구조 안에서 더욱 공고하게 유지될 수 있었을 것이다. 게다가 노무현 대통령의 말처럼 그 구조에서 이익을 얻는 집단이 생겼다면, 그들로 인해 도시의 물리적 구조는 견고히 유지되고, 이로 말미암아 평등과 균형이라는 새로운 가치가 좀 더 지속적으로 추구될 수 있었을지 모른다.

수도를 옮겨서 길들여짐을 깨운다

정도와 천도

중국의 수도 북경과 일본의 수도 도쿄는 정도가 아닌 천도에 의해서 건설된 도시다. 정도는 새로운 왕조의 개창과 함께 수도를 정하는 것이고, 천도는 기틀이 잡힌 왕조가 외적의 침략으로부터 벗어나거나 정치적 안정을 이유로 수도를 옮기는 것이다.

명나라 영락제는 조카의 황위를 빼앗고 정치적 안정을 꾀하기 위해 남경에서 북경으로 수도를 옮겼다. 표면적으로는 북방 세력의 침략으로부터 국가를 효과적으로 방어하기 위해서였다고 하지만 실제로는 선 황제의 지지 세력이 여전히 잔존하고 있는 남경의 세력을 억제하고 자신이 연왕(燕王)으로서 30여 년간 통치했던 북경의 세력을 활용하기 위함이었다. 영락제는 북경으로 천도한 후 남경을 중심으로 형성되었던 당시의 물적 조건을 북경 중심으로 바꾸어놓는다. 대표적인 사례가 북경과 항주를 연결하는 경항대운하다.

일본의 도쿠가와 이에야스도 영락제와 비슷하다. 자신의 주군이었던 도요토미 히데요시의 아들을 제거하고 권력을 장악한 후 오사카에서 에도로 수도를 옮긴다. 이후 에도를 중심으로 국가의 물적 조건을 개선하며 심지어 에도 이외 지역의 발전을 억제하는 정책을 수행한다. 이때부터 에도는 일본의 중심 도시로서 발전을 계속해왔다.

이들에 비해 현재 대한민국의 수도인 서울은 정도에 의해서 건설된 도시다. 주지하듯 조선은 새 왕조를 개창한 후 수도를 개성에서 한양으로 옮겼다. 그렇다고 해서 천도를 통해서 건설된 북경이나 도쿄와 크게 다른 과정을 거친 것은 아니다. 조선도 한양을 수도로 정하는 과정에서 물적·인적·시스템적 조건의 쇄신을 단행했다. 각종 통치기구를 한양으로 이전하고, 고려시대에는 작은 고을에 불과했던 한양을 중심으로 하는 도로망을 건설하면서 물적·시스템적 조건에 변화를 가했다. 이러한 물적·시스템적 조건의 변화는 당연히 한양으로의 인구 집중을 유발한다. 조선은 이 점을 고려해 한양으로 인구 이동이 수월하도록 각종 조치를 취하기도 했다. 또한 수도를 옮김으로써 개성을 근거지로 한 고려의 잔존 세력을 약화시키고자 했고, 그러한 시도는 성공적으로 마무리되었다. 고려의 잔존 세력을 약화시키면서 동시에 일반 백성들로부터 고려 왕조를 지워버리는 효과도 거둔 것이다.

천도를 통해서 건설된 북경과 도쿄, 정도라는 방법으로 건설된 한양 모두 동일하게 한 가지 기능을 아주 확실하게 수행했다. 아니, 수행했다기보다는 아예 처음부터 그 기능을 목적으로 천도나 정도가 이루어졌다고 말하는 편이 더 정확하다. 서울, 북경, 도쿄 모두 정도와 천도라는 방법으로 국가의 물적·인적·시스템적 조건에 변화를 가져옴으로써 기존 세력을 약화시키고 자신의 세력을 강화하는 작업을 수행한 것이다. 자신의 세력을 강화하는 방법은 다양할 수 있으나 정도나 천도는 그것에 있어 무엇보다 강력한 효과를 발휘한다. 수도라는 도시에서 생활해나가는 동안 사람들은 수도에 집중되어 있는 현재의 물적·인적·시스템적 조건을 지극히 당연한 것으로 받아들이게 되기 때문이다.

정조의 화성과 대한민국의 수원은 같은 차원의 도시일까

조선 왕조에서 본격적인 천도는 없었다. 하지만 그에 버금가는 시도가 있었다. 정조의 화성 건설이다. 정조는 지금의 수원을 신도시로 건설한다. 성곽을 두르고 성내에 행궁을 설치했다. 여기까지는 정조가 화성 건설의 이유로 밝힌 내용과 부합한다. 정조는 아버지 사도세자의 능 참배를 위해서 화성을 짓는다고 했다. 그런 이유에서라면 왕을 충실히 보호하기 위해서 성곽을 두르는 것은 자연스러운 일이고, 또한 밖에 머무는 동안에도 정무를 살피고 일정 기간 거주할 필요가 있으니 행궁을 짓는 것도 당연하다. 그러나 정조의 화성 건설을 단순한 장릉(사도세자의 능) 참배를 위한 편의시설로 볼 수 없는 이유는 화성 내에 대규모 상업시설과 군사시설을 설치했기 때문이다. 한 가지 더 주목할 것은 화성에 거주할 사람들을 적극적으로 모집했다는 것이

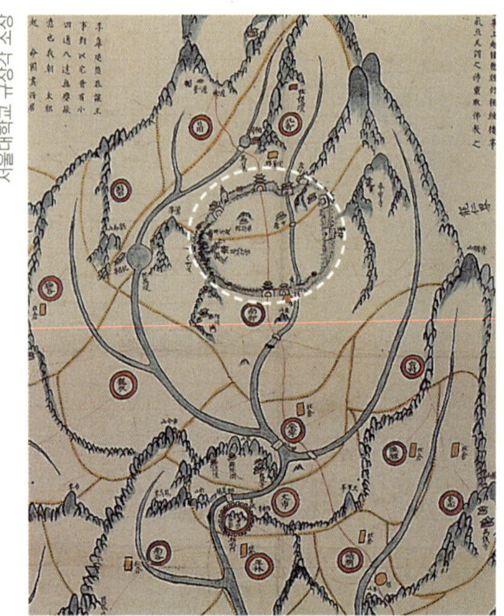

수원부지도
1872년에 제작된 〈수원부지도〉의 부분도이다.
지도 상단에 점선으로 표시된 영역이 화성이다.

다. 정조는 화성에 관리들이 집을 짓고 거주하도록 독려하고, 일반인이라도 화성에 거주하는 자에게 상당한 혜택을 제공했다.

화성에 설치된 군사시설은 장용영(壯勇營) 외영이다. 장용영은 한양에 주둔하는 왕의 직속 군대라고 보면 된다. 원래는 장용영이라고만 불렀지만 화성 건설 이후 장용영이 화성에도 설치되면서 한양의 장용영은 내영, 화성의 장용영은 외영이라고 부르게 된다. 정조 초기부터 서서히 그 수를 늘려간 장용영은 화성 건설이 마무리되어가던 시점에는 장용영 외영의 군사 수만도 정병 3,175명과 성정군 10,655명을 합해서 총 13,830명에 이르게 된다.[*] 본디 장용영 외영은 화성행궁에 머무를 때 왕을 경호하기 위한 직속 경호부대라고 할 수 있다. 이 경호부대의 규모가 이 정도에 다다르게 되었다는 것은 매우 의미심장하

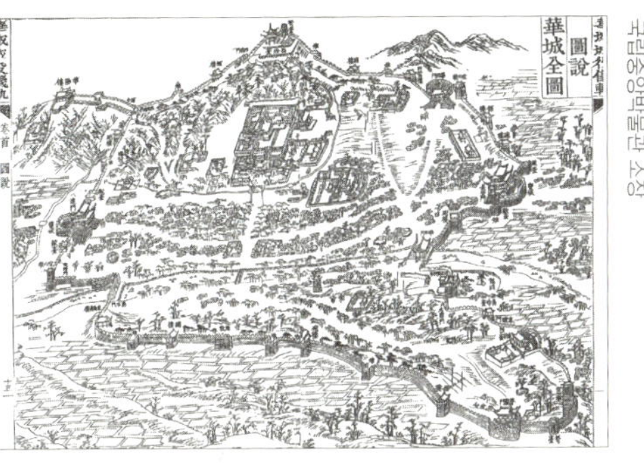

『화성성역의궤』 중 화성전도(왼쪽), 〈화성능행도〉 중 서장대야조도(오른쪽)
한양과 화성의 공간 구조에서 보이는 특징적인 차이는 최고 권력자의 입장에서 보았을 때 화성이 한양에 비해 감시 기능이 월등하다는 것이다. 화성 행궁 뒤편에 자리 잡고 있는 서장대에서는 화성 전 지역이 한눈에 들어온다. 반면 한양은 시각적 통제라는 측면에서 볼 때 최고 권력자에게 유리한 위치가 주어지지 않는다.

다. 당시의 기록들은 장용영의 규모가 커져서 다른 군영을 압도할 정도였다고 전하고 있다. 이를 입증하는 자료나 주장은 찾아보기 힘들지만 짐작을 가능하게 하는 자료들은 있다.

당시 조선의 군대는 크게 중앙군영과 지방군영으로 편성되어 있었다. 중앙군영은 훈련도감, 어영청, 금위영을 거느리고 있었다. 조선 전기에는 총융청과 수어청을 포함해 오군영이 있었지만 정조가 이 두 군영을 해체했기 때문에 삼군영과 장용영만 유지되고 있었다. 이 중에서 훈련도감은 한양에 주둔하는 군대이고, 어영청과 금위영은 한양에 주둔하는 상비군과 각 지방에서 동원되는 예비군으로 편성되었다.

---

* 장용영의 규모에 관한 자료는 최홍규 참고. 최홍규, 『정조의 화성 건설』, 일지사, 2001, 267쪽.

이렇게 볼 때 장용영 이외에 즉각적으로 동원할 수 있는 군대는 훈련도감 5,000명[*], 어영청 상비군 2,434명[**], 금위영 2,267명[***]이 전부다. 이렇게 추산하면 한양 내에 주둔하는 군대를 포함해 한양에 쉽게 접근할 수 있는 병력은 모두 9,701명이다. 장용영 외영의 규모를 넘어서지 못한다. 이 부분이 중요하다. 정조 초기에는 왕이 직접 통솔할 수 있는 군대가 전무했지만 이제는 왕의 직속 부대가 다른 부대를 모두 합친 규모보다 더 커지게 된 것이다. 이것은 더 이상 왕권이 무력 면에서 위협을 받지 않게 되었음을 의미한다. 정조는 강력한 군사력을 지닌 장용영 본영(외영)을 화성에 설치한다. 이러한 정조의 무력 시위는 그가 어머니, 여동생들과 함께한 화성 행차에서 잘 나타난다. 정조는 이 기간 동안 장용영의 위용을 과시한다. 낮에 벌어진 군사훈련의 웅장함은 말할 것도 없고, 야간에 이루어진 군사훈련은 거기에 참석한 대신들의 간담을 서늘하게 할 정도였다고 한다. 이 정도로 강력한 군사기관을 화성에 설치했다는 것은 화성이 단순한 장릉 참배용 행궁이 아니었음을 시사한다.

두 번째로 주목해야 할 것은 화성에 대규모 상업시설을 설치했다는 점이다. 여기서 눈여겨볼 대목은 단순한 행궁이 머무는 정도의 도시치고는 상업시설의 규모가 상당히 컸다는 것이다. 또한 상인들이 이곳에 자리 잡을 수 있도록 대단한 특혜를 부여했다는 점도 특기할 만하다. 상업시설의 규모가 어떠했는지는『정조의 화성 건설』의 저자 최홍규가 인용하고 있는 조선 후기 문인 이희평의 화성 기행 일기를 보면 알 수 있다.[****] 이희평은 정조의 화성 행차에 그저 구경꾼으로 참가한 자다. 아마도 당시 정조의 화성 행차는 거대한 축제에 가까운 국가 행사였던 모양이다. 정조와 조정 신료들뿐만 아니라 이희평과 같은 일반인들도 쉽게 구경할 수 있었던 것을 보면 말이다. 그는 정조가 화성에 도착하기 전에 미리 가서 화성 곳곳을 둘러본다. 그리고 눈에 띄는 시설을 볼 때마다 한양과 비교하면서 한양의 시설에 못지않거나 오히려 더 크고 화려한 모습에 감탄을 금치 못한다. 팔달문을 중심으로 한 화성의 상업시설도 마찬가지였던 모양이다. 한양의 종로 운종가에 비해 못지않은 규모를 가지고 있었음을 그의 기록으로부터 알 수 있다. 화성에 설치된 상업시설의 규모는 『화성성역의궤』 등에 기록된 팔달문 주변 상업시설의 면적만 살펴봐도 알 수 있다. 그 규모가 얼마나 큰지 운종가의 면적과 1 대 1로 비교해도 손색이 없을 정도다.

화성에 설치된 상업시설이 특별하다는 것은 이곳에 상인을 유치하기 위한 정조의 노력에서도 발견된다. 정조는 화성에 입주하는 상인들에게 특혜를 부여했다. 바로 인삼 유통권과 갓 제조권이었다. 국가가 관리하고 있던 중요한 상품에 대한 전매권 및 독점적 생산권을 부여하면서까지 상인을 유치하려 했던 것이다. 이러한 계획에 적극적으로 호응한 세력이 있었으니 바로 윤선도로 유명한 해남 윤씨 세력이다. 해남 윤씨들은 정조의 화성 활성화 정책에 적극 호응해서 화성으로 집단적인 이주를 실행한다. 해남 윤씨들이 정조의 화성 건설에 적극적으로 동참한 구체적인 이유는 분명하게 알려지지는 않았다. 하지만 해남 윤씨가 한양에 처음 자리 잡은 곳이 남촌이라는 것은 분명하다. 북촌이 아닌 남촌이었다는 점이 시사하는 바는 매우 의미심장하다. 한양에 늦게 들어가는 바람에 북촌을 차지하지 못했던 가문의 과거 역사가 주는 학습효과 때문이었을까? 어찌 됐든 윤씨 가문은 정조의 요구에 적극적으로 호응한다.[*]

세 번째로 주목해야 할 것은 화성을 진짜로 사람이 들어와 사는 도시로 만들기 위해서 인구 유입 정책을 실시했다는 것이다. 정조는 화성에 각종 국가기관을 설치하고 관료들이 화성 내에 집을 짓고 살도

---

[*] 최홍규, 『정조의 화성 건설』, 일지사, 2001.

록 유도했다. 즉 그들에게 땅을 나누어주고, 기간을 정해 집을 짓고 살도록 했다. 그러나 이 정책은 그다지 성공적이지 못했다. 화성에서 업무를 봐야 했던 관료들은 마지못해 자신은 화성으로 이주하긴 했으나 집을 짓겠다는 약속은 차일피일 미루다가 결국 화성으로 이주하지 않은 경우가 대부분이었던 것이다. 가만 보니 현재 세종시의 상황과 매우 유사하다. 세종시로 이주하는 국가기관 소속 공무원들에게 이주를 권유하고 적지 않은 혜택을 준다고도 했건만, 본인은 마지못해 갔어도 가족은 그대로 서울에 남겨두고 차일피일 세대 이주를 미루는 모습은 조선시대나 지금이나 똑같다. 하지만 앞으로도 똑같을지는 아직 알 수 없다.

조선시대에는 차일피일 미루면서 버티던 관료들이 승리했다. 정조의 죽음 이후 그들은 다시 한양으로 복귀했으니 말이다. 세종시가 어찌 될지 자못 궁금해지지 않을 수 없는 대목이다. 세종시 이주 공무원들이 다시 서울로 돌아가게 된다면 정조 때 벌어졌던 일이 똑같은 과정을 거쳐 다시 벌어지는 셈이니 말이다. 정조는 관료들의 이주 외에도 화성의 인구 유입을 위해 일반인에게도 특별한 혜택을 제공했다. 토지를 싼값에 제공하고, 세금과 공역을 감면해준 것이다. 정조가 화성의 인구 유입을 위해 실행한 유인책을 보면 현재 세종시 활성화를 위한 정부의 정책보다 훨씬 더 치밀하고 적극적이었던 것 같다.

군사시설을 설치해서 경비를 아주 특별한 수준으로 강화하고, 한양 운종가에 비해 손색이 없을 정도로 전국적 규모의 상업시설을 설치하고, 더 나아가 상인 유치를 위해서 특별한 혜택을 제공하고, 이와 함께 화성의 인구 유입 정책을 강력하게 전개한 상황을 보면 정조는 화성을 특별하게 생각하고 있었음에 틀림없다.

정조는 도대체 왜 화성을 만들었을까? 이에 대한 답은 『이산 정조, 꿈의 도시 화성을 세우다』의 저자 김준혁의 글에서 찾아볼 수 있다.[*] 그의 주장을 인용해보자. "이처럼 상업을 번창시키고자 노력했던 정조에게 큰 고민이 있었다. 바로 서울, 평양, 개성 등의 대규모 상인들이 수원으로 내려오지 않기 때문이었다. 상인들은 정조가 거금을 준비해 돈을 무이자로 대부해주고, 요즘 말하는 것처럼 '기업하기 좋은 도시'를 만들어줬는데도 수원으로 내려오지 않았다. 이들은 당시 나라를 좌지우지했던 세력인 노론 벽파와 아주 밀접한 연관이 있었다. 수원으로 내려와 장사를 하고 싶어도 당파와 연관된 이들은 내려올 수 없었다. 실제 수원이라는 도시를 육성해 이곳을 발판으로 새로운 개혁 정치를 시도하고자 한 정조에게는 꽤 충격이었다. 그래서 정조는 특단의 결정을 내리기로 했다. 새로운 상인 세력들을 유치하여 그들로 하여금 수원 상권을 장악해 노론 세력과 연관된 상인 세력들과 일대 대결을 하도록 한 것이다." 정조는 개혁을 하고 싶었다. 그의 개혁 방향은 대체로 노론 세력의 이익과는 상반되는 것이었다. 정조는 노론 세력의 경제적 기반이 되고 있는 기존 상권을 약화시킴으로써 노론 세력 약화를 시도한다. 기존 상권을 흔들거나 즉 노론과의 결탁을 약화시키거나 또는 기존 상권 세력에 대항할 수 있는 신흥 상인 세력을 길러내기 위해서 화성을 건설한 것이다.

---

* 김준혁, 『이산 정조, 꿈의 도시 화성을 세우다』, 여유당, 2008.

부분적인 천도라고도 할 수 있는 화성 건설은 한양을 중심으로 길들여진 세력 관계에 변화를 주려는 시도였다. 천도를 통해서 길들여진 상태를 변화시키고 새로운 길들이기를 시도하는 것이다. 기존의 길들이기가 기존 세력, 즉 주로 노론 세력의 이익을 중심으로 한 길들이기였다면, 정조가 꿈꾸는 길들이기는 노론이 아닌 세력의 이익을 중심으로 한 길들이기였다. 정조의 화성은 서울의 위성도시라고 볼 수밖에 없는 지금의 수원과는 차원이 다른 도시였던 것이다.

박정희 대통령은 정말 서울을 옮길 생각이 있었던 것일까

이번에는 현대의 천도 시도를 살펴보자. 대한민국은 정부 출범과 함께 조선의 왕도였던 서울을 수도로 정한다. 조선 왕조와 대립되는 형식의 정권 창출이 아니었으니 굳이 천도할 필요가 없었다. 또한 500년 가까이 수도 역할을 하면서 구축한 물적·인적 조건을 활용하는 것도 경제성이나 효율성이라는 측면에서 나쁘지 않다는 판단도 있었을 것이다. 대한민국은 한국전쟁 기간 동안 잠시 수도를 부산으로 옮긴 적이 있다. 이때는 북한이 서울을 점령했던 시기라서 어쩔 수 없는 상황이었다. 그 이후로 박정희 대통령의 '임시행정수도 건설계획'이 발표되기 전까지는 자의로 수도를 옮기거나 옮기려는 시도를 한 적은 없었다.

1977년 박정희 대통령은 갑작스럽게 임시행정수도 건설계획을 발발표한다.[*] 일단 안보상 필요하고 더불어 수도권의 과도한 인구 집중

임시행정수도 건설계획안

1977년 박정희 대통령은 갑작스럽게 임시행정수도 건설계획을 발표한다. 안보상 서울이 북한의 지상포 사정권 내에 있기 때문에 위협으로부터 벗어날 필요가 있다는 것이다. 수도권의 과도한 인구 집중 문제도 해결하겠다는 게 이유였다.

문제도 해결하겠다는 게 이유였다. 안보상의 필요라는 것은 서울이 북한의 지상포 사정권 내에 있기 때문에 북한의 위협으로부터 벗어날 필요가 있다는 것이다. 그리고 과도한 인구 집중 문제를 해결하겠다는 것은 당시 서울의 인구가 750만 명, 전 국토 면적 0.6퍼센트에 전 국민의 20퍼센트 가까이가 서울에 모여 살고 있는 상황에서 나온 주장이다. 이 계획에 붙은 '임시'라는 말은 통일 전까지의 임시 수도를 뜻한다. 이는 통일이 되면 수도는 다른 곳으로 또 옮길 수 있다는 것을 의미한다.

박정희 대통령이 수도 이전의 이유로 내세운 두 가지 주장에서 안보상의 이유는 매우 명확하다. 당시에도 주적국의 주요 화력 사정거리를 파악하는 것이 어려운 일은 아니었을 것이고, 수도를 사정거리 밖으로 안전하게 이전하겠다는 것은 매우 명확한 근거가 될 수 있다. 그러나 수도권의 과도한 인구 집중 해결이라는 것이 좀 모호하다. 전

* 박정희 대통령은 1977년 2월 10일 서울시 연두순시에서 임시행정수도 건설계획에 대해 언급했다. 〈조선일보〉 1977년 2월 10일자 기사와 『한겨레 21』 795호 기사 참고.

** 박정희 대통령의 임시행정수도 건설계획 백지화에 대해서는 〈경향신문〉 1981년 2월 19일자 기사 참고.

국토 면적 0.6퍼센트밖에 되지 않는 서울에 전 국민의 20퍼센트에 가까운 인구가 모여 산다는 것 자체가 문제일 수는 없다. 당시 과밀도는 주택 보급률이 낮다는 것과 교통 체증이 서울과 서울 주변에서 발생한다는 정도였다. 낮은 주택 보급률은 주택을 공급하면 해결되는 문제다. 당시 많이 보급화되지 않은 고밀도 공동주택을 적극 도입하면 충분히 해결할 수 있었다. 교통 체증이 가중되고 있다는 문제도 모호하기는 마찬가지다. 당시 정부는 인구 분산이라는 특단의 대처까지 세우면서도, 정작 교통 체증에 대해서는 아무런 언급이 없었다. 즉 교통 체증이 서울 인구를 분산할 필요가 있을 정도로 심각하다는 주장에 명쾌한 근거를 제시하지 못한다.

박정희 대통령의 임시행정수도 건설계획은 1979년 그의 서거와 함께 차기 정부에 의해 백지화된다.[**] 1977년 임시행정수도 건설계획이 발표된 후 부동산 불안정과 함께 사회적 동요가 심해지자 박정희 대통령은 수도 이전 문제는 아주 오랜 시간에 걸쳐서 이루어질 사안이라는 담화를 발표하고 실행의 속도를 외부적으로 늦춘다. 그러나 사실 내부적으로는 비밀리에 이전 계획을 추진하고 있었다. 박정희 대통령의 이 계획이 성사되지 못한 것은 그의 갑작스러운 유고 때문이기도 하지만 다른 이유도 있다.

당시 국무총리였던 남덕우는 2007년 4월 24일 〈조선일보〉와의 인터뷰에서 박정희 대통령의 임시행정수도 건설계획이 백지화된 이유는 임시행정수도 이전 대상지였던 충남 공주의 장기 지구가 안보에 있어 서울보다 나을 게 없어서였다고 술회했다. 그가 이렇게 발언한 의도를 정확히 모르는 상황에서 그 말을 곧이곧대로 믿기는 어렵다. 하지만 그의 발언을 가만히 생각해보면 임시행정수도 건설계획에서 가장 중요하게 고려된 것이 안보였음을 짐작할 수 있다. 정리하면 일단 이 계획은 안보상의 이유를 충족시키지 못하는 데다, 다음의 두 가지 이유 때문에 결국 백지화된 게 아닐까 싶다. 첫째로 수도권의 과도한 인구밀도 정도를 명확하게 판단할 근거를 찾지 못했고, 둘째로 서울을 포함한 수도권의 인구밀도가 그 기준을 넘어섰다고 하더라도 수도 이전 외에 여러 가지 다양한 해결 방안이 있을 수 있다고 판단한 것이다. 그리고 마지막으로 당시 사회적 분위기, 즉 장기 집권에 따른 사회적 불안정 국면을 전환하기 위한 카드로 처음부터 계획되었을 가능성도 생각해볼 수 있다. 수도 이전을 통해 새로운 길들이기를 시도한 것이 아닌가 의심해보는 것이다. 이것이 얼마나 타당한지는 모르겠으나 임시행정수도 건설계획이 발표되면서 사회는 온통 이 문제로 들끓었다. 정치권도 마찬가지였다. 나중에 대통령이 된 김대중 씨조차도 옥중에서 임시행정수도 건설계획은 잘못된 것이라고 주장했다. 임시행정수도 건설계획이 어떻게 백지화되었는지 그 진실은 알 길이 없지만 적어도 그 계획의 발표로 한동안 정치 사회적 국면 전환이 이뤄졌음은 분명하다.

지금도 누군가가 당신 것을 당연한 듯 빼앗아가고 있다면

한동안 잠잠했던 수도 이전은 노무현 정부에 의해서 다시 수면 위로 떠오른다. 수도권 과밀화 억제와 지역 균형 발전이 이유였다. 수도권 과밀화 억제와 지역 균형 발전은 어찌 보면 동전의 양면일 수 있다. 수도권이 과밀화되면서 발전하는 동안 지방은 점차 과소화되어 저발전 상태에 놓이게 됐기 때문이다. 참여정부의 수도 이전 이유는 예전에 비해 진일보했다고 할 수 있다. 수도권 과밀화가 가져오는 부작용을 적시했기 때문이다. 참여정부는 지방의 발전이 더딜 수밖에 없는 이유로 지방 인구의 과소화를 지적한다.

인구의 과소화는 두 가지 측면에서 문제를 일으킨다. 하나는 산업 인력을 확보하기 어렵다는 것이다. 다른 하나는 도시가 일정 규모 이상으로 커지지 못한다는 것이다. 도시는 일정 규모 이상이 되어야만 이른바 규모의 경제(economy of scale)에 의거하여 도시 생활에 필요한 모든 종류의 기반시설을 확보할 수 있다. 예를 들어 종합병원이나 오페라극장 같은 시설 들은 대규모 인구를 가진 도시에나 지어질 수 있다. 심지어 도시의 규모가 빈약하면 백화점조차 들어설 수 없다. 그 대표적인 예가 바로 제주도다. 제주도는 최근 수십 년에 걸쳐 백화점을 세우고 싶어 했다. 또한 백화점 사업자들도 제주도에 진입하고 싶어 했지만 그러지 못했다. 이유는 하나였다. 인구가 부족해서였다. 참여정부는 지방이 발전하는 데 필수적인 인구의 규모를 확보하지 못하는 이유는 수도권에 너무 많은 사람이 모여 살고 있기 때문이라고 판단했다. 하지만 지방의 발전이 지지부진한 이유가 필요한 인구를 확보하지 못했다는 데 있고, 또한 지방이 인구를 확보하지 못하는 이유가 수도권의 과밀화 때문이라는 주장이 얼마나 타당성이 있는지는 별개의 문제다.

수도권 과밀화를 억제하는 방법은 두 가지 측면에서 가능하다고 판단되었고 그에 따른 정책들이 시도되었다. 하나는 집중을 방지하는 것이다. 대표적인 것이 박정희 대통령 때 시행한 그린벨트 정책이다. 박정희 정부가 들어선 이후 서울은 비약적인 발전을 이루었다. 특히 공간의 확장이라는 측면에서 보면 더욱 그러했다. 서울시로의 인구 집중은 서울 외곽부의 개발을 통해 이루어졌고, 서울의 주변부는 나날이 확장되어갔다. 이를 막기 위해서 도입한 장치가 그린벨트다. 그린벨트는 자연 녹지 상태의 보전을 법적으로 강제한 지역이다. 박정희 정부는 아주 특수한 예를 제외하고는 일체의 개발이 불가능하도록 법으로 규정한다. 이러한 그린벨트를 서울 주변부에 설치함으로써 서울의 수평적 확장을 막고자 한 것이다.

박정희 대통령의 그린벨트 정책은 이후에도 철저하게 유지된다. 하지만 서울의 확장은 박정희 대통령 시절에 설치한 그린벨트를 뛰어 넘어서 그보다 더 외곽 지역으로 계속된다. 그러니까 당시 서울 주변의 그린벨트만 남기고 그 너머로 개발이 확산된 것이다. 결국 그린벨트 정책은 서울에 적지 않은 녹지 공간을 남겨주기는 했지만 서울의 확산 자체를 막기에는 역부족이었다. 그린벨트와 함께 대학이나 주요 업무 시설 중 일부에 대해서 서울 내 설치를 금지하기도 했다. 즉 국가가 용이하게 통제할 수 있는 종류의 시설들에 대해서 서울 내 신규 설치를 제한함으로써 서울의 과밀화를 일부 방지할 수 있었다. 이 방법은 미미하게나마 효과는 있다. 그래서 오늘날에도 이 방법은 여전히 사용되고 있다. 하지만 국가가 용이하게 통제할 수 있는 시설에 포함되는 대상이 아주 미미한 규모여서 괄목할 만한 효과는 기대할 수 없다.

서울의 과밀화를 억제하는 두 번째 방법은 좀 더 적극적이다. 서울의 인구를 외부로 이주시키는 방법이다. 인구의 집중은 대체로 직장과 관련돼 있다. 직장이 있는 곳을 찾아서 모여들고 이들을 수용할 주거시설을 확보하는 과정에서 인구 집중이 발생하는 것이다. 그러니까 인구를 분산하기 위해서는 먼저 직장을 분산하는 것이 가장 효과적이다. 노무현 대통령의 참여정부는 두 번째 방법을 택했다. 이 방법을 실천하기 위한 초기 단계에서는 국가가 직접 통제할 수 있는 기관들을 지방으로 이전시키는 정책이 시행되었다.

대전의 제3정부종합청사가 여기에 해당된다. 국가기관의 이전과 함께 사기업의 지방 이전을 적극 권장하는 방법이 동원되었다. 사기업이 지방으로 이전할 경우 각종 혜택을 주겠다고 공표한 것이다. 그러나 그 효과는 미미할 수밖에 없었다. 왜냐하면 일단 이전 대상 기관이나 기업이 많지 않았고, 개별적인 이전이 이루어지다 보니 이전 대상지에 필요한 각종 인프라의 설치가 뒤따르지 못했기 때문이다. 그래서 다음 단계로 취한 정책이 바로 지방 거점 도시 육성*, 혹은 지역 혁신 도시 육성**이다. 지방 거점 도시나 지역 혁신 도시는 거의 유사한 정책이라 볼 수 있다. 시기적으로는 지역 거점 도시 정책이 먼저 나왔고 지역 혁신 도시는 그 뒤에 발표되었다. 이 정책은 개별적인 이전에서 발생하는 문제를 해결하기 위한 시도였다. 즉 개별적이고 산발적으로 이루어지는 이전을 집단화하려는 목적이 있었다. 이렇게 집

---

* 좌승희, 『한국 경제를 읽는 7가지 코드』, 굿인포메이션, 2005.

** 김혜경 외 2명, 『4대강에 부가 흐른다』, 국일증권경제연구소, 2009.

단화할 경우 이전 대상지에 필요한 인프라를 좀 더 효율적으로 확보
할 수 있기 때문이다.

　노무현 정부는 지방의 거점이 될 만한 도시를 혁신 도시로 선정한
다. 그리고 국가가 직접 통제할 수 있는 기관을 강제로 이전하는 한
편, 각종 사기업 유치를 적극적으로 추진하였다. 이 방법은 서울 및
수도권의 과밀화를 억제하고 해소하는 동시에 상대적으로 저발전 상
태에 머물렀던 지방의 발전을 촉진할 수 있는 효과를 기대할 수 있었
다. 상대적 저발전 상태가 유지되는 것은 단지 지방의 문제가 아니다.
지방의 계속되는 저발전 상태는 수도권의 고효율성 추구와 떼려야 뗄
수 없는 관계가 있다. 수도권의 효율성은 앞서 얘기한 것처럼 지방이

혁신 도시 위치

혁신 도시는 지방의 발전을 견인할 수
있는 가능성을 중점적으로 고려하여 선
정되었다. 서울로부터 멀리 떨어진 지
역에서는 기존 대도시권을 중심으로 혁
신 도시가 선정된 반면 서울과 근접한
지역은 기존 지역 거점 도시와의 연계
성이 약하다.

불가피하게 지불할 수밖에 없는 비용을 기반으로 하기 때문이다. 하지만 이 혁신 도시를 이용한 수도권 과밀화 해소와 지역 균형 발전이라는 목표는 기대한 만큼의 효과를 거두지는 못했다. 혁신 도시가 선정되어 개발되고 몇몇 국가기관이 이전하기는 했지만 그 영향이 다른 기관들에까지 미치지 못했다. 특히 사기업의 이전이 전혀 발생하지 않았다.

이런 막막한 상황에서 수도권 과밀화 억제와 지역 균형 발전이라는 국가적 과제를 해결하기 위한 방법으로 내놓은 것이 행정수도 이전이다. 행정수도 정도의 규모가 이전해야 이를 따라서 추가적인 이전이 발생할 수 있다고 본 것이다. 지역 혁신 도시로 찔끔찔끔 이전하는 소규모 수준으로는 추가적인 이전을 기대할 수 없었다. 결국 어찌 보면 행정수도도 지방 혁신 도시 중의 하나라고 볼 수 있다. 그렇지만 규모의 차이는 현격하다. 추가적인 이전을 연쇄적으로 발생시킬 수 있는 초기 동력이 마련되기 위해서는 일정 규모 이상의 강제적 이전이 필요하다고 판단한 것이다.

노무현 정부의 행정수도 이전은 엄청난 사회적 파장을 몰고 왔다. 처음에는 행정수도 이전의 필요성과 효용성에 대해 열띤 논쟁을 벌였다.

정부를 포함한 행정수도 이전에 찬성하는 쪽의 주장은 이렇다. 첫째, 수도권은 과밀화 상태에 있다. 이는 두 가지 측면에서 문제를 발생시킨다. 하나는 수도권의 경쟁력이 떨어진다는 것이고, 또 하나는 지방의 경쟁력이 살아날 수 있는 기회가 없어진다는 것이다. 둘째, 수도권의 인구 이전이 절대적으로 필요한데, 그 방법은 개별 기관이나 기업의 이전 추진, 혹은 지역 혁신 도시를 통한 이전 추진과 같은 방법으로는 불가능하다는 것을 경험한바 있다. 그러니 행정수도 이전이 유일한 대책이다. 셋째, 행정수도 이전 정도의 규모라면 추가적인 이전이 연쇄적으로 일어날 수 있을 것이다.

이에 반해 행정수도 이전을 반대하는 쪽의 주장은 이렇다. 첫째, 수도권은 과밀화 상태가 아니라고 볼 수도 있다. 수도권의 인구 및 기반시설을 이전하는 것은 현재 국가 경쟁력의 구심점을 상실하는 부정적인 결과를 초래할 수 있다. 둘째, 지방을 살리기 위한 방법으로 행정수도 이전이 유일한 것은 아니다. 셋째, 행정수도를 이전한다 하더라도 추가적인 이전이 연쇄적으로 일어난다고 보장할 수 없다.

행정수도 이전 찬성 진영과 반대 진영은 위와 같은 논점을 중심으로 설전을 벌였지만, 어느 쪽도 자신의 주장이 옳다는 것을 증명하지 못했다. 정책 대결에서 결론을 보지 못한 이들은 법적 타당성이라는 측면에서 행정수도 이전에 대한 법적 판단을 구한다. 대법원에 헌법소송을 낸 것이다. 이에 대법원은 행정수도 이전은 위헌이라는 판결을 내린다. 하지만 모든 종류의 이전을 위헌이라고 판결하지는 않는다. 수도로서 서울의 정체성을 해칠 수 있는 정도로의 국가기관 이전은 위헌이지만, 그렇지 않은 한도 내에서 행정적 효율을 위한 이전은 가능하다는 취지의 판결이다.

이 판결로 행정수도 이전은 대폭 축소된다. 거의 모든 국가기관이 행정수도로 이전할 계획이었지만, 대법원 판결로 인해 국가기관 중 일부만이 행정수도로 이전하게 된다. 국가의 중추적 행정기관이 서울과 행정수도로 분리되어 발생하는 행정적 비효율성을 우려하는 목소리가 나오게 된다. 반대 입장에서 보자면 국가기관 중 일부만이 이전함으로써 국가기관 이외의 시설 및 사기업들이 추가로 이전할 수 있는 동력을 제공하지 못하게 되었다는 우려가 나오게 되었다. 어찌 됐든 행정수도 이전은 찬성 진영과 반대 진영 간에 서로 치명적인 상처를 피한 수준에서 원래 의도나 기대와는 다르게 진행되고 있다.

행정수도 이전 논의의 핵심은 수도권 집중, 즉 인구와 시설의 집중이 어느 정도로 과밀화되었는가를 판단하는 것이다. 한 도시가 다른 도시, 즉 국내외를 막론하고 다른 도시들과 경쟁하기 위해서는 어느 정도 밀도가 필요하다. 인구와 시설이 좁은 지역에 집중되면 산업적 생산력이 향상되기 때문이다. 이는 하드웨어적인 측면과 소프트웨어적인 측면 모두 마찬가지다. 동시에 인구와 시설이 좁은 지역에 밀집되어 있어야 동선의 효율성이 높아지고 이에 따라 접촉에 소요되는 비용을 줄일 수 있다. 동시에 좁은 지역에 밀집되어 있어야 사람들 간의 접촉이 많아지고 이 과정에서 혁신이 일어날 수 있는 가능성도 높아진다.[*]

도시 집중은 생산성 향상을 가져온다. 그러나 그만큼 투입되는 비용도 기하급수적으로 늘기 때문에 결국 도시 집중도 대비 생산성 증가 추세는 점차 약해진다. 예를 들면 도심으로 향하는 도로 건설 비용은 도시 집중이 상대적으로 덜한 경우보다 도시 집중이 심한 경우

---

[*] 기술 혁신에 집적과 면대면 접촉이 필요하다는 것은 새로운 주장이 아니다. 산업 클러스터 연구자나 그 주장의 지지자 들에게는 매우 익숙한 이론이다. 이 부분과 관련된 자세한 내용은 안동규 참고. 안동규, 『혁신 클러스터와 지역발전』, 소화, 2007.

에 훨씬 더 많이 들 수밖에 없다. 간단히 말하면 건설 시 소요되는 땅값에 큰 차이가 생긴다는 것이다. 도시 경쟁력 강화를 위한 비용 투입 대비 생산성 증가 효과가 점차 둔화되는 것은 분명한 사실이다. 하지만 과도한 집중이 생산성 저하를 불러오는지는 쉽게 알 수 없다.

또 한 가지 꼭 집고 넘어가야 할 중요한 사실이 있다. 도시 집중이 심화되면서 도시 집중을 위한 비용과 도시를 유지하기 위한 비용이 점차 증가한다는 것이다. 그런데 이 비용의 많은 부분, 아마도 대부분을 감당하는 것은 다름 아닌 노동자와 도시 주변 지역 점유자 들이다. 생산시설 소유자나 도시 중심부 소유자는 도시 집중도가 아무리 커져도 그들이 부담하는 비용은 별로 증가하지 않는다. 부담은 대체로 생산시설의 노동자와 도시 주변부 점유자 들에게 돌아간다. 도시 집중도가 커지면 커질수록 이러한 경향은 강화된다.

행정수도 이전에 찬반 입장을 가진 두 진영이 놓치고 있는 부분이 바로 이것이다. 찬성 진영은 서울을 중심으로 한 수도권이 과밀화 상태라고는 말하지만, 그래서 어떤 손해가 있는지에 대해서는 구체적으로 이야기하지 못한다. 반면에 행정수도 이전 반대 진영에서는 행정수도 이전으로 수도권의 경쟁력이 약화될 수 있다고 주장한다. 실제

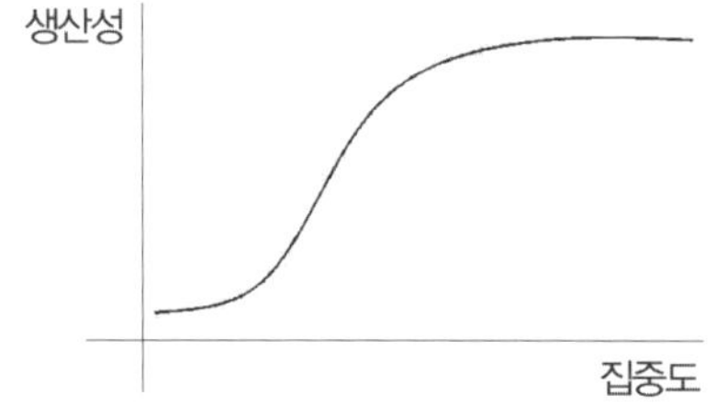

도시 집중도 대비 생산성 곡선
도시의 집중은 생산성 향상을 가져오지만 일정 수준을 넘어서면 더 이상 증가하지 않는다. 따라서 생산성 향상 효과가 급격하게 나타나기 시작한 도시의 비용 투입 대비 생산성 증가 효과가 수도권보다 더 클 수 있다

로 그럴 수 있다. 하지만 이걸 입증하지 못하고 있다. 아마 입증할 수 도 없을 것이다.

찬성 진영에서 입장의 근거로 삼을 수 있는 것은, 도시 집중도가 지금보다 더 강화되면 전체적인 생산력은 증가할 수 있지만, 점점 더 많아지는 비용 부담은 생산력 증가의 직접적인 수혜 대상이 아닌 자 들의 몫이 된다는 점이다. 어찌 보면 수도권 과밀화 상태는 허구일 수 있다. 도시 고밀도화 기술의 발전을 고려한다면 현재도 과밀이 아니 라고 주장할 수 있다. 또는 과밀인 듯 보이지만 기술로 충분히 해결할 수 있다고 주장할 수도 있다. 예를 들어 지하철 같은 것이 고밀도를 가능하게 해주는 기술이다. 도심 과밀은 과거 2천 년 전 로마에도 있 었다. 그런데 그때는 지하철 같은 것이 없었다. 과밀의 정도는 가용한 도시 고밀도화 기술에 받는다. 그리고 현재 진행 중인 수도권 GTX와 서울 지하대심도계획을 생각해보면 수도권의 고밀도화의 여지는 얼 마든지 남아 있는 것 같다. 그래서 수도권이 더 이상의 집중을 허용할 수 없을 정도로 과밀화되었다는 행정수도 찬성 진영의 주장은 곧이곧 대로 수용하기 어렵다.

어찌 보면 과밀화가 문제가 아니다. 도시 경쟁력을 강화하기 위해 필요한 고밀도화의 비용, 특히 고밀도화가 진전될수록 높아지는 비용 을 누가 부담할 것인가의 문제라고 보는 것이 맞다. 또 다른 측면에서 본다면 좀 더 투입 효과가 좋은 지역에 투자해야 한다는 가치 판단의 문제이기도 하다. 수도권은 고밀도화가 상당히 진전되어 있기 때문에 고밀도화를 더 진행하기 위해서는 막대한 비용이 필요하다. 즉 한계 비용이 너무 크다. 반면에 지방 도시 중 일부는 수도권보다 훨씬 적은

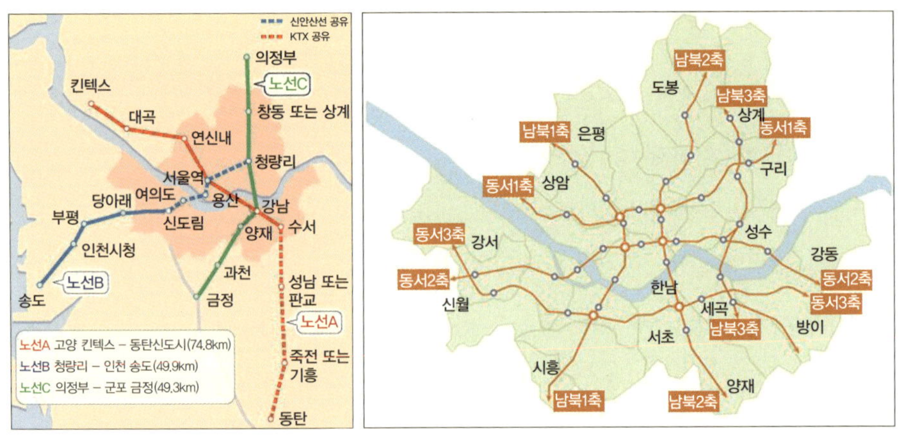

GTX 노선안(왼쪽)과 서울 지하대심도계획 노선안(오른쪽)

특정 도시로의 공간적 집중이 멈추게 되는 데는 크게 두 가지 요인이 작용한다. 도시가 수평적으로 확산하면서 증가하는 이동 비용과 수직적으로 성장하면서 발생하는 이동 비용이다. 서울의 경우, 두 가지 요인이 모두 작용하여 한계에 직면한 상황이다. GTX는 수평적 한계를, 서울 지하도로는 수직적 한계를 확장한다는 점에서 서울 집중 현상을 악화시킬 수 있다.

한계 비용으로 상대적으로 더 큰 생산력 향상을 기대할 수도 있다. 여기서 지방 도시 중 일부가 그렇다는 말에 주의를 기울일 필요가 있다.

다시 도시 집중도(투입) 대비 생산성 곡선으로 돌아가보자. 투입 초기 단계에서 생산성이 매우 미미하게 증가하고 있다는 점에 주목할 필요가 있다. 도시 기반시설이나 생산시설이 하나씩 들어설 때마다 생산성 향상이 곧바로 나타나지는 않는다. 필요한 기반 시설과 연계해서 가동해야 할 시설들이 다같이 들어갔을 때부터 생산성 향상의 효과가 나타난다. 그런데 만약 생산성 향상 효과가 급격하게 나타나기 시작한 도시들, 즉 고밀도화가 어느 정도 진전된 도시들이 있다고 하면 이 도시에서의 한계 비용 투입 대비 한계 생산성 향상 효과가 수도권보다 훨씬 더 클 수 있다.

이제 행정수도 이전을 수도권 과밀화 억제와 지역 균형 발전의 수단으로 삼고자 하는 진영의 논리는 '수도권은 과밀이다'가 아니고 '한계 비용 투입 대비 생산성 향상 효과를 수도권보다 다른 지역에서 더 기대할 수 있다'와 '전체 국토 공간 구조 때문에 고밀도화 비용을 어쩔 수 없이 지불할 수밖에 없는 지방에 대한 배려는 매우 타당하다. 이는 도덕적이거나 인간적인 문제가 아니고 자본주의적 논리로 볼 때도 타당하다'로 입장의 근거를 보완하는 것이 더 효과적일 것이다.

행정수도 이전은 국토 전체를 놓고 볼 때 수도 중심의 구조, 즉 생산성 향상의 효과는 수도가 가져가고, 이를 위해 투입되는 비용은 지방이 지불하는 구조에 너무나도 길들여진 우리에게 그 길들여짐에서 벗어날 수 있는 계기를 마련해준다. 특정 지역과 그 지역을 차지하고 있는 사람들 간의 관계가 크게 변하지 않는다고 가정한다면, 간단히 말해서 수도에 사는 사람들이 계속 그곳을 차지하고 산다고 가정한다면, 수도를 정한다는 것은 특정 사람들은 계속해서 생산성 향상 효과를 가져가고, 또 다른 특정 사람들은 생산성 향상을 위해 투입되어야 하는 비용을 계속적으로 지불해야 하는 구조 속에서 살아야 한다는 것을 의미한다. 따라서 수도를 이전하는 것은 특정 지역과 그 지역을 차지하고 사는 사람들의 관계, 나아가 수혜자와 비수혜자의 관계에도 변화를 주고자 하는 것이다. 수도를 정하거나 이전함으로써 의도할 수 있는 길들이기는 실로 엄청나다. 우리는 이미 이를 입증해주는 강한 실례도 경험한바 있다. 대법원이 우리에게 알려줬다. 관습적으로 서울은 수도이니 옮기면 안 된다고.

수도를 정하는 일이 불평등한 관계를 당연한 것으로 느끼도록 길들이는 역할을 얼마나 잘 수행하는지는 천년 전 사람들도 잘 알고 있던 사실이다. 그들은 발해 사람들이다. 발해는 수십 년마다 수도를 옮겼다. 그들은 수도를 통한 길들이기가 얼마나 강력하고 무서운 것인지 잘 알고 있었던 듯하다. 그리고 한번 정해진 수도를 그냥 관습이라고 해서 무조건 고집하기보다 타당한 이유가 있다면 옮기는 게 더 좋다는 사실도 우리보다 더 잘 알고 있었던 것 같다.

에필로그

건축가는 왜 길들이기에 민감할 수밖에 없는가

건축은 인간이 자신을 포함한 인간과 환경을 적절하게 통제하기 위해서 사용하는 도구다. 건축을 통해 통제하려는 대상을 머무르게 하거나 움직이게 함으로써 인간은 자신이 원하는 바를 얻어낸다. 특정한 장소와 시점에서 원하는 바를 달성하기 위한 통제 방식, 즉 건축적 해결 방식은 하나뿐이 아니다. 같은 목적을 달성하기 위해 다양한 방법이 있을 수 있다. 그중에서 하나를 선택하는 과정에 개인적인 선호가 개입된다. 특정인이 더 선호하는 방법이 선택되는 것이다.

최초의 선택이 이루어지는 순간에는 관리적 사고가 이루어진다. 다양한 가능성 중에서 왜 이것을 선택했는지에 대해 비판적으로 되짚어보는 것이다. 그러나 선택된 건축 형식을 반복적으로 사용하다 보면 관리적 사고는 자연스레 습관적 사고로 변질된다. 더 이상 왜 이런 특정한 건축적 형식을 택했는지에 대해 생각하지 않는다. 다만 선택된 건축 형식의 의도를 습관적으로 따를 뿐이다. 순종적으로 길들여지는 것이다.

이쯤 되면 자신이 길들여졌다는 사실을 자각하기 어렵다. 일부 아주 민감한 사람들은 그것을 깨닫고 흠칫 놀라기도 하는데, 대체로 알고도 그냥 넘어가게 된다. 습관이 가져다주는 편안함에 취해 있는 탓도 있고, 무엇보다 습관을 바꾸는 일이 불안하고 꺼림칙하기 때문이다. 이처럼 대중이 오랫동안 공유해온 습관 또는 관습에는 주술적인 속성이 있다.

서원이나 향교의 내삼문 앞 계단에 다시 가보자. 그 계단에 가운뎃길이 있다. 그리로 올라가면 더 편하고 신분이 높은 사람이 된 것 같을 텐데, 사람들은 그 길을 별로 사용하지 않는다. 그래도 막무가내로 사용할 수도 있다. 사실 누가 뭐라 하지도 않는다. 그런데 가운뎃길은 영혼이 다니는 길이다. 주술적인 부분이 꺼림칙하지 않을 수 없다. 그래서 그걸 아는 사람은 그냥 양쪽 좁은 길로 다니게 된다. 이러저러한 이유로 사람들은, 모르기 때문에 또 알고 있어도 그냥 건축의 길들이기에 순종한다.

그런데 건축가들은 좀 다르다. 자기가 하는 일이다 보니 건축을 통해서 만들어지는 물리적 조건에 민감하지 않을 수 없다. 건축은 특정 장소와 조건에서 사람이 특정 행동을 할 수 있도록 공간을 조작한다. 이렇게 말하니까 뭔가 대단해 보이지만, 사실은 단순하다. 침실을 예로 들어보자. 사람들이 방해받지 않고 잠을 잘 수 있게 침실을 만들어야 한다. 침실은 적당한 시간과 장소에서 잠을 자는 데 필요한 행동을 할 수 있게 한 공간이다. 일단 누울 자리가 필요하다. 남의 시선으로부터 벗어날 수 있게 해준다. 그리고 시끄럽지 않게 해주면 된다. 건축은 이렇게 특정 시간과 장소에서 필요한 행동이 일어날 수 있게 해주어야 하고, 그것으로 건축의 역할은 충분하다.

특정한 장소와 시간에서 특정한 행동이 일어나게 할 수 있는 공간의 구조에는 너무나도 다양한 선택항이 있다. 건축가는 이런 여러 대안들 중에서 하나를 선택해야 하는 사람들이다. 가령 침실을 설계할 때는 가장 먼저 누울 만한 면적과 일어섰을 때 머리가 닿지 않을 만한 높이를 확보해줘야 한다. 그러고 나서 침실이 다른 방들과 특정한 관계를 맺도록 하면 된다. 예를 들어 침실은 통로와 이어져야 한다. 그래야 들어가서 잠을 자고 또 필요할 때 나갈 수 있다. 여기까지는 필수적인 행동이다. 그다음 단계는 선택의 문제다. 침실 창을 중간 높이에 달 수도 있고 아예 높게 할 수도 있고 바닥에 붙일 수도 있다. 이 방법들 중 어느 하나도 당연히 절대적인 우세를 차지하지 않는다. 나름대로의 장점과 단점이 있다.

이렇다 보니 건축가들은 방법의 장단점을 고민하고 거기에 민감할 수밖에 없다. 이런 고민은 길들이기에 봉사하는 건축의 방법에서 쉽게 찾아볼 수 있다. 건축이 길들이기에 봉사하도록 하기 위해 건축가는 필수적인 조건을 충족한 뒤 선택 가능한 방법들 중 어떤 것을 고를 것인지 고심하게 된다. 그런데 선택 가능한 방법들의 의미를 판단하는 일이 간단치 않다. 또한 그 장소와 시간에 적절한 것인가에 대해서도 고민하지 않을 수 없다. 일반적인 건축 사용자들은 이미 충분히 길들여져 있어서 당연하지 않은 것을 당연한 것으로 보고, 다른 가능성을 차단하기도 한다. 이럴 때는 어떻게 해야 할까? 건축가는 너무나 당연한 것이 당연하지 않을 수도 있다는 것을 보여주고 싶어 한다. 그리고 한 걸음 더 나아가면 또 다른 것이 당연한 것이 될 수도 있다는 것을 보여주고자 한다. 직업적 본능이랄 수 있는 특별한 민감함이 그리하게 한다.

우선 너무나 당연한 것이 당연하지 않을 수 있다는 것을 보여주는 사례를 살펴보자. 이 사례에서는 부엌을 눈여겨볼 필요가 있다. 이곳에는 동선 경로상에 기둥이 박혀 있다. 이 기둥 때문에 부엌에서 요리나 식사를 할 때 막대한 지장이 초래된다. 그렇다면 기둥을 이 자리에 설치할 수밖에 없는 구조적인 이유라도 있는 것일까? 그것도 아니다. 이 기둥은 주택이 무너지지 않게 하중을 지탱하는 역할조차 하지 않는다. 부엌에서의 움직임을 아주 불편하게 만드는 일밖에 없다. 그

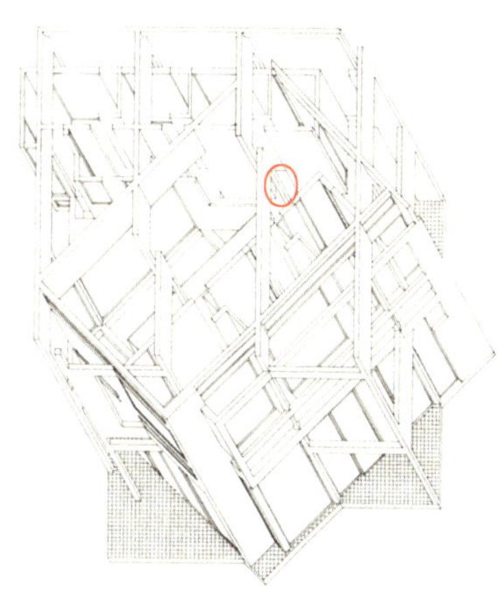

피터 아이젠먼의 하우스 Ⅲ(왼쪽)**와 액소노메트릭**(오른쪽)
부엌에 박혀 있는 기둥은 기능적으로는 아무 쓸모가 없다. 기둥이 기둥으로서의 역할을 하지 않을 때 우리는 기둥의 의미를 다시 생각하게 되고, 이는 대상을 새롭게 바라보는 눈을 갖게 해준다

런데 왜? 건축가가 미치지 않고서야 무슨 이유가 있었을 것이다. 게다가 피터 아이젠먼(Peter Eisenman, 1932~)은 세계적으로 유명한 건축가다. 건축 이론가로도 명성이 높은 사람이다. 그런 사람이 아무 이유 없이 이런 짓을 하지는 않았을 것이다. 하지만 좀처럼 긍정적인 이유를 찾기가 쉽지 않다. 그 이유를 알아보기 위해서 그의 다른 작품을 살펴보자.

웩스너 시각예술센터(Wexner Center for the Visual Arts)다. 이 건물에 들어서면 황당한 것을 보게 된다. 바로 입구 로비에서 정면으로 바라보게 만든 기둥이다. 이 기둥은 로비 상부에서 내려오다가 중간에 뚝 끊어져 있다. 기둥이 그저 천장에 매달려 있는 것이다. 이건 또 무엇인가? 기둥은 원래 상부의 하중을 하부로 전달하고 궁극적으로는 땅으로 흐르게 해서 건물이 안정적으로 서 있게 한다. 그런데 웩스너 시각예술센터의 기둥은 상부의 하중이 기둥을 타고 내려오다가 공중에서 끊어진 형국이다. 전혀 기둥으로서의 기능을 하지 않는다. 하지만 생김새는 영락없는 기둥이다.

아이젠먼의 의도는 이렇다. 기둥이 기둥 역할을 제대로 하고 있을 때는 아무도 그 기둥에 눈길을 두지 않는다. 기둥은 그저 기둥으로 당연하게 서 있을 뿐이다. 이 기둥에 관심을 가지게 하려면 기둥을 기둥 같지 않게 만드는 방법이 있다. 기둥이 기둥 같지 않으면 사람들은 기둥에 관심을 가지게 되고, 그것에 대해 생각하게 된다. 더 이상 원래의 기능을 하지 않게 만들어서 사람들의 관심과 생각을 유도해 기둥의 진정한 의미를 찾도록 의도하는 것이다.

아이젠먼의 기둥이 더 이상 기둥으로 기능하지 않을 때 그것에 대

피터 아이젠먼이 설계한 웩스너 시각예술센터
사진의 기둥은 위에서부터 내려오다가 중간에 뚝 끊긴 모양을 하고 있다. 이 기둥은 사람들에게
흥미를 줄 뿐만 아니라 익숙해진 것으로부터 깨어나는 기회를 제공한다.

해서 더 잘 알게 되는 기회가 마련될 수 있듯이 알고자 하는 대상을
그것이 속하는 일상적인 상황과 다른 곳에 놓고 보면 대상의 본래적
속성이 더 잘 드러난다. 이런 방법을 흔히 '낯설게 하기'라고 부른다.
낯설게 하기는 관심의 대상을 늘 있던 곳에서 다른 맥락으로 옮겨 들
여다보는 것이다. 만날 있던 그 자리에서는 너무나 당연한 것이 돼버
려 더 생각할 거리가 없던 대상이, 전혀 다른 상황, 맥락에서 마주하
게 되면 색다른 것으로 다가오면서 눈길을 사로잡게 되는 것이다.

그런데 아이젠먼의 기둥에는 한 가지 의문이 생긴다. 기둥에 대
해 다시 생각해봐서 뭘 어쩌자는 것인가? 기둥의 본래적 의미를 다
시 생각해볼 기회를 가진다는 것이 무슨 의미가 있을 수 있겠는가?
기둥에 대해서 그렇게 달리 생각해보지 않으면 도대체 무슨 큰 문제
라도 생기는 것인가? 어쩌면 너무나 익숙해진 당연함으로부터 벗어

나는 기회를 갖는다는 것이 가능하다는 것을 보여주는 사례로서 가치가 있다고 할 수도 있겠다. 기둥에서 시작해 벽, 천장, 그리고 방, 더 나아가 인간의 삶과 궁극적 가치에 이르기까지 세상을 새로운 눈으로 바라볼 수 있는 기회를 줄 수 있지 않을까 생각하는 것이다. 하지만 이것은 아이젠먼의 기둥에 대해 너무나 호의적인 평가라는 생각이 든다.

아이젠먼의 기둥이 이 세상에 존재하는 것들에 대해서 다르게 바라볼 기회를 제공했다면, 이보다 한 걸음 더 나아간 시도들도 있다. 이들은 다르게 바라볼 기회뿐 아니라 다르게 존재할 수 있는 양상까지 직접 제시한다. 여기서는 두 가지 예를 들어보려 한다. 승효상 건축가와 김인철 건축가의 두 주택이다.

승효상 건축가의 퇴촌 주택은 실 구성 측면에서 볼 때 매우 특이하다. 일반적인 주택은 사람들이 거주하는 방들이 실내로 모두 연결되는 경우가 대부분이다. 우리나라의 전통 주택과 다르게 현대의 주택은 전부 다 내부에서 각 실을 드나들 수 있게 되어 있다. 하나의

승효상 건축가의 퇴촌 주택
각 실을 독립된 별개의 건물로 나눈
이 주택은 길들임에 대한 깨달음뿐
만 아니라 다르게 살 수 있는 방법
까지 제시한다.

커다란 내부 공간을 만들고 그 안에 각 실을 배치하는 방법을 따르는데, 이렇게 하면 추운 외기에 노출되지 않고 생활이 가능하다. 이 방법은 편리할 뿐만 아니라 다른 장점도 많다. 우선 에너지를 절약할 수 있다. 난방비가 적게 들기 때문이다. 공사비도 줄일 수 있다. 외벽 면적이 줄기 때문이다. 이런저런 이유로 현대 주택은 모두 다 이런 공간 구성 방식을 따른다. 그러다 보니 그게 자연스러운 것이 되어버렸다. 자연을 몸으로 느낄 기회가 줄어들고, 주거 생활에 필요한 필수적인 이동이 줄어들다 보니 최소한의 운동도 불필요한 상태가 되었지만, 그게 당연한 것이 되어버렸다.

건축가 승효상은 이런 당연함에 이의를 제기한다. 우리 전통 한옥에서처럼 자연을 몸으로 느끼고 자연스럽게 최소한의 운동이 이루어지는 공간 구조도 '당연히' 있을 수 있음을 자신의 건축물로써 제시하고 있는 것이다. 그의 주택은 각 실을 하나의 독립된 별개의 건물로 떼어놓고 있다. 본채에서 별채로 가려면 밖으로 나갔다가 다시 들어가는 수밖에 없다. 그러면서 최소한의 운동이 이루어진다.

승효상의 주택은 우리가 그동안 너무나 당연하게 생각해온 주택의 평면 구성을 의심하게 만든다. 우리가 너무나 편리함에만 길들여져 있다는 사실을 깨닫게 하는 것이다. 그리고 거기서 한 걸음 더 나아가 다르게 살 수 있는 방법까지도 제시한다. 아이젠먼의 기둥이 그저 너무나 낯익은 기둥에 대해서 다시 생각해볼 기회만을 주는 것과는 매우 다르다. 한 수 위라고 할 수 있다.

김인철 건축기의 주택도 지금까지 우리가 살아온 방식에 대해 의심을 갖게 한다. 그리고 더 나아가서 다르게 살 수 있는 방법이 있음을 알려준다. 김인철의 주택은 60미터에 달하는 긴 직선 복도에 개별 실들이 달려 있는 형상이다. 복도의 한쪽 끝에 있는 방에서 다른 끝에 있는 방에 가려면 60미터를 걸어가야 한다는 말이다. 오늘날 우리가 살고 있는 대부분의 주택은 설계 시 편리함을 가장 중요하게 고려한다. 편리함을 주는 요소는 다양하지만 그중에서도 강조되는 것은 동선, 즉 어느 한 공간에서 다른 공간에 다다르기까지 걸어야 하는 거리를 짧게 하는 것이다. 아침에 난리치듯 바쁘게 돌아가는 출근 준비와 등교 준비를 생각해보면 된다. 빨리빨리 일어나서 빨리빨리 밥을 먹고 빨리빨리 세수하고 집을 나서게 하려면 동선을 짧게 하는 게 중요할 듯도 하다. 우리는 이렇게 빨리빨리 돌아가는 일상에 가장 효율적으로 대처할 수 있는 장치 속에서 살아가고 있다. 그리고 그 장치에 너무 익숙해져 있다. 길들여져 있는 것이다. 그 정도가 어느 정도인가 하면 그리할 필요가 없는데도 그리한다. 천천히 해도 되는데 서두른다. 습관이 돼서 그렇기도 하지만 무엇보다 집의 공간 구성의 영향이 크다.

건축가 김인철이 설계한 집의 주인은 은퇴한 노부부다. 이들은 이제 더 이상 "빨리빨리"를 외치며 살지 않아도 된다. 이 집의 공간 구조는 안방에서 차를 마시러 부엌으로 갈 때 한 30미터쯤 걸어가게 만든다. 천천히 사는 삶을 강제하는 것이다. 이로써 사람이 세상 방식에 빨리빨리만 있는 것은 아니라는 것을 알게 해준다. 그리고 그렇게 살수 있도록 도와준다. 삶의 상태를 깨닫게 하고 다른 생활 방식이 가능하도록 돕는다는 측면에서 김인철의 주택은 역시 아이젠먼의 기둥과 차이가 있다. 이렇게 보면 승효상과 김인철의 건축은 길들여진 사람

김인철 건축가의 숲에 앉은 집
'빨리빨리'에서 벗어나 천천히 사는 삶
을 실천하기 위해 기존 주택과 달리
60미터의 긴 형태로 설계하였다.

을 일깨우는 역할을 하고 있다고 말할 수 있다.

그런데 한 가지 아쉬운 것이 있다. 승효상의 주택은 밖이 아무리 추워도 다른 방으로 이동하기 위해서는 밖에 나갈 수밖에 없도록 만들어져 있고, 김인철의 주택은 아무리 급해도 오래 걷게 함으로써 천천히 사는 삶의 방식을 택하도록 강제하고 있다. 자연을 몸으로 느끼는 것은 좋지만, 그리고 느린 삶의 방식을 택하는 것도 좋지만, 주택을 그렇게 하도록 만들어서 강요하는 것이 좋은 해답인지는 의문이다. 자주 자주 집 밖으로 나가서 자연을 느끼는 것은 굳이 집을 그렇게 만들지 않아도 마음만 먹으면 할 수 있는 일이다. 개별 공간들을 구태여 따로 떼어놓지 않아도 가끔씩 문을 열고 마당으로 나가기만 하면 되는 일이다. 천천히 사는 방식을 실천하는 것도 마찬가지다. 굳이 집을 60미터로 길게 만들지 않아도 된다. 동선을 아주 효율적으로 만들어놓은 집에서도 충분히 천천히 걸을 수 있고, 천천히 뭔가를 하기에 부족함이 없다. 마음먹기에 달린 것이다.

승효상과 김인철의 주택을 보고 있자면 힘들이지 않고 운동하게 해주는 기구가 떠오른다. 허릿살을 빼려면 복근 운동을 열심히 하고 밥을 적게 먹어야 한다. 그런데 이걸 하기가 쉽지 않다. 그러다 보니 허리에 차고만 있어도 살이 빠진다는 기구가 시장에 나오고, 불티나게 팔린다. 승효상과 김인철의 주택도 이런 것이 아닌가 하는 생각이 든다. 자연을 몸으로 느끼며 사는 다른 간편한 방법이 있음에도 집을 부러 그렇게 짓는다는 게, 천천히 사는 다른 방법이 있음에도 집을 그렇게 짓는다는 게 마치 운동하기 싫어하는 사람에게 자동 운동기구를 채워주는 모양새로 보여 아쉽다.

승효상과 김인철의 주택은 당연하게 길들여진 것에서 깨어나게 함으로써 다른 방식을 택하도록 한다는 점에서는 충분히 긍정적이다. 하지만 그게 건축만으로 할 수 있는 방식이 아니라는 점에서 조금 아쉬움이 남는다. 한스 샤로운이나 프랭크 게리의 건축은 부당하게 길들여진 사람을 일깨우고 다른 선택을 가능하게 한다는 면에서 승효상이나 김인철의 건축과 의도는 비슷하지만, 그 방식에는 분명한 차이가 있다. 한스 샤로운과 프랭크 게리는 건축만이 할 수 있는 방식으로 길들이기의 틀을 깨고 있다.

건축가가 노벨 평화상을 수상할 수 있을까

건축은 길들이기를 위해서만 봉사하지는 않는다. 건축은 길들여진 상태를 흔드는 역할도 한다. 흔히 건축을 통해 사회 비판적 작업을 하는 것은 어렵다고들 말한다. 건축은 기본적으로 파괴가 아니라 건설을 지향하기 때문이다. 본질적으로 사람이 살 공간을 만드는 사회 유지의 기능을 주로 수행하는 것이다. 건축은 당대의 사회에서 필요한 공간을 제공함으로써 그 사회가 효율적으로 유지되는 데 일조한다. 그래서 건축이 사회 비판적인 시선을 갖기가 어렵다고 볼 수도 있다. 만일 건축이 사람에게 거주 공간을 제공하지 않고 시각적 감상의 대상으로서만 존재한다면 지금보다는 더 사회 비판적인 시선을 가질 수 있을 것이다. 하지만 건축물 안에서 사람이 살아가야 한다는 실용적 차원이 배제되지 않는 한 건축은 본질적으로 사회 순응적으로 보이기 쉽다. 이런 이유로 건축이 예술적 차원의 위치를 획득하고 있기는 하지만, 다른 예술 분야와 달리 사회 비판적 기능을 강조하기는 쉽지 않다.

하지만 건축도 사회를 비판할 수 있다. 때로는 오히려 다른 어떤 예술보다도 더 강력한 방식으로 말이다. 건축이 기존 사회 혹은 기존 사회적 질서를 비판하는 것은 이전과 다른 방식으로 사회를 유지할 수 있는 건축을 제시함으로써 가능해진다. 문학이든 연극이든 예술은 기존 질서에 비판적일 수 있고 또한 새로운 질서를 제시할 수도 있다. 이들 예술 분야는 이 두 가지를 동시에 할 수도 있고, 따로 따로 할 수도 있다. 그런데 건축은 이 두 가지를 항상 같이 한다. 새로운 질서를 담을 수 있는 건축을 제시하고, 그 안에서 살아가는 사람들이 새로운 질서도 가능하다는 것을 몸으로 느낄 수 있게 해준다. 이런 방식으로 기존의 사회 질서를 비판할 수 있는 것이다.

우리는 앞에서 신분 질서를 길들이기에 아주 훌륭한 도구라고 할 수 있는 양반집에서조차 기존 질서의 압박에서 벗어날 수 있는 공간이 제공되는 것을 보았고, 파시즘의 망령으로부터 자유로울 수 있는 대중 집회 장소가 가능한 것도 보았다. 프랭크 게리의 월트디즈니 콘서트홀은 과거의 어떤 기억 속에도 존재하지 않는, 그래서 그 어느 누구에게도 불쾌감을 일으키지 않는 건축물로써 사회적 통합에 기여하는 건축적 자산을 우리에게 제공한다. 행정수도 원안은 물신주의에 빠져 있는 우리에게 가장 중요한 것이 대중이 공유할 수 있는 가치임을 제시한다. 그리고 이를 통해 우리의 도시가 자본주의적 논리에 너무나 충실하게 봉사하고 있음을 꼬집고 있다. 현대 도시가 지향하는 자본주의적 논리가 필연적인 것이 아니라는 사실도 알려준다. 매번 시도하면서 실패하기만 하는 수도 이전도 우리가 지금 살고 있는 공간 구조가 그냥 받아들이고 살아야 할 필연적인 것이 아니라는 걸 말해준다. 특정한 공간 구조는 특정한 방식으로 사회적 이익을 분배하고 있을 뿐이다. 그리고 그것은 잠정적인 것일 뿐, 영원히 지속될 것이 아니라는 것도 이야기한다.

건축이 처음 우리에게 모습을 드러낼 때는 당시의 가치를 반영한다. 우리가 건물에 길들여질수록 그 가치는 견고해진다. 특정 사회에서 강조하고자 했던 가치와 건축은 선순환 구조를 이루면서 더욱 강력해진다. 그런데 어느 한순간 기존과 다른 방식의 건축이 제시되면서 건축은 새로운 가치가 가능함을 알려준다. 그리고 새로운 가치는 우리의 동의를 얻고 건물을 사용하는 과정에서 점점 단단해진다. 마치 최초의 가치와 건축의 관계가 그러했던 것처럼 건축에 의해서 새롭게 제시된 가치도 건축과 상호 선순환의 관계를 이룰 수 있다. 건축은 가치를 '반영'할 수도 있고, 가치를 '창출'할 수도 있다. 건축이 창출하는 가치의 힘은 그것이 실생활과 아주 밀접하다는 데서 시작된다. 철학이, 문학이, 예술이 새로운 가치를 창출할 수 있다 해도 그것이 실생활로 내려오는 데는 어려운 과정이 기다리고 있다. 실생활로 내려오지 못한 가치는 사상누각이나 다름없다. 그런데 건축을 통해서 만들어지는 가치는 실생활에 쉽게 적용될 수 있다. 그리고 매일 매일 반복되는 실생활 속에서 만들어진 가치는 견고하다. 그러한 가치를 창출할 수 있는 것이 건축이다.

건축이 새로운 가치를 창출할 수 있다는 주장에 대해 건축을 하는 사람과 그렇지 않은 사람 간에 의견이 갈릴 수 있다. 건축이 정말 새로운 가치를 창출하고, 그것이 한 시대를 대표하는 가치로 성장할 수 있을까? 이와 관련된 아주 의미 있는 에피소드를 이 장의 마지막으로 소개하려 한다.

1957년 마이크 월리스가 진행하는 〈마이크 월리스 인터뷰(The Mike Wallace Interview)〉에 건축가 프랭크 로이드 라이트(Frank Lloyd Wright, 1867~1959)가 출연한다. 〈마이크 월리스 인터뷰〉는 당시 미국에서 가장 인기 있는 시사대담 TV 프로그램이었다. 이런 프로그램에 출연하려면 전 국민의 관심사로 떠오른 아주 중요한 사안과 관련이 있어야 한다. 당시 라이트가 이 프로그램에 출연한 것이 더욱 뉴스거리가 된 것은 불과 한 달 전에도 출연했었기 때문이다. 〈마이크 월리스 인터뷰〉는 아무리 대단한 유명인이라 하더라도 평생에 한 번 출연하기 힘든 프로그램이었다. 그런데 라이트는 불과 한 달 만에 두 번이나 초대된 것이다.

라이트가 처음에 〈마이크 월리스 인터뷰〉에 초대된 이유는 그가 워낙 유명한 건축가였기 때문이다. 그러나 유명하기만 해서는 초대되기 어려웠을 것이다. 처음 라이트가 초대된 주요한 이유는 나이가 90이 넘어서 언제 죽을지 모를 상황이었기 때문이다. 그러니까 미국을 대표하는 유명한 건축가가 나이가 많아서 곧 죽을지 모르니, 그 전에 국민이 실물을 볼 수 있는 기회를 마련하자는 취지도 있었다. 그런데 그가 불과 한 달 만에 다시 〈마이크 월리스 인터뷰〉에 초대되었다. 이유는 그가 대단히 센세이셔널한 사회적 이슈를 만들어냈기 때문이다. 그 자신이 15년만 더 일할 수 있다면 미국 전체를 재건할 수 있다고 말한 것이다. 당시 미국에는 히피가 유행하고 있었다. 2차 대전 이후 세계 최고의 강대국으로 성장하는 데 바탕이 된 미국의 시민정신은 온데간데 없고, 젊은 층은 히피 문화에 빠지는 등 미국의 장래를 어둡게 만드는 문화와 가치관이 판을 치고 있었다. 물론 노년층의 시선에서 보았을 때 말이다. 이런 상황을 안타깝게 생각하는 사람들이 꽤 많이 있었던 모양이다. 그리고 미국 성장의 주역으로 한평생을 살아온 라이트도 당연히 그들 중의 한 사람이었다.

이런 상황에서 라이트가 자신이 좀 더 오래 건축일을 할 수 있다면 미국 사회를 바꾸어놓을 수 있다고 공언한 것이다. 어떻게? 건축을 통해서. 라이트는 건축을 통해서 미국을, 특히 미국인의 생활 방식을 바꿀 수 있다는 발언을 한다. 이 발언은 미국 전역에 큰 논란을 불러일으켰다. 일부 미국인들, 특히 라이트의 팬들은 이 노 건축가의 발언을 긍정적으로 받아들였다. 그러나 대부분의 미국인은, 일개 늙은 건축가가 무슨 수로 미국을 바꿔놓겠다는 거냐는 반응을 보였다. 그리고 이들 간에 논쟁이 뜨겁게 진행되었다. 이 시점에서 월리스는 라이트를 다시 한 번 그의 프로그램에 초대한다. 물론 대담의 가장 중요한 주제는 '정말 건축을 통해서 미국 사회를 바꿀 수 있는가'였다. 〈마이크 월리스 인터뷰〉에서 사회자와 라이트가 주고받은 대화를 통해 건축이 정말 그런 일을 할 수 있는지를 검증한다는 것은 불가능하다. 하지만 그 대담을 본 사람이라면 건축이 그런 일을 할 수도 있을 거라는 생각을 갖게 되기에 충분했다. 라이트는 월리스의 집요한 질문을 우회적으로 받아넘기다가 마침내 본인이 건축을 통해서 미국을 재건할 수 있다고 얘기한 적이 있음을 시인했다.

많은 건축가들은 건축을 통해서 사회적 가치를 바꿀 수 있다고 믿는다. 마치 라이트가 건축을 통해서 미국을 변화시킬 수 있을 거라고 믿었던 것처럼 말이다. 사회적 가치를 바꾼다는 말은 다르게 보면 사람들을 기존과 다른 방향으로 길들일 수 있다는 뜻이다.

이 책에서 필자가 거듭 주장한 것처럼 건축은 사람을 길들일 수 있

프랭크 로이드 라이트
건축을 통해 미국 사회를 바꿔놓을 수 있다고 한 그의 말은 건축이 길들임과 길들여짐의 관계에서 어떤 힘을 발휘하는지를 단편적으로 보여준다.

다. 그리고 새로운 가치를 길들임으로써 기존의 가치를 파괴하는 일
도 할 수 있다. 건축만이 사람을 길들일 수 있는 것은 분명 아니다. 실
제로 사람들이 보고, 듣고, 맛보고, 냄새 맡고, 만져서 알 수 있는 모
든 것이 사람을 생각하게 만든다. 그리고 그것이 반복되면서 사람은
오감으로 만들어지는 가치에 길들여진다. 이 말은 보고, 듣고, 맛보
고, 냄새 맡고, 만질 수 있는 것을 만들어내는 모든 작업이 사람들에
게 새로운 가치를 가르치고 길들일 수 있다는 뜻이기도 하다.

　　길들이고 길들여지는 관계에서 건축은 특별한 위치를 점한다. 일
단 건축을 통한 길들이기는 우리의 일상과 밀착되어 반복되고 있어
인지하기 어렵다. 또 인지한다 해도 건축의 규모가 워낙 거대해서 그
것을 쉽사리 대체할 수도 없다. 무엇보다 섬뜩한 것은 사람과 사람이
섞여 살아가는 한 그것을 피할 수 없다는 것이다. 건축을 통한 길들이
기의 특별함이 바로 여기에 있다.

단행본

강병남, 『복잡계 네트워크 과학』, 집문당, 2000.

국립문화재연구소, 『북궐도형』, 국립문화재연구소, 2006.

김광언, 『한국의 주거 민속지』, 민음사, 1988.

김상근, 『천재들의 도시 피렌체』, 21세기북스, 2010.

김준혁, 『이산 정조, 꿈의 도시 화성을 세우다』, 여유당, 2008.

김혜경 외 2명, 『4대강에 부가 흐른다』, 국일증권경제연구소, 2009.

닐 마틴, 『해빗』, 홍성태·박지혜 옮김, 위즈덤하우스, 2008.

라파엘 모네오, 『라파엘 모네오가 말하는 8인의 현대건축가』, 이영범 외 3명 옮김, 공간사, 2008.

랄프 게오르크 로이트, 『괴벨스, 대중선동의 심리학』, 김태희 옮김, 교양인, 2006.

루돌프 아른하임, 『미술과 시지각』, 김춘일 옮김, 기린원, 1988.

미셸 푸코, 『감시와 처벌』, 오생근 옮김, 나남, 2003.

박상근, 『알기쉬운 생거지풍수건축여행』, 기문당, 1998.

스피로 코스토프, 『아키텍트-인류의 가장 오래된 직업, 건축가 5천 년의 이야기』, 우동선 옮김, 효형출판, 2011.

승효상, 『건축, 사유의 기호』, 돌베개, 2004.

승효상 외 10명, 『건축이란 무엇인가?』, 열화당, 2005.

아르놀트 하우저, 『문학과 예술의 사회사 3』, 반성완 · 백낙청 · 염무웅 옮김, 창
작과비평사, 1999.

아시하라 요시노부, 『건축의 외부 공간』, 김정동 옮김, 기문당, 2005.

안동규, 『혁신 클러스터와 지역발전』, 소화, 2007.

양택규, 『경복궁에 대해 알아야 할 모든 것』, 책과함께, 2007.

윤일이, 『한국의 사랑채』, 산지니, 2010.

윤재희, 『국제양식의 건축』, 세진사, 1995.

이남희, 『클릭! 조선왕조실록』, 다할미디어, 2008.

이동영, 『건축계획각론』, 서우, 2004.

이순형, 『한국의 명문 종가』, 서울대학교출판부, 2000.

조광권, 『청계천에서 조선의 역사와 정치를 본다』, 여성신문사, 2005.

좌승희, 『한국 경제를 읽는 7가지 코드』, 굿인포메이션, 2005.

질 헤일, 『생활풍수 대백과』, 김미자 옮김, 국제, 2005.

최홍규, 『정조의 화성 건설』, 일지사, 2001.

한영우, 『창덕궁과 창경궁』, 열화당 · 효형출판, 2003.

헤셀그렌, 스벤., 『조형론』, 박규현 옮김, 기문당, 1998.

Evenson, Thiis., *Archetypes in Architecture*, Norwegian University
Press, 1987.

Hillier, Bill., *Space is the Machine*, Cambridge University Press, 1996.

Jencks, Charles., *Heteropolis*, St Martins Press, 1993.

Perez-Gomez, Alberto., *Architecture and the Crisis of Modern Science*,
MIT Press, 1985.

Wilfried Wang(ed.), "The Lightness of Democracy" in *O'Neil Ford
Monograph 5: Philharmonie, Hans Scharoun*, Tübingen-Berlin,
2013.

논문

이상현, 「건축계획안 평가시스템 개발을 위한 건물표현모델」, 『대한건축학회지』 16권 12호, 2000.

조재모, 「조하 의례동선과 궁궐 정전의 건축형식」, 『대한건축학회지』 26권 2호, 2010.

주범 외 1명, 「베를린 필하모니 콘서트홀에 나타난 한스 샤륜의 건축적 특성 연구」, 『한국실내디자인학회논문집』 16권 2호, 2007.

최이명 외 2명, 「근린 보행목적시설과 생활동선범위에 대한 실증분석」, 『대한건축학회지』 27권 8호, 2011.

「행정중심복합도시 통합이미지 형성방안」, 한국토지공사 행정중심복합도시건설개발처, 2007.

허재완, 「GTX의 빨대 효과, 존재하는가?」, 경기개발연구원, 2010.

황보봉, 「한스 셔로운 건축의 비대칭성과 불규칙성에 관한 연구」, 『대한건축학회지』 20권 7호, 2004.

황보봉, 「한스 셔로운의 초기 스케치에 나타난 건축적 특성」, 『대한건축학회지』 25권 5호, 2009.

Louis Althusser, *Ideology and Ideological State Apparatuses*, La Pensée, 1970.

양반집과 궁궐, 도성과 현대 건축의 은밀한 이야기

길들이는 건축 길들여진 인간

1판 1쇄 펴냄 | 2013년 1월 2일
1판 2쇄 펴냄 | 2013년 4월 5일

지은이 이상현 | **펴낸이** 송영만
편집 강건모 엄초롱 김찬성
디자인 자문 최웅림 | **디자인** 김미정
마케팅 고승환 | **관리** 김동희

펴낸곳 효형출판
출판등록 1994년 9월 16일 제406-2003-031호
주소 413-756 경기도 파주시 교하읍 문발동 파주출판도시 532-2
전자우편 info@hyohyung.co.kr
홈페이지 www.hyohyung.co.kr
전화번호 031) 955 7600 | **팩스** 031) 955 7610

ISBN 978-89-5872-114-7 03540

값 18,000원